U0155811

高熵合金材料

吴学宏 著

GAOSHANG HEJIN CAILIAO

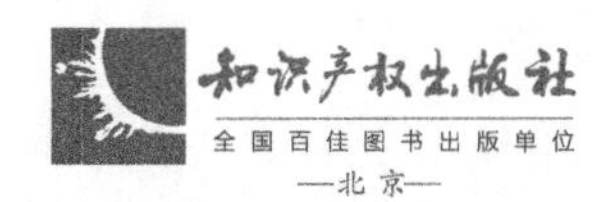

图书在版编目（CIP）数据

高熵合金材料 / 吴学宏著. —北京：知识产权出版社，2022.8

ISBN 978-7-5130-8254-9

Ⅰ.①高… Ⅱ.①吴… Ⅲ.①合金—金属材料—研究 Ⅳ.①TG13

中国版本图书馆 CIP 数据核字（2022）第 134133 号

内容提要

高熵合金是近年发展起来的新型合金材料，有望突破传统材料的性能极限，已经成为材料科学发展新的热点和方向之一。本书综合介绍了高熵合金的发展背景及过程、性能、制备方法，重点介绍了熵对非晶合金形成及热稳定性的影响、高熵合金涂层对防腐蚀性能影响、高熵合金的变形行为及强韧化机理，最后简述了高熵合金在 H13 热轧辊修复中的工程应用，以及在工程实践方面的其他应用。

本书可供广大新材料、非晶材料、材料科学等领域的科研人员、技术人员阅读或参考，也可作为相关专业学生的教学参考书。

责任编辑：彭喜英　　　　**责任印制：**孙婷婷

高熵合金材料

GAOSHANG HEJIN CAILIAO

吴学宏　著

出版发行：	知识产权出版社有限责任公司	**网　　址：**	http://www.ipph.cn
电　　话：	010－82004826		http://www.laichushu.com
社　　址：	北京市海淀区气象路 50 号院	**邮　　编：**	100081
责编电话：	010－82000860 转 8763	**责编邮箱：**	laichushu@cnipr.com
发行电话：	010－82000860 转 8101	**发行传真：**	010－82000893
印　　刷：	北京中献拓方科技发展有限公司	**经　　销：**	新华书店、各大网上书店及相关专业书店
开　　本：	720mm×1000mm　1/16	**印　　张：**	15.75
版　　次：	2022 年 8 月第 1 版	**印　　次：**	2022 年 8 月第 1 次印刷
字　　数：	272 千字	**定　　价：**	85.00 元

ISBN 978-7-5130-8254-9

前　言

探索新材料是人类永恒的目标之一。传统探索新材料的方法主要是改变和调制化学成分、调制结构及物相、调制结构缺陷。几十年来，人们发现通过调制材料的“序”或者“熵”，也能获得新材料，如非晶合金就是典型的通过快速凝固引入“结构无序”而获得的高性能合金材料。实际上，通过改变和调制“结构序”“化学序”都可以获得性能独特的新材料。高熵合金就是近年来采用多组元混合引入“化学无序”获得的新材料。所以，高熵合金实际上还有不同的名字，如多组元合金、多主元合金、成分复杂合金、高浓度复杂合金、多基元合金等。从波尔兹曼的“构型熵”公式不难发现，高熵合金或材料表现为更多的组元（组分）和更高的组元（组分）浓度。从热力学上看，高熵合金可以具有更低的吉布斯自由能，在某些情况下可能表现出更高的相和组织稳定性。从动力学上看，高熵合金或材料表现出缓慢和迟滞的特性，当然，材料的特性绝不是仅仅由“熵”决定的，热力学焓的作用也非常重要。近年来的研究发现，高熵合金在硬度、抗压强度、韧性、热稳定性等方面具有潜在的显著优于常规金属材料的特质，在耐高温合金、耐磨合金、耐腐蚀合金、耐辐照合金、耐低温合金、太阳能热能利用器件等方面有重要的应用前景。

高熵合金作为近年发展起来的新型合金材料，有望突破传统材料的性能极限，已经成为材料科学发展新的热点和方向之一。本书总结分析了大量国内外关于高熵合金的重要研究成果，详细介绍了高熵合金及其特性，高熵合金的制备方法，高熵合金热稳定性、耐腐蚀性和变形行为及强韧化理论，以及激光熔覆高熵合金在再制造领域的应用和目前高熵合金的前沿研究领域。本书由甘肃有色冶金职业技术学院吴学宏撰写，总共分为 10 章。第 1 章介绍高熵合金的发展背景及过程；第 2 章介绍高熵合金整体情况；第 3 章介绍高熵合金的一系列性能；第 4 章对高熵合金的制备方法进行系统介绍，进而对高熵合金相关的制造业进行分析；第 5 章重点介绍熵对非晶合金形成及热稳定性的影响；第 6 章介绍高熵合金涂层对腐蚀性能的影响；第 7 章对高熵合金的变形行为及强韧化机理进行深入介绍；第 8

章主要介绍高熵合金在 H13 热轧辊再制造的工程应用；第 9 章重点介绍高熵合金在工程实际中其他方面的一些应用；第 10 章介绍了目前高熵合金一些前沿研究方向。全书内容具有很强的理论性、科学性、系统性和实用性，视野独特，体系齐全，充分反映了该领域的前沿和关注的问题，是适应高熵合金研究及其知识普及和应用的重要著作。

由于高熵合金是近些年金属材料领域研究的热点，涉及的学科多，发展快，加上作者水平和学识有限，在取材和论述方面存在不足之处，敬请广大读者批评指正。

吴学宏

2022 年 2 月

目 录

CONTENTS

第1章 绪 论

1.1 高熵合金的发现

化学成分、原子排列结构及内部微观组织是影响金属材料性能的内在基本因素，这三者综合起来决定了材料的性能。具体来说，不同金属材料原子维度上微小的变化使金属材料表现出不同的物理特性，如不同金属材料的密度、熔点、电阻率、导热性、导电性等的不同。但是，对于同一种化学成分的金属材料，甚至结构相同的材料，经过不同的处理工艺，某些性能仍会表现出很大的差别。例如，相同化学成分的某种钢的不同制件，经过淬火处理工艺，硬度大大提高，这就是所谓组织决定了金属材料的性能。一般人们谈到材料的性能，化学成分都已给定，金属材料的性能主要由其微观组织结构来决定。当外界条件影响金属材料的内在因素时，金属材料的组织将发生变化，从而金属材料表现出来的宏观性能也将产生变化。

金属材料的广泛使用极大地推动了人类社会的进步。最近一百多年来，金属材料得到了有史以来最快的发展。科研工作者通过不懈努力，有力地拓展了金属材料的应用领域。同时人们也注意到，人类开发的金属材料通常只有一种最主要的元素，习惯上以此元素来命名金属，比如以铁元素为主的钢铁材料，以铝元素为主的铝合金和以钛元素为主的钛合金等。这种限制使金属材料性能的改善一度遇到瓶颈。人们对于合金的研究是不是就“囿于传统不思创新”呢？答案显然是否定的。尤其是随着工业与科技的发展，研究人员不断探索和突破合金的化学成分范围，寻找性能优异的新型金属结构材料。例如，金属间化合物结构材料和大块非晶金属材料等，一般包含两种或两种以上的基本组成元素。尤其是大块非晶金属材料，根据日本学者井上（Inoue）经验三原则：①合金体系至少包括三种主元；②主元与主元之间的原子尺寸差比较大，至少超过12%；③主元与主元之间有负的混合焓，已经成功设计出毫米级甚至厘米级厚度的非晶材料，并投入使用。虽然大块非晶合金具有很高的强度，但是在应用上也存在一定缺陷，研究发现多数大块非晶合金在室温下是脆性的，并且其耐高温性能受到晶化温度或玻璃化转变温度的影响。

金属合金形成非晶合金一般需要至少两种元素，成分一般在共晶点附近，纯金属元素形成非晶合金理论上需要很高的冷却速率或特殊工艺。一般铜辊甩带法的冷却速率在 106K/s 左右，这也是传统非晶合金形成的冷却速率，一般此种方法形成的非晶合金厚度为微米级别，达几十到几百微米，或者粉末状。1990 年以后发展了大块非晶合金，就是非晶合金具有一定的厚度，一般为毫米级，此时非晶合金的形成需要的冷却速率为每秒几摄氏度到每秒几百摄氏度。

按照井上教授的观点，形成非晶合金至少需要三种主元。例如，美国加州理工学院发明的合金 VIT1 含有五种主元，锆、钛、铜、镍和铍。因此，有一种观点认为，从混合熵的角度讲，合金主元越多，其在液态混合时的混合熵就越大，在等原子比时，即合金成分位于相图的中心位置，混乱度最高，此时非晶形成能力是否最高？英国剑桥大学的格里尔（Greer）教授[1] 提出混乱原理（confusion principle），即合金主元越多，越混乱，非晶合金形成能力就越高。

英国牛津大学的坎托（Cantor）教授等[2] 通过实验证伪了混乱原理。按照格里尔教授的混乱原理，由 20 种或者 16 种元素等摩尔制备的合金，其混合熵必然高，即形成大尺寸的块体非晶合金，然而实验结果却与预期的相反。坎托等进行感应熔炼和熔体旋淬快速凝固实验后发现，由 Mn、Cr、Fe、Co、Ni、Cu、Ag、W、Mo、Nb、Al、Cd、Sn、Bi、Pb、Zn、Ge、Si、Sb 和 Mg 按原子分数 5％等摩尔比合金化后，其微观结构呈现很脆的多晶相。同样的结果在由 Mn、Cr、Fe、Co、Ni、Cu、Ag、W、Mo、Nb、Al、Cd、Sn、Pb、Zn 和 Mg 按原子分数 6.25％等摩尔合金化的样品中也有发现。有趣的是，在对上面两种合金的晶体结构进行研究时发现，合金化的样品主要由 FCC 晶体结构组成，尤其是在富集 Cr、Mn、Fe、Co 和 Ni 五种元素的区域。随后坎托等根据这一现象，设计制备了等摩尔的 $Cr_{20}Mn_{20}Fe_{20}Co_{20}Ni_{20}$ 合金，通过研究发现，该合金在铸态下呈单相典型的枝晶组织，晶体结构为单相固溶体结构。随后，张勇等又成功制备出多个体系的等原子比或近等原子比的多基元晶态合金，如体心立方结构的 AlCoCrFeNi 等，并统计了大量的高混合熵合金，从原子尺寸差异、混合焓与混合熵方面进行系统分析，并利用亚当·吉布斯（Adam-Gibbs）方程进行解释。通常来看，这种简单结构的晶态固溶体是多基元合金的典型形态。

高熵合金是近年来在探索大块非晶合金的基础上发现的一类无序合金，主要表现为化学无序。一般为无序固溶体，原子在占位上随机无序。高熵合金具有显微结构简单、不倾向于出现金属间化合物、具有纳米析出物与非晶质结构等特征。当然，目前高熵合金已经发展到高熵非晶、高熵陶瓷和高熵薄膜。高熵合金的固溶体不同于传统的端际固溶体，即有一种元素为溶剂，其他元素则为溶质。对于高熵合金所形成的无序固溶体，很难区分哪种元素是溶剂，哪种元素是溶质，其成分一般位于相图的中心位置，具有较高的混合熵，通常称为高熵稳定固溶体。由于高熵合金具有非常高的混合熵，常常倾向于形成 FCC 或 BCC 简单固溶体相，而不形成金属间化合物或者其他复杂有序相。独特的晶体结构使得多主元高熵合金呈现许多优异性能，如高强度、高室温韧性，以及优异的耐磨损、耐氧化、耐腐蚀和热稳定性。高熵合金独特的组织特征和性能，不仅在理论研究方面具有重大价值，而且在工业生产方面也有巨大的发展潜力。目前在某些领域，有一些高熵合金材料已经作为功能和结构材料使用。高熵合金材料的发现正好弥补了大块非晶合金的室温脆性和耐高温性能易受到晶化温度或玻璃化转变温度的影响等缺点，特别是高熵合金的耐高温性，高温相结构更稳定。由于飞机发动机等使用的高温合金和大块非晶材料中合金元素种类越来越多，含量越来越高，高熵合金的研究也有望对这些重要材料的发展提供很好的理论指导，因此高熵合金的概念一经提出就引起了人们广泛的关注。

高熵合金被认为是最近几十年来合金化理论的三大突破之一（另外两项分别是大块金属玻璃和橡胶金属）。高熵合金独特的合金设计理念和显著的高混合熵效应，使其形成的高熵固溶体合金在很多性能方面具有潜在的应用价值，有望用于耐热和耐磨涂层、模具内衬、磁性材料、硬质合金和高温合金等。目前关于高熵合金的应用性研究主要包括集成电路中的铜扩散阻挡层，四模式激光陀螺仪，氮化物、氧化物镀膜涂层，磁性材料和储氢材料等。总之，未来高熵合金的应用前景十分广阔，同时可以很好地弥补块体非晶合金应用中的室温脆性大和无法在高温下使用的不足。

1.2 高熵合金的发展

1.2.1 高熵合金的历史背景

18 世纪末，德国化学家佛郎茨·卡尔·理查德（Franz Karl Achard）开创性地制备了一系列含有 5～7 种主要元素的合金体系，但是该工作并未受到冶金学者和材料科学家的重视。

1963 年，英国冶金学家西里尔·斯坦利·史密斯（Cyril Stanley Smith）注意到这项工作并在学术界进行报道。

20 世纪 90 年代，牛津大学的坎托教授和台湾“清华大学”的叶均蔚教授几乎同时开展了对等原子比合金的探索，并制备出具有 FCC 单相固溶体结构的 FeCoNiCrMn 高熵合金。

2004 年，叶均蔚教授首次正式提出高熵合金（HEA）的概念并予以定义：高熵合金一般由五种或五种以上主元素组成，每种主元素的原子分数在 5%～35%之间，并能形成高熵固溶体的合金。

这种独特的设计理念使高熵合金表现出较为优异的特点，如热力学上的高熵效应、结构上的晶格畸变效应、动力学上的缓慢扩散效应、性能上的鸡尾酒效应及组织上的高稳定性。

随着对高熵合金研究的深入，对其定义也从最开始的五元-等原子比-单相固溶体合金逐渐过渡到四元或五元-非等原子比-多相合金，之后又延伸出高熵薄膜和高熵陶瓷，并且适用不同复杂环境的高熵合金体系被开发出来。诸如具有高相稳定性的 WNbMoTaNi 和 WNbMoTaV 难熔高熵合金；具有优异低温抗损伤性能的 CrMnFeCoNi 高熵合金；具有相变特质的 $CoCrFeNiAl_x$ 高熵合金；具有较低超导转变温度的 $Ta_{34}Nb_{33}Hf_8Zr_{14}Ti_{11}$ 高熵合金；具有较高玻璃形成能力的 $Pd_{20}Pt_{20}Ni_{20}Cu_{20}P_{20}$ 高熵合金等（图 1.1）。

到目前为止，对高熵合金的研究主要集中在以下几个方面：相形成和稳定性研究，包括形成单相固溶体的原因、形成单相固溶体的条件、合金相转变及热力学焓变的影响等；合金的设计与制备，包括合金化影响、结构与性能优化、制备工艺参数的选择等；变形机理及其力学性能；物理化学性能，如电阻率、耐腐蚀性能、催化性能等；极端条件下的服役性能等。总之，高熵合金在金属材料领域存在巨大的研究潜力，很多问题尚不清晰，需要科研工作者投入更多的精力去深入探讨。

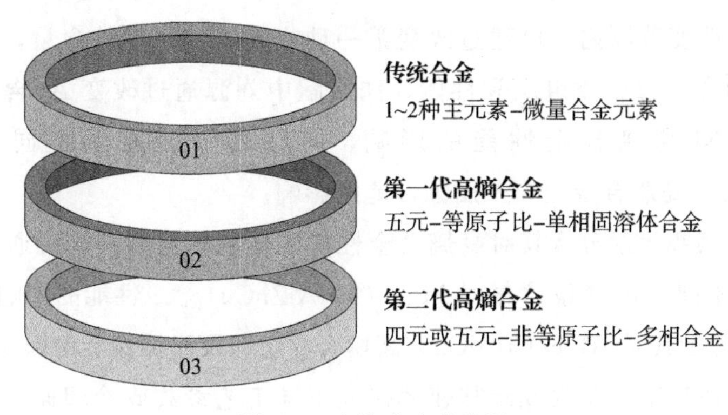

图 1.1 高熵合金的发展

1.2.2 高熵合金相关发展

1.2.2.1 研究机构

国内外很多研究机构都开展了高熵合金相关研究工作，中国台湾地区对高熵合金的研究开展较早，在高熵合金领域研究处于国际领先水平。“高熵合金”概念提出后，大陆地区许多单位开始研究高熵合金，最早进行高熵合金研究的为吉林大学的蒋青教授，此外，清华大学、北京科技大学、北京理工大学、西北工业大学、哈尔滨工业大学、东南大学、重庆大学、中山大学、桂林电子科技大学、广西大学、解放军装甲兵工程学院和北京有色金属研究总院等多家学校与科研单位学者对高熵合金组织、性能进行了深入研究并取得了一定的成果。

美国莱特-帕特森空军基地空军实验室开发了 WNbMoTa、WNbMoTaV、TaNbHfZrTi 系等耐高温高熵合金用于航空航天领域高温承重构件和绝热系统，田纳西大学和橡树岭国家实验室制备了以 CoCrFeMnNi 为基础的高熵系列合金；德国柏林亥姆霍兹中心制备了 AlCoCrCuFeNi 系高熵合金，比较了泼溅淬火和通常坩埚熔铸制备的高熵合金相结构及元素分布；印度马德拉斯理工学院采用机械合金化法制备了 AlFeTiCrZnCu、CuNiCoZnAlTi 纳米结构高熵合金粉末进行相关研究；法国奥尔良大学主要通过磁控溅射制备 AlCoCrCuFeNi 薄膜进行高熵合金相关研究。

1.2.2.2 研究方式

当前对高熵合金的研究大部分是通过不同方法制备出高熵合金或其复合材料块体、粉体、涂层、薄膜等进行分析研究，主要可概括为以下 3 个方面。

(1) 在可改变范围内，可通过改变某一种或某几种元素的含量，分析对比不同情况下高熵合金的显微组织和性能，如文献中刘源通过改变 Al 含量分析其对 $Al_xCoCrCuFeNi$ 高熵合金性能的影响，谢红波等研究了不同 Zr 含量对 $AlFeCrCoCuZr_x$ 高熵合金组织及腐蚀性能的影响。

(2) 加入某些元素分析其对高熵合金性能的影响。例如，李锐通过加入 Mn、Mg 分析对比不同 Mn、Mg 含量对 $Mg_x(MnAlZnCu)_{100-x}$ 性能的影响，谢红波等通过添加 Al 分析其对 $Al_xFeCrCoCuV$ 高熵合金组织及摩擦性能的影响。

(3) 通过改变工艺参数或冷却速率研究不同工艺参数或冷却速率对高熵合金性能的影响，或者通过热处理、轧制或其他机械处理方法优化高熵合金的性能。例如，邱星武等[3] 通过改变激光功率、扫描速率、光斑大小研究激光熔覆法不同工艺参数对 $Al_2CoCrCuFeNiTi$ 高熵合金涂层性能的影响；Ma 等分析了不同冷却速率对 $Al_xSi_{0.2}CrFeCoNiCu_{1-x}$ 高熵合金组织和力学性能的影响；王重等研究了冷轧对 $Al_{10}Cu_{25}Co_{20}Fe_{20}Ni_{25}$ 高熵合金组织及力学性能的影响。

1.2.2.3 研究内容

有关高熵合金研究内容的开展主要集中在理论研究的建模仿真（以材料计算为主），以及实际研究中的相结构及微观组织形貌和性能研究两方面。

(1) 高熵合金计算与仿真建模。高熵合金的仿真计算模拟对于高熵合金的设计、相结构及性能预测等方面具有重要作用，可为实验测试提供基础。目前关于高熵合金计算模拟的方法主要有密度泛函理论（Density Functional Theory，DFT）、热力学第一性原理仿真（Ab Initio Thermo Dynamics，AITD）、分子动力学第一性原理仿真（Ab Initio Molecular Dynamics，AIMD）、新相分计算法（New PHACOMP）、相图计算法（Calculation of Phase Diagram，CALPHAD）等。例如，Zhang 等[4] 应用 DFT 方法对 $Al_xCoCrCuFeNi$ 系高熵合金的结合力、弹性性能进行了研究；Ma 等[5] 利用 AITD 方法研究了 CoCrFeMnNi 系高熵合金的热力学性能、相稳定性，探讨了电子熵、振动熵、磁性熵对高熵合金相稳定的影响比重，并通过实验进行了验证；Gao 等[6] 利用 AIMD 方法预测了 $Al_xCoCrCuFeNi$ 系高熵合金的结构和性能；Guo 等[7] 通过热力学计算软件 Thermo-Calc 利用 New PHACOMP 方法计算发现了价电子浓度对多主元高熵合金 FCC、BCC 相稳定性的影响；Zhang 等[8] 利用 CALPHAD 方法丰富了 AlCoCrFeNi 体系高熵合金热力学数据，研究了 Al 含量对 $Al_xCoCrFeNi$ 体系相稳定性的影响。

(2) 高熵合金相图、组织形貌及性能研究。高熵合金具有简单的固溶体相结构，一般为FCC、BCC、HCP或它们两者或三者之间的混合相结构。对微观组织形貌进行观察时一般采用金相、SEM等方法对组织形貌进行分析，同时利用三维探针或EDS对微观组织局部元素分布进行分析。

性能研究方面主要集中在力学性能、热稳定性能、耐腐蚀性能、磁学性能等。

1）力学性能：包括压缩性能、硬度和拉伸性能等。压缩性能测试一般对试样施加轴向压力，测定其强度和塑性，进而绘制应力-应变曲线以分析合金压缩性能，有时也会对压缩形貌进行分析；硬度是材料力学性能的重要指标，可利用显微硬度计测试合金硬度；拉伸性能即根据国家标准或非国家标准进行拉伸实验，进而测得合金的拉伸力学性能指标。例如，王艳苹[9] 研究了Mn、Ti、V对压缩强度、塑性、硬度的影响，结果表明，V可提升合金的屈服强度、硬度和阻尼性能，Ti可提高合金的硬度，但使合金的塑性下降，Mn单独加入使合金的强度、硬度和塑性均下降，同时加入Mn、Ti、V的合金强度最高；Dong等[10] 制备了$AlCrFe_2Ni_2$高熵合金并研究了合金的室温拉伸性能，结果表明，合金的室温屈服强度为796MPa，抗拉强度为1437MPa，伸长率为15.7%，力学拉伸性能优异；Li等[11] 提出了“亚稳态双相高熵合金”设计思想，调控制备了FCC与HCP相结构混合，更强、更韧、更具延展性的铸态高熵合金$Fe_{50}Mn_{30}Co_{10}Cr_{10}$，合金的工程应变抗拉强度900MPa，延展性相对高强钢提高60%，实现了高强度与高韧性的融合。

2）热稳定性能：高熵合金的热稳定性能研究主要指合金的抗高温氧化的能力，主要通过测定氧化动力学曲线、氧化层X射线衍射（XRD）图像、氧化膜表面形貌、氧化膜截面形貌等进行分析。例如，洪丽华等[12] 对$Al_{0.5}CrCoFeNi$在不同退火温度下抗氧化能力进行了分析；张华等[13] 研究了$Al_{0.5}FeCoCrNi$、$Al_{0.5}FeCoCrNiSi_{0.2}$、$Al_{0.5}FeCoCrNiTi_{0.53}$等高熵合金在900℃下的高温抗氧化能力。

3）耐腐蚀性能：高熵合金的耐腐蚀能力研究较为普遍，几乎每篇文献关于高熵合金性能的研究都有关于耐腐蚀性能的研究。高熵合金耐腐蚀性研究可通过普通浸泡腐蚀和电化学腐蚀两方面进行，通过绘制腐蚀动力学曲线（失重法、深度法）、动电位极化曲线，腐蚀表面形貌分析，腐蚀产物成分分析等方法进行。例如，Wei等[14] 研究了$AlFeCuCoNiCrTi_x$的电化学腐蚀能力并与304不锈钢作对比。结果表明，该系合金在0.5mol/L的H_2SO_4溶液中具有较低的腐蚀速率；在1mol/L的NaCl溶液中，该系合金的腐蚀速率与304不锈钢的相当，但其抗孔蚀的能力要优于304不锈钢。Hong等[15] 绘制了$Al_{0.5}CoCrFeNi$腐蚀动力学曲线并对腐蚀产物成分、腐蚀表面形貌、腐蚀截面形貌进行了分析，研究了高熵合金在800℃、900℃在75%（质量分数）Na_2SO_4+25%（质量分数）NaCl溶液中的抗高温腐蚀性；戴义等研究了$AlMgZnSnCuMnNi_x$的电化学腐蚀行为，通过比较电腐蚀电位研究了不同Ni含量对$AlMgZnSnCuMnNi_x$耐腐蚀行为的影响。

4）磁学性能：高熵合金的磁学性能可采用物理性能测试系统测试出室温磁化曲线、磁滞回线，进而对合金的磁性行为进行分析。例如，吉林大学蒋青教授的博士研究生刘亮[16]研究了$FeNiCuMnTiSn_x$高熵合金的磁学性能，结果表明，当$x=0$时，合金为顺磁性，随着Sn含量的增加，合金的磁学性能也由开始的顺磁性转变成软磁性。

当前关于高熵合金的研究除上述内容外，还有晶粒生长规律、焓与熵对高熵合金形成的影响原理、高熵合金的疏水性能研究等其他内容。例如，Liu等[17]研究了FeCoNiCrMn高熵合金晶粒生长规律；奥托（Otto）等[18]通过选用晶体结构、尺寸和电负性可比的一种元素来取代另一种元素，进而研究熵和焓与高熵合金相稳定性的关系；多利克（Dolique）等[19]研究了AlCoCrCuFeNi高熵合金薄膜与水的润湿能力，结果表明，具有FCC、BCC结构的薄膜具有超疏水性，并具有与高分子聚四氟乙烯相同的值，这使高熵合金未来取代高分子聚四氟乙烯很有希望。

1.2.2.4 高熵合金研究进展

（1）高熵非晶合金研究进展。高熵非晶合金是继2004年高熵合金概念提出之后发现的一种兼具传统非晶合金的结构特征和高熵合金的成分特征的新型材料。高熵非晶合金由五种或五种以上元素以等原子比或近等原子比制备而成。相对于传统非晶合金，高熵非晶合金是一种具有较高的混合熵以及优异的力学、物理和化学性能的新型非晶合金，为认识和理解传统非晶合金的形成机理提供了新的模型材料。

高熵非晶合金的首次发现可以追溯到2002年，由Inoue研究组首次在TiZrHfCuNi、TiZrHfCuFe及TiZrHfCuCo体系中制备得到，其中TiZrHfCuNi的非晶形成能力可达1.5mm。起初，这些非晶合金被Ma等[20]称为“多组元非晶合金”，他们将这些非晶合金的非晶形成能力归结为格里尔提出的“混乱原则”，即元素种类越多，合金形成晶体的概率就越小，而形成非晶的概率则越大。

“高熵”独特的合金设计理念为寻找新型块体非晶合金提供了广阔的成分设计空间，使高熵非晶合金在力学、磁学和生物医用等方面展示出独特的优势，近年来受到人们的广泛关注。2011年，中国科学院物理研究所Bai[21]研究组制备得到$Ca_{20}Mg_{20}Sr_{20}Yb_{20}Zn_{20}$高熵非晶合金，并发现相比传统非晶合金$Mg_{15}Zn_{20}Ca_{65}$，该高熵非晶合金具有更优异的力学性能、耐腐蚀性及刺激造骨细胞繁殖和分化的能力，在生物医用材料方面极具应用潜力。用 Li 元素替换部分 Mg 后制备得到了 $Ca_{20}(Li_{0.55}Mg_{0.45})_{20}Sr_{20}Yb_{20}Zn_{20}$ 高熵非晶合金，其具有接近室温的玻璃转变温度（T_g＝319K）和超低的弹性模量（E＝19GPa），可实现室温超塑性变形，证实了塑性流变和玻璃转变之间的关联性。2011 年，竹内光隆（Takeuchii）[22] 研究组制备得到首个包含非金属元素的高熵非晶合金 $Cu_{20}Ni_{20}P_{20}Pd_{20}Pt_{20}$，其过冷液相区宽度达到 65K，约化玻璃转变温度为 0.71，非晶形成能力超过 10mm。2013 年和 2014 年，清华大学 Yao[23] 研究组报道了 $Be_{20}Cu_{20}Ni_{20}Ti_{20}Zr_{20}$ 和 $Be_{16.7}Cu_{16.7}Ni_{16.7}Hf_{16.7}Ti_{16.7}Zr_{16.7}$ 高熵非晶合金，其非晶形成能力分别可达到 3mm 和 15mm。2015 年，Yao 研究组又报道了具有强非晶形成能力的 $Ti_{20}Zr_{20}Hf_{20}Be_{20}Cu_{20}$ 高熵非晶合金及伪五元的 $Ti_{20}Zr_{20}Hf_{20}Be_{20}(Ni_xCu_{20-x})$ 高熵非晶合金，其中 $Ti_{20}Zr_{20}Hf_{20}Be_{20}(Ni_{7.5}Cu_{12.5})$ 高熵非晶合金最大尺寸可达到 30mm，同时这些具有强非晶形成能力的高熵非晶合金的断裂强度均达到 2000MPa 以上。2015 年，中国科学院宁波材料技术与工程研究所（以下简称中科院宁波材料所）的 Chang[24] 研究组报道了 $Gd_{20}Tb_{20}Dy_{20}Al_{20}M_{20}$（M 为 Fe、Co 或 Ni）高熵非晶合金，其表现出优异的磁制冷性能，具有大的磁熵变（ΔS_M）和宽磁熵变峰宽。2015 年，大连理工大学 Zhang[25] 研究组制备得到具有金属-类金属键的高熵非晶合金 $Fe_{25}Co_{25}Ni_{25}(B_{0.7}Si_{0.3})_{25}$，其兼具高的软磁性能和力学性能，饱和磁化强度达到 0.87T。2019 年，中科院宁波材料所的 Chang 研究组开发得到了临界尺寸为 2mm 的$(Fe_{1/3}Co_{1/3}Ni_{1/3})_{80}(P_{1/2}B_{1/2})_{20}$ 高熵非晶合金，其最大断裂强度达到 3000MPa，压缩塑性为 4%，其饱和磁化强度可达到 0.9T。高熵非晶合金因其致密的原子结构、优异的耐腐蚀性能在高温涂层方面也具有广阔的潜在应用前景。

（2）研究体系和方法。本研究中所阐述的高熵非晶合金成分分别为五元高熵非晶合金 $Be_{20}Cu_{20}Ni_{20}Ti_{20}Zr_{20}$ 和六元高熵非晶合金 $Be_{16.7}Cu_{16.7}Ni_{16.7}Hf_{16.7}Ti_{16.7}Zr_{16.7}$，这两种非晶合金成分均由清华大学 Yao 研究组报道，以及 Inoue 研究组报道的五元 $Ti_{20}Zr_{20}Hf_{20}Cu_{20}Ni_{20}$ 高熵非晶合金，并与约翰逊（Johnson）[26] 研究组报道的传统非晶合金 $Zr_{41.2}Ti_{13.8}Cu_{12.5}Ni_{10.0}Be_{22.5}$ 进行比较。以下为叙述方便，将 $Be_{20}Cu_{20}Ni_{20}Ti_{20}Zr_{20}$ 简称为 H1，将 $Ti_{20}Zr_{20}Hf_{20}Cu_{20}Ni_{20}$ 简称为 H2，将 $Be_{16.7}Cu_{16.7}Ni_{16.7}Hf_{16.7}Ti_{16.7}Zr_{16.7}$ 简称为 H3，将 $Zr_{41.2}Ti_{13.8}Cu_{12.5}Ni_{10}Be_{22.5}$ 简称为 V1。

本书中的母合金均采用纯度高于 99.9%的高纯度金属与类金属原材料制备得到。去除表面氧化层后按照原子分数进行配比，之后采用非自耗高真空电弧熔炼炉在氩气保护的高真空环境下熔炼 5 次，以保证合金的均匀性。最后，采用铜模吸铸法制备得到不同直径的圆柱状非晶合金样品，长度大约为40mm。本研究组利用日本理学公司生产的RigakuD/max-RB型号X射线衍射仪对合金的物相进行测量，采用Cu-Kα射线源，波长λ为0.1542nm，管电压为40kV，工作电流为150mA，测量角度范围为10°～90°，扫描速度为10°/min，角度误差小于0.02°。

利用NETZSCHDSC404F1型同步热分析仪对高熵非晶合金的热力学参数，包括玻璃转变温度T_g、晶化温度T_x等进行测量，测试样品质量为20～30mg，采用Al坩埚，升温速率为5～40K/min，并在高纯氩气保护下进行测试；熔化及凝固曲线所需要的测试样品的质量为150mg左右，升温速率为10K/min，熔化凝固测试采用Al_2O_3坩埚，高纯氩气保护测试，保护气流流速为20mL/min，不仅可避免测量过程中的氧化，也可减少试样挥发物对设备的腐蚀。

采用美国FEI公司的TecnaiG2F30S-TWIN型透射电子显微镜，在加速电压为300kV的条件下对退火试样中晶粒的大小、形状、分布及成分进行分析。透射样品的制备采用－30℃环境下对厚度约为10μm的样品进行离子减薄，透射图像采用Digital Micrograph软件进行分析。

过冷液相区的黏度测试采用TA Instruments DMAQ800动态热机械分析仪在恒应力单轴拉伸模式下进行，其工作温度范围为－150～550℃，频率测试范围为0.01～200Hz，最大载荷为18N，以5K/min的升温速率由室温升高至晶化以上温度，恒定拉应力为5MPa，实验样品为长30mm的非晶合金纤维丝，丝的直径为0.06～0.10mm。采用山东大学液态金属及铸造技术研究所的回转振动式高温熔体黏度测量仪测试高温熔体黏度。测量时，将试样置于石墨坩埚中，抽真空至0.02Torr（1Torr＝133.3Pa），升温至液相线温度T_l以上250K，保温20min，再进行熔体降温试验测试，以3K/min的速度降温至T_l以上不同的温度，并分别保温20min后进行黏度值的测试，降温时每一个温度点重复测试3次，取其平均值。

1.2.2.5 高熵合金的热力学基础

假设合金的组成元素是按照等摩尔比例混合的，计算合金混合熵的玻尔兹曼公式如下：

$$\Delta S_{\text{configuration}} = -k\ln\omega = -R(\ln\frac{1}{n}) = R\ln n \tag{1.1}$$

式中，k为玻尔兹曼常数；ω为混合复杂度；R为气体常数。

由式（1.1）可知，n值越大，即合金的组元数越多，合金的混合熵越高。如果考虑原子振动组态、电子组态、磁矩组态等的正贡献，系统的熵变更大。传统合金以一种主要元素为主，其混合熵小于$0.693R$。为了与传统合金区别开来，且让多主元搞乱度的效应得到充分发挥，人们定义高熵合金的主要元素数目 $n \geqslant 5$。

$$\Delta G_{\text{mix}} = \Delta H_{\text{mix}} - T\Delta S_{\text{mix}} \tag{1.2}$$

由式（1.2）可以得知，多主元带来的高熵效应能够很有效地降低系统的自由能，所以包含多主元的高熵合金体系能够促进元素相互混合，形成具有简单结构的体心立方、面心立方甚至非晶结构，从而避免合金形成脆性的金属间化合物。

如果将合金以混合熵区分，传统合金属于低熵合金，中熵合金则介于高熵合金与低熵合金之间，此范围主要是指合金的组成主元为 2～4 个。此定义只能视为大概的界线，如图 1.2 所示是以混合熵划分的合金。

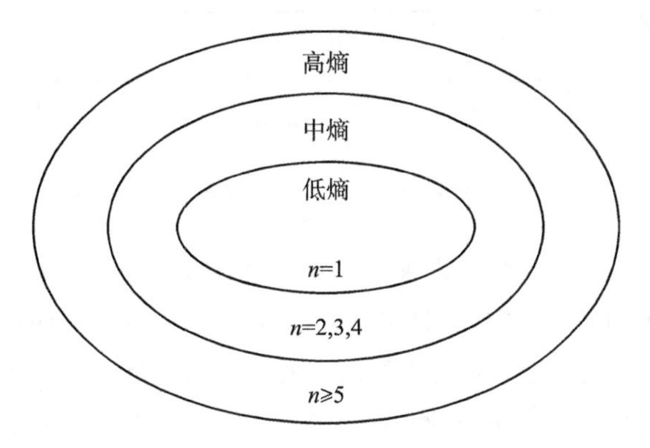

图 1.2　以混合熵划分合金

图 1.3 为等摩尔比高熵合金系的混合熵与主元数的关系。可以看出，当合金由等摩尔比的两种元素混合时，合金熔体的混合熵值为 0.69R，当把合金熔体由等摩尔比的二元变为五元后，此时等摩尔比合金熔体的混合熵由 0.69R 变为 1.61R，而传统金属合金的熔化熵大约为 1R。由此可见，高熵合金的混合熵明显比传统金属合金高。由图 1.3 还可以看出，等摩尔比合金熔体的混合熵随合金主元数的增加而增加，但是主元数越多，合金的混合熵变化得越慢。合金的高混合熵一定会对相形成规律产生很大的影响，特别是当合金所处的环境具有很高的温度时，混合熵就会体现更加明显的作用。研究显示，如果组成高熵合金系的几种元素的化学相容性较好，那么钙合金系就能够形成简单的晶体结构，如单一相或几种固溶体。有学者认为，合金系的高混合熵对形成这种简单固溶体起着非常重要的作用，因为合金中实际存在的相数远远小于吉布斯相律计算出的最大相数，这足以说明合金的高混合熵在等摩尔多主元合金凝固的过程中起到的作用，合金的高混合熵使合金凝固时的扩散运动很难进行，增大了主元之间的相容性，从而

在很大程度上阻止了金属间化合物的形成，避免了相分离。

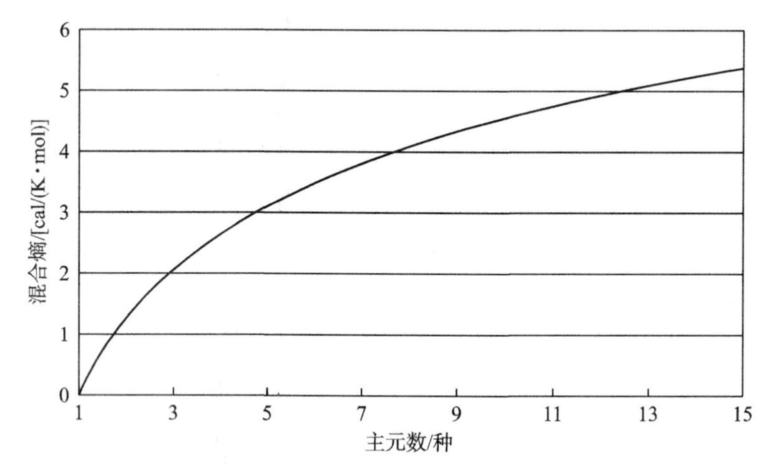

图 1.3 等摩尔比高熵合金系的混合熵与主元数的关系

任何一个领域或一门学科的发展都是从感性认识上升到理性认识的过程，高熵合金也不例外。20 世纪 90 年代，许多学者进行了大块非晶合金的研究，他们致力于寻找具有超高非晶化的合金。当时人们认为大块非晶合金的混乱度很高，相对应地，高熵是合金具有超高非晶化能力的必要条件之一。但之后的实验证明，高熵并不能得到超高非晶化能力，而是得到了具有单一固溶体的合金，由此高熵合金诞生。虽然高熵合金经过了多年的快速发展，但是对它的认识还比较片面并依赖经验，虽然有几个理论得到广泛重视，但并没有人可以提出一套完整、可靠的理论。

(1) 混合焓。因为大块非晶合金的玻璃转变温度与混合焓的绝对值之间呈线性关系，所以混合焓是大块非晶合金的重要数据之一。作为诞生于大块非晶合金研究中的高熵合金，混合焓对其影响必然是最先被学者所注意到的。在分析高熵合金的相成分时发现，即使结构相同，晶内和晶间还是存在明显的成分偏析。

清华大学的刘源等[27] 用真空电弧炉熔炼制得 $Al_xCoCrCuFeNi$ 高熵合金锭，并研究了其微观结构和力学性能。表 1.1 是其对 $Al_xCoCrCuFeNi$ 高熵合金系的枝晶间各元素进行的化学成分分析。由表可知，无论 Al 含量为多少，Fe、Co、Cr 都主要聚集在晶内，而 Cu 都严重偏析于枝晶间，另外 Cu 的偏析随着 Al 的含量增加而有一定程度上的减缓。查表 1.1 可知，Cu 与 Fe、Co、Cr 的混合焓较高，分别达到了 13kJ/mol、12kJ/mol、6kJ/mol，这意味着它们的相容性差，由于 Cu 的熔点低于 Fe、Co、Cr 的，所以在凝固过程中，Fe、Co、Cr 先凝固，而将大多数相容性不好的 Cu 挤到晶间部分。由于 Al 与其他包括 Cu 在内的五个主元的混合焓均较小，所以以 Al 为中介，可以减轻 Cu 在晶间的偏析程度。

表1.1 $Al_xCoCrCuFeNi$（x=0.0，0.5，1.0，2.0，3.0）合金系中各元素的化学成分

单位：（原子分数）%

x 的取值	元素	Al	Co	Cr	Cu	Fe	Ni
0.0	名义上	0.0	20.0	20.0	20.0	20.0	20.0
	枝晶	0.0	23.2	21.7	11.4	22.4	21.3
	枝晶间	0.0	3.8	3.0	80.6	3.9	8.7
0.5	名义上	9.0	18.2	18.2	18.2	18.2	18.2
	枝晶	9.5	20.5	19.2	10.4	21.1	19.3
	枝晶间	7.8	4.0	3.1	73.8	3.4	7.9
1.0	名义上	16.6	16.6	16.7	16.7	16.7	16.7
	枝晶	17.4	17.9	20.6	10.2	18.7	17.3
	枝晶间	12.7	6.4	3.2	59.7	5.3	12.7
2.0	名义上	28.5	14.7	14.3	14.3	14.3	14.3
	枝晶	28.9	14.7	13.9	13.3	14.2	15.0
	枝晶间	14.2	2.8	3.9	70.3	4.0	4.8
3.0	名义上	37.5	12.5	12.5	12.5	12.5	12.5
	枝晶	38.8	13.0	11.5	11.5	12.0	13.2
	枝晶间	32.6	5.5	2.1	46.0	5.7	8.1

（2）固溶判断和熵作用依据。高熵合金拥有主元却能够保持结构简单，是因为它形成了固溶体。传统合金理论认为，影响形成固溶体的因素包括原子尺寸、晶格类型、电子浓度、电负性等，而原子尺寸的影响在高熵合金中最为明显。此外，在吉布斯自由能表达式中，焓占主导地位还是熵占主导地位也可以用来判断是否为高熵合金。

经过大量实验数据收集，Zhang 等[28] 提出了固溶判据公式（1.3）和熵作用判据公式（1.4）：

$$\delta=\sqrt{\sum_{i=1}^{n}c_i(1-\frac{r_i}{\bar{r}})^2} \tag{1.3}$$

式中，c_i 为 i 主元摩尔含量百分比；r_i 为 i 主元的原子半径；$\bar{r}$ 为所有主元的加权平均原子半径，$\bar{r}=\sum_{i=1}^{n}c_ir_i$。

$$\Omega=\frac{T\Delta S_{\text{mix}}}{|\Delta H_{\text{mix}}|} \tag{1.4}$$

式中，T_m 为所有主元的加权平均熔点，

$$T_m=\sum_{i=1}^{n}c_i(T_m)_i;\ \Delta H_{mix}=\sum_{i=1,\ i\neq j}^{n}\Omega_{ij}c_ic_j \qquad (\Omega_{ij}=4\Delta H_{AB}^{mix}) \qquad (1.5)$$

Zhang 等[28] 认为，当配方 $\delta\leqslant 6.6\%$且 $\Omega\geqslant 1.1$ 时，可以加工得到高熵合金。Zhang 等[29] 在此基础上，打破之前高熵合金定义的束缚，设计出了某一主元超过35%的七主元合金——6FeNiCoSiCrAlTi。该多主元合金中 Fe 的摩尔含量达到 50%，其余主元均为 8.3%。经计算，该配方合金的 ΔS_{mix} 为 13.2J/(K·mol)，虽然略小于五主元等摩尔高熵合金的 13.37J/(K·mol)，但远大于传统合金的混合熵值，所以可以认为它是高熵合金。测试结果也证明了这一观点。用 CO_2 激光器制备的6FeNiCoSiCrAlTi 涂层，经 XRD 测试证明，涂层为单一 BCC 结构，除 Ti 主元在晶间有少量偏析外，其他主元都分布均匀。涂层在 750℃以下时表现出了很好的高温稳定性和高硬度。但是上述两个界线是基于经验的。科塔达（Kottada）等[30] 用机械合金法制备了 Al_xCoCrCuFeNi（x=0.45，1，2.5，5）高熵合金，配方中 x=0.45，1，2.5 三组都符合前文提到的两个判据，而配方 x=5 的高熵合金不满足固溶判据。但图 1.4 表明，当 x=5 时，相结构为单一的 BCC 结构。所以 Zhang 等[29] 的判据还需要继续修正。

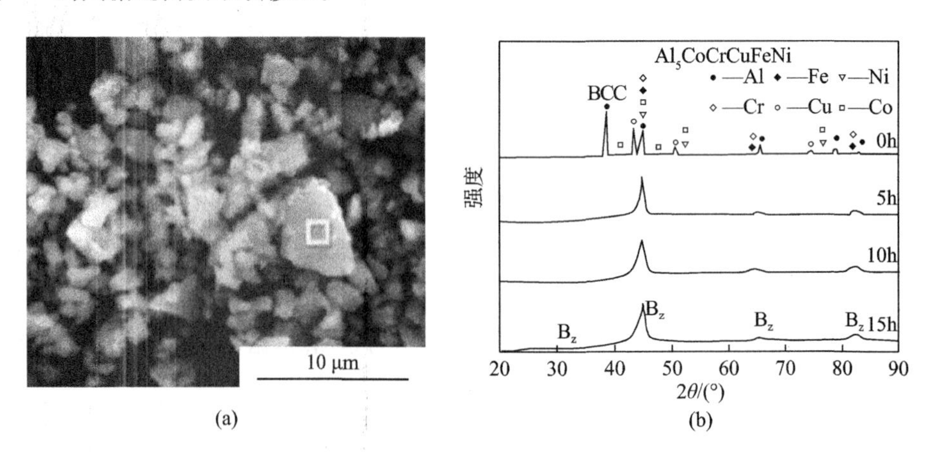

图 1.4 （a）球磨 20h 的 Al_5CoCrCuFeNi 高熵合金粉末的 BSE-SEM 图像；（b）不同合金化时间的 Al_5CoCrCuFeNi 高熵合金的 XRD 结果

（3）几何判据。几何判据是印度学者苏布拉曼尼亚（Subramaniam）等[31] 根据前人的研究结果提出的一个最新的相关判据，用于预测无序固溶体的形成。

先前实验发现，混合熵 ΔS_{mix} 越大，就越有利于无序固溶体的形成，而主元

原子半径差距越大（δ 值越大），越有利于金属间化合物的形成。熵的定义公式为 $\Delta S=\frac{Q}{T}$，因此可以将 ΔS 视为与温度有关的每摩尔单位能量，而 δ 可以视为理想晶格畸变程度的度量，即随着 δ 值增加，晶格畸变程度变大。因此这里用到了晶格畸变能（E_{strain}），Philips R 对 E_{strain} 的定义为

$$E_{\text{strain}}=(4\pi E\delta_{\text{r}}^{2}r)/(1+\nu) \tag{1.6}$$

式中，E 为溶剂的杨氏模量；δ_{r} 为溶质原子半径的方差；r 为溶剂原子半径；ν 为泊松比。在多组元合金中，δ 是 δ_{r} 的相对无穷小量，由此认为 δ^{2} 可以用于描述晶格畸变能。

根据上述分析，Anandh Subramaniam 提出了一个新的判据 Λ：

$$\Lambda=\frac{\Delta S_{\text{mix}}}{\delta^{2}} \tag{1.7}$$

该判据较为简单，从几何角度（晶格结构、原子半径等）出发描述了无序固溶体形成的特点，并且去除了温度因素。当 $\Lambda>0.96$ 时，会形成单相无序固溶体；当 $0.24<\Lambda<0.96$ 时，会形成多相无序固溶体；当 $\Lambda<0.24$ 时，合金中会出现金属间化合物。利用几何判据可以在一定程度上对高熵合金的相结构做出预期，效果较好，但也有少数配方不符合判据。例如，MnCrFeNiCu 高熵合金的 Λ 值为 1.308，而相结构为三相无序固溶体。可以发现，纯几何判据在一定程度上可以排除干扰，但是同时也忽略了一些信息，因此几何判据无法单独使用，尚需修正和更新。

1.3 高熵合金元素的使用

1.3.1 高熵合金的主要元素

本研究统计了 408 种合金，使用了 37 种元素，如图 1.5 所示。包括 1 种碱金属元素（Li）；2 种碱土金属元素（Be、Mg）；22 种过渡金属元素（Ag、Au、Co、Cr、Cu、Fe、Hf、Mn、Mo、Nb、Ni、Pd、Rh、Ru、Sc、Ta、Ti、V、W、Y、Zn、Zr）；2 种基本金属元素（Al、Sn）；6 种镧系元素（Dy、Gd、Lu、Nd、Tb、Tm）；3 种类金属元素（B、Ge、Si）和 1 种非金属元素（C）。Al、Co、Cr、Cu、Fe、Mn、Ni 和 Ti 这几种元素出现在 100 多种合金中，其中 4 种元素（Co、Cr、

Fe、Ni）在高熵合金中的比例高达70%以上。另外，难熔元素（Mo、Nb、V、Zr）在高熵合金中也属于常见元素。本书中的高熵合金平均含有5.6种元素。

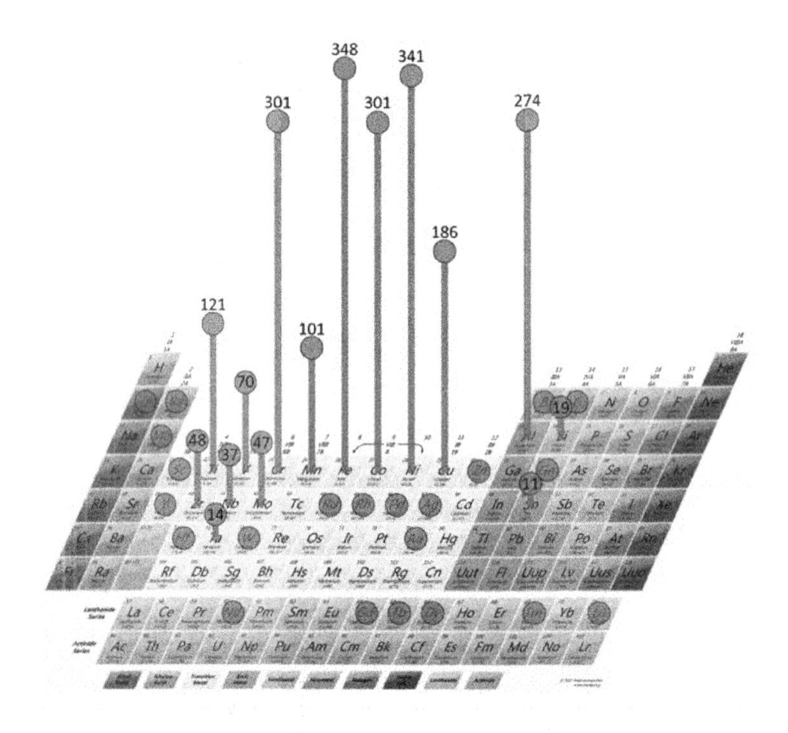

图1.5 多主元合金（MPEAs）中408元素的使用频率图

1.3.2 高熵合金的体系

本书中统计的408种MPEAs可分为7个合金系列，如图1.6所示。包括3d过渡金属CCA，难熔金属CCA，轻金属CCA，镧系元素（4f）过渡金属CCA，CCA黄铜和青铜，贵金属CCA和间隙化合物（硼化物、碳化物和氮化物）CCA。

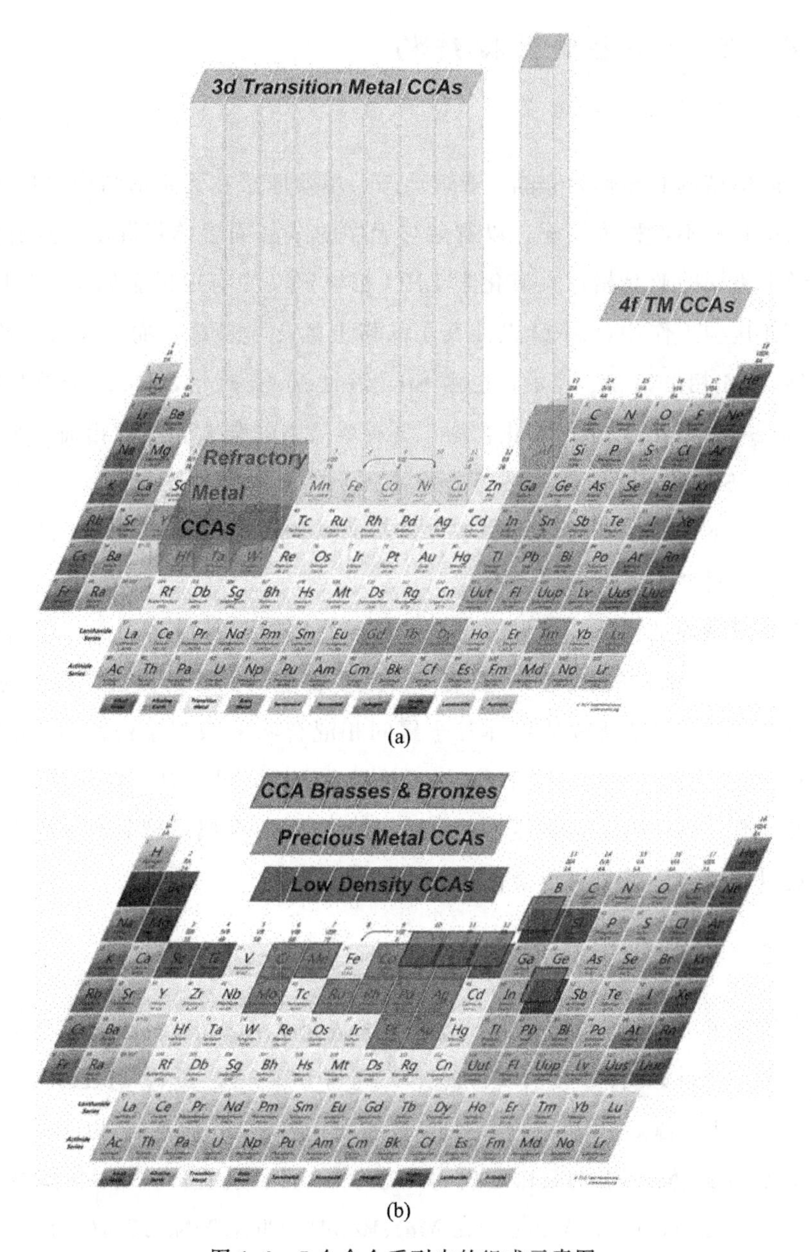

(a)

(b)

图1.6 7个合金系列中的组成元素图

1.4 高熵合金的显微结构

1.4.1 相的定义和分类

没有晶体结构的相称为非晶态或玻璃态。尽管原子在无定形结构中是无序的，但在本书中它并不被称为无序，以避免与无序的结晶固溶体相混淆。具有两个或更多化学上不同的亚晶格，具有化学 LRO 相被定义为有序或金属间（IM）相或化合物。在这项工作中，LRO 仅涉及子晶格上的化学排序，而不涉及平移和/或旋转对称。IM 相由 A_xB_y 表示，也由 Strukturbericht 表示，Pearson 符号或通用名称（Laves 或 sigma）和原型化合物。具有单晶格的合金元素的相描述为无序固溶体（SS）。SS 相中可能存在或不存在 SRO。SS 相通过原子填充方案（FCC、BCC、HCP）或 Strukturbericht 描述更复杂的结构。简单相和复杂相的区别仅限于晶体结构，对性能没有任何影响。

最近，对微观结构的分类方法与上述相同。具有一种或多种无序固溶体的微观结构称为 SS 微结构(或合金)；具有一种或多种金属间相的微观结构称为 IM 微观结构(或合金)；具有无序固溶体和金属间相混合物的微观结构称为（SS+IM）微观结构(或合金)。CCA 不限于 SS 相或单相微结构，可以具有任何含量的 SS 相或 IM 相，或（SS+IM）相的混合物。另一类 HEAs-金属玻璃具有亚稳态非晶结构，可通过快速凝固或机械合金化获得。

1.4.2 相的观察

本书统计了 23 种结晶相。晶体结构主要通过 Strukturbericht 表示法列出。例如，Al 结构（Pearson 符号 cF4，Cu 原型），列为 FCC；A2 结构（Pearson 符号 cI2，W 原型)，标记为 BCC；A3 结构（Pearson 符号 hP2，Mg 原型），以 HCP 给出；σ 用于表示 D8b 晶体结构（Pearson 符号 tP30，σ-CrFe 原型），CCA 晶体结构；A5 (tI4，β-Sn)；A9(hP4，石墨)；A12(cI58，α-Mn)；B2(cP2，ClCs，AlNi)；C14(六角 Laves 相) (hP12，$MgZn_2$，Fe_2Ti)；C15(立方 Laves 相)(cF24，Cu_2Mg)；C16(tI12，Al_2Cu)；$D0_2$ (cF16，BiF_3，Li_2MgSn)；$D0_{11}$(oP16，Ni_3Si)；$D0_{22}$(tI8，Al_3Ti)；$D0_{24}$(hP16，Ni_3Ti)；$D2_b$ (tI26，$Mn_{12}Th$，$AlFe_3Zr$)；$D8_5$(hR13，Fe_7W_6，Co-Mo 和 Fe-Mo)；$D8_m$(tI32，W_5Si_3，Mo_5Si_3)；$E9_3$(cF96，Fe_3W_3C，Fe-Ti)；$L1_0$(tP2，AuCu)；$L1_2$(cP4，$AuCu_3$)；$L2_1$

(Heusler)(cF16, $AlCu_2Mn$)。其中，$NiTi_2$（cF96）找不到 Strukturbericht 表示法。至少一个超晶格峰未确定的相被列为 IM，并且未识别的相被列为 Unk（未知）。该列表包括 6 种无序晶体结构（BCC，FCC，HCP，A5，A9，A12）。

到目前为止，最常见的相是无序 FCC（在 410 种合金中出现 465 次）和 BCC（在 306 种合金中出现 357 次），其次是有序的 IM 相 B2（在 175 种合金中出现 177 次），σ（在 60 种合金中出现 60 次）和六角形 Laves 相 C14（在 50 种合金中出现 50 次），如图 1.7 所示。HCP 相仅出现在 7 种合金中。通过计算 BCC、FCC 或 HCP 相出现的次数，FCC 相在微结构中出现的总次数为 56%，BCC 阶段略不常见（43%），HCP 阶段占 BCC、FCC 或 HCP 阶段报告次数的 1%。7 个 HCP 相中有 6 个属于三个不同的合金系列（轻金属，4f 过渡金属和"其他"CCA）。这些合金系列之间没有共同的元素，这表明仍有很多机会发现具有 HCP 晶体结构的新 CCA。

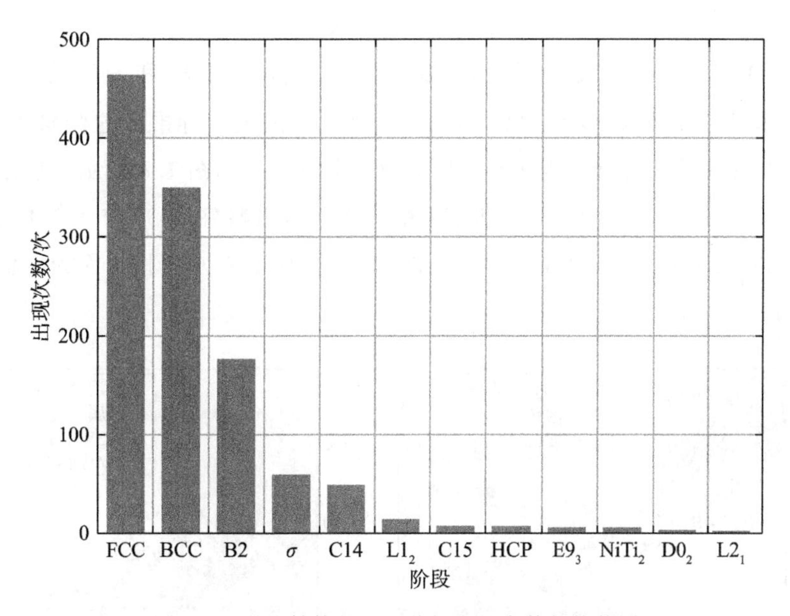

图 1.7　微观结构的 648 种相出现次数的柱状图

1.4.3　相的计算

虽然有许多方法用来计算 SS 相，但是应用最多的还是经验方法。

当用 Hume-Rothery 规则计算 SS 相的形成时，需要考虑的因素有原子尺寸

(δ_r)、晶体结构、电负性(δ_χ)、价电子浓度(VCE)和化合价，以及热力学条件：混合焓(H^{SS})、混合熵(S^{SS})和熔化温度(T_m)。其计算公式如下：

$$\delta_r = \sqrt{\sum c_i(1 - r_i/\bar{r})^2} \tag{1.8}$$

$$\delta_\chi = \sqrt{\sum c_i(1 - \chi_i/\bar{\chi}^2)} \tag{1.9}$$

$$\mathrm{VCE} = \sum c_i \mathrm{VEC}_i \tag{1.10}$$

$$H^{SS} = \sum 4H_{ij}c_ic_j \tag{1.11}$$

$$\Omega = (\sum c_i T_{m,i})(S^{ss})/|H^{ss}| \tag{1.12}$$

其中，r_i、χ_i、VEC_i 和 $T_{m,i}$ 分别是原子半径、电负性、价电子浓度和元素 i 的熔点；c_i 和 c_j 是原子 i 和 j 的原子分数；$r(-) = \sum c_i r_i$ 和 $\chi(-) = \sum c_i \chi_i$ 是平均原子半径和平均电负性；H_{ij} 是在常规二元溶液中等摩尔浓度下元素 i 和 j 的混合焓。

预测 HEA 中 SS 相或 IM 相的大多数经验方法，使用 δ_r 和 H^{SS} 或 Ω。原子尺寸不匹配和 H^{SS} 是无定形(AM)合金的众所周知的经验标准。这些参数将 HEA 中的 SS 相和 AM 相分开，但 IM 相与这两个场重叠，如图 1.8 所示。后来尝试结合 H^{SS}、S^{SS} 和 T_m，分离 SS 相和 IM 相。这项结果略好于 δ_r 与 H^{SS} 的相关性，但仍然可以看到重叠[图 1.8(b)]。能够分离 SS 相和 AM 相是因为它们属于无序溶液相。

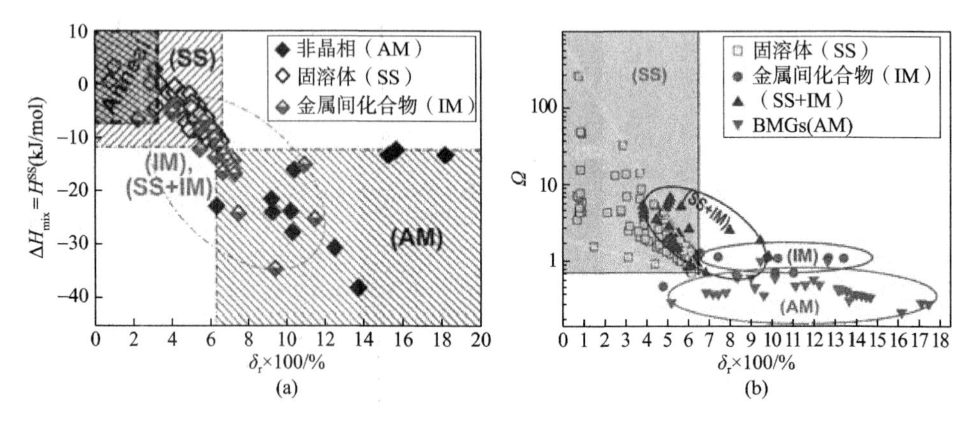

图 1.8　分离 SS、IM、(SS+IM)和非晶相(AM)区的经验相关性

(a) δ_r 与 H^{SS} 的经验相关性；(b) δ_r 与 Ω 的经验相关性

在不考虑IM相的吉布斯能量时，可以通过合金元素数量和浓度建立方程获得吉布斯能量。这种方法的最大优点是简单。通过形成熵和金属间相形成焓之间建模，能区分单相SS合金和包含IM相的合金。另一种思路是获得多组分的合金相图。目前最可靠的方法是CALPHAD。通过CALPHAD计算生成的含有3～6种元素的130 000多种不同等摩尔合金的相图，用来分析相结构。分析表明，随着合金成分数N的增加，形成SS合金的可能性降低。对于最可靠的计算（$f_{AB}=1$），在T_m和600℃下，对于任何f_{AB}值的计算都发现了相同的趋势。在CALPHAD计算中未统一使用元素，因为某些元素在热力学数据库中比其他元素更多。例如，Al和Cr在每个使用的数据库中；除了一个数据库外，Fe、Mo、Si、Ti和Zr也都在；除了2个数据库外，Ni都在。元素Dy、Gd、Lu、Rh、Ru、Sc、Tm和Y各自仅出现在1个或2个数据库中。这种偏差在$f_{AB}=1$的数据集中被放大，因为热力学描述仅适用于更常用的元素。图1.9中的CALPHAD数据集，显示了使用每种元素的计算合金的百分比。实验合金中元素用量的偏差更大。由于这些偏差，计算的BCC、FCC和HCP相对于两个公开的CALPHAD是不同的。计算的BCC、FCC和HCP相的频率作为计算数据集中BCC、FCC和HCP相总百分比，对于f_{AB}是BCC（65%），FCC（29%）和HCP（6%）=1并且对于f_{AB}=全部是BCC（62%），FCC（12%）和HCP（26%）。

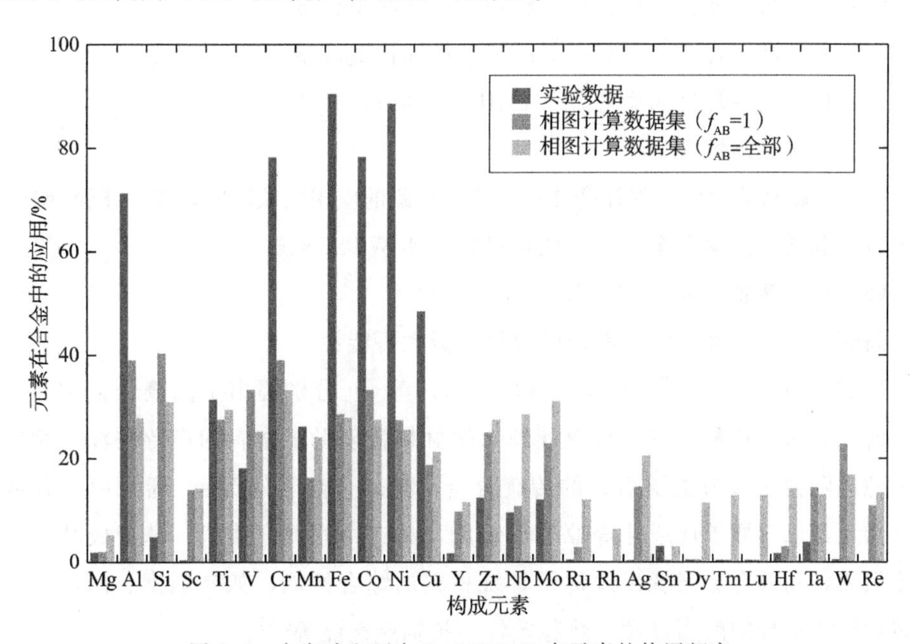

图1.9 在实验和两个CALPHAD中元素的使用频率

第2章 高熵合金简介

高熵合金是定义在规则液体状态下具有高构型熵的合金材料（High-entropy Alloys，HEAs）；也有其他名字，如成分复杂合金（Compositional Complex Alloys，CCAs）、多组分合金（Muiticomponent Alloys）等，近年来，高熵合金的概念得到了扩展，由原来的五元等原子比单相发展为非等原子比多相、高熵薄膜、高熵陶瓷等。目前也认识到材料性能与熵的关系是非线性的，因此中熵合金，甚至0熵材料的概念也被提出，所以统称为熵材料（Entropic Materials）。目前的高熵合金研究主要聚焦在如下几类材料：

（1）轻质高熵合金（Lightweight HEAs），比如，AlLiMgZnCu，预期将有超过钛合金的力学性能，但是成本和密度将低于钛合金；

（2）纳米析出强化高熵合金，将是下一代高温合金；

（3）共晶高熵合金，具有很好的流动性和铸造成型性能；

（4）相变诱导塑性高熵合金（TRIP HEAs）；

（5）超细晶高熵合金；

（6）软磁高熵合金，弥补高硅钢和非晶软磁的应用空缺区间，如CoFeNiAlSi；

（7）低活化高熵合金，下一代核材料，如WTaFeCrV；

（8）高熵薄膜，如NbTiAlSiN非晶薄膜。

高熵材料为突破传统性能极限提供了极大可能性。

自2004年Yeh等[32]和坎托（Cantor）等[33]分别提出了高熵合金和多主元合金的概念起，这种具有独特设计理念的材料就吸引了学者的广泛关注，相较于以一种或两种元素为主要组元的传统合金，高熵合金（HEAs）通常由四种或四种以上元素以等原子比或非等原子比组成，具有高的混合熵值，基于极其复杂的成分组成，高熵合金表现出远优于传统材料的综合性能，如高强度、高硬度、高断裂韧性和优异的耐腐蚀性、热稳定性、抗辐照性能等[34]。

这种合金主要由单一的面心立方结构（FCC）、体心立方结构（BCC）或密排六方结构（HCP）固溶体相构成。还有研究者基于力学性能将 HEAs 分为 4 类（图 2.1）：（1）仅包括 3d 过渡金属；（2）含过渡金属及较大原子半径的元素（如 Al 等）；（3）基于难熔金属；（4）其他。

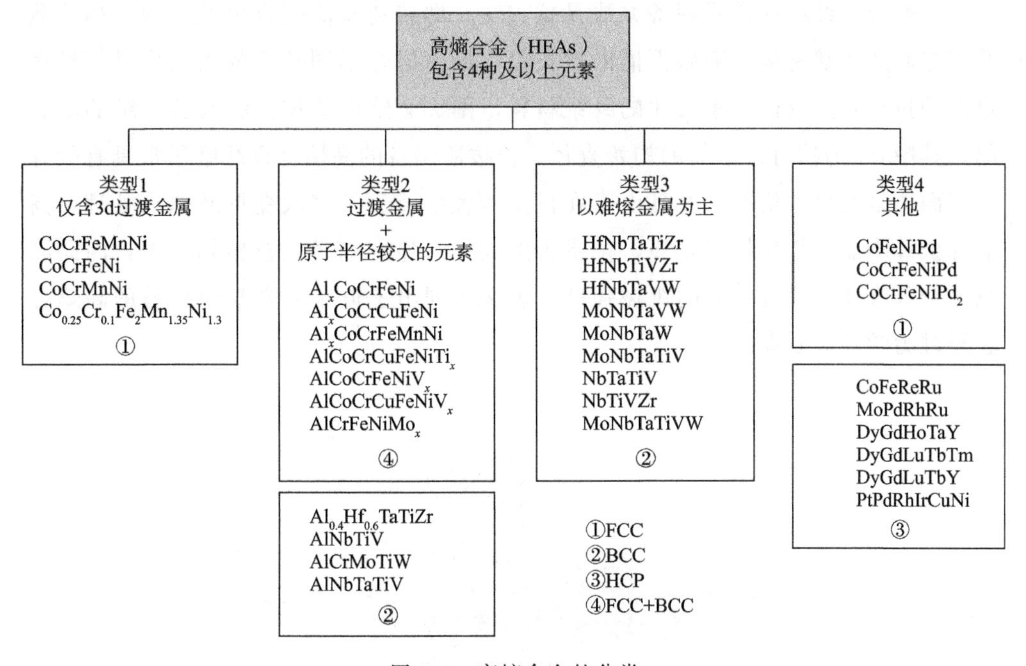

图 2.1　高熵合金的分类

高熵合金倾向于形成简单的无序固溶体结构，避免了脆性金属间化合物的形成，因此高熵合金也具有良好的塑性变形能力，其中以 CoCrFeNiMn[35]、$Al_{0.3}CoCrFeNi$[36] 为代表的部分面心立方结构高熵合金的室温塑性甚至超过 50%，Zhang 等[37] 制备的 $Al_{0.3}CoCrFeNi$ 合金，在热锻工艺处理后其断裂延伸率可提升至 60%以上。因此，一方面，基于高熵合金自身优异的塑性变形能力，通过一定的成形工艺，如轧制、挤压、拉拔等方式将高熵合金制备成薄板、纤维、箔带等，能大幅降低材料的维度，使高熵合金在改善性能的同时获得一定的机械柔性；另一方面，将高熵合金制成薄膜材料也是降低块体高熵合金维度的一个重要途径，目前已有多种成熟的制膜工艺可用于制备高质量高熵合金薄膜，在延续块体高熵合金的优异性能的同时，还具有低维度下的尺寸效应与成本优势。下面分别就两种不同形态的高熵合金进行介绍。

2.1 高熵合金纤维

高熵合金纤维的常用制备方法是拉拔法，即将铸态高熵合金经热锻、热旋锻等工艺制成棒状材料，随后再借助拉拔机将棒材通过不同孔径的硬质模具，经多道次的拉拔直至获得所需尺寸的纤维材料，图 2.2 给出了拉拔法制备纤维的示意图，其中 d_0 为棒材拉拔前的初始直径。拉拔法制备的高熵合金纤维通常具有较好的表面质量及尺寸精度，并且由于在拔丝过程中经历了多次变形及退火处理，高熵合金纤维晶粒细化程度较高、位错密度大并且还有纳米级析出相产生，因此高熵合金纤维通常具有较高的机械强度，表 2.1 列出了近年来文献中报道的高熵合金纤维力学性能研究成果。

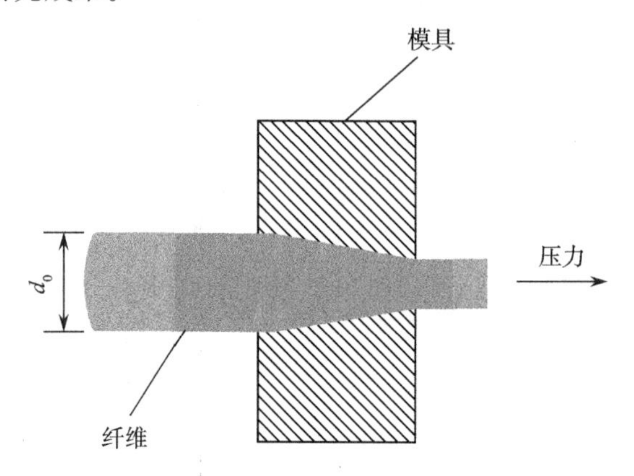

图 2.2 拉拔法制备纤维示意图

表 2.1 高熵合金纤维力学性能

成分	直径/mm	σ_s/MPa	σ_b/MPa	断裂延伸率/%	制备方法
$Al_{0.3}CoCrFeNi$	1.0	1136	12.7	7.9	热旋锻+热拉拔
CoCrFeNi	1.0	1100	1100	12.6	热锻+冷拔
CoCrNi	2.0	1100	1220	24.5	热元件旋锻+热拉拔
CoCrFeMnNi	2.5	1540	1710	10.0	热锻+CTCR
CoCrFeMnNi	8.0	1300	1300	6.0	冷拔
$Co_{10}Cr_{15}Fe_{25}Mn_{10}Ni_{30}V_{10}$	1.0	1600	1600	2.4	冷拔

北京科技大学张勇课题组（Zhang）[38] 采用热旋锻与热拉拔的方法制备了直径

从1.00～3.15mm的$Al_{0.3}CoCrFeNi$高熵合金纤维，相结构分析发现该高熵合金纤维基体仍主要为FCC结构，但由于在加工过程中经历了反复退火处理，晶界处析出了大量富Al-Ni的纳米级B2相，因此在室温下$Al_{0.3}CoCrFeNi$高熵合金纤维的屈服强度（σ_s）可达1136MPa，抗拉强度（σ_b）可达1207MPa，断裂延伸率为7.8%。当服役环境温度降低时，高熵合金纤维变形机制由室温下的位错滑移转变为形变诱导纳米孪晶，导致纤维强度和塑性进一步提高。

从图2.3（a）中可发现，相较于铸态及单晶态的$Al_{0.3}CoCrFeNi$高熵合金，纤维态$Al_{0.3}CoCrFeNi$高熵合金具有更高的抗拉强度，超过了大多数的块体FCC结构与HCP结构高熵合金，甚至优于部分BCC结构高熵合金。此外，横向尺寸的骤减还使高熵合金纤维具有很好的柔韧性，如图2.3（b）所示，多次拉拔后制得的毫米级$Al_{0.3}CoCrFeNi$高熵合金纤维可以轻易地弯折成卷而不发生任何的机械破坏。

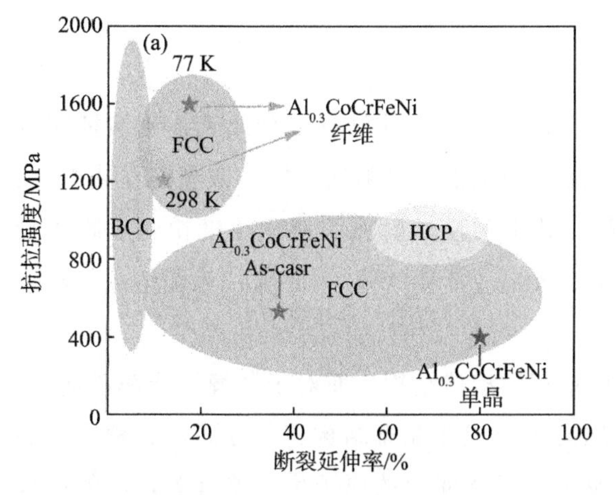

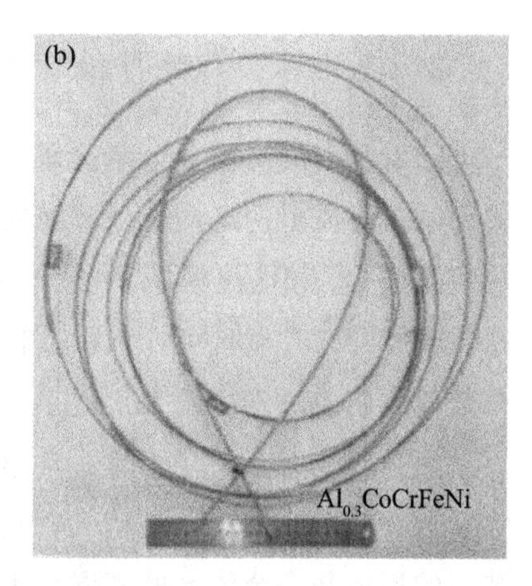

图2.3　$Al_{0.3}CoCrFeNi$高熵合金纤维

（a）力学性能；（b）宏观视图[39]

Liu等[17]同样采用热拉拔工艺制备了一种直径为2mm的CoCrNi中熵合金丝，在液氮温度下丝材的屈服强度、抗拉强度及断裂延伸率分别可达到1.5GPa、1.8GPa和37.4%，具备优异的加工硬化能力，与传统的珠光体钢丝相比，CoCrNi中熵合金丝具有更强的工程应用潜力。Cho等[40]采用冷拉拔加工工艺制备了具有不同压下比的毫米级$Co_{10}Cr_{15}Fe_{25}Mn_{10}Ni_{30}V_{10}$高熵合金纤维，当压下比为96%时，制得的高熵合金纤维直径缩小至1mm，相较于直径为4.75mm的合金纤维，通过多次拉拔获得的1mm纤维的强度提高至1.6GPa，背散射电子衍射

（EBSD）和透射电镜（TEM）分析测试结果表明纤维力学性能的改善主要源于大量纳米孪晶的产生。Kwon 等[41] 采用低温管径轧制法（CTCR）研制了一种高强度 CoCrFeMnNi 高熵合金线材，平均抗拉强度可达 1.7GPa，由于晶格严重畸变导致氢原子扩散缓慢以及缺乏马氏体转变等因素，CoCrFeMnNi 高熵合金丝材还表现出良好的抗氢脆能力。

2.2 高熵合金薄膜

作为高熵合金发展的一个重要分支，高熵合金薄膜在降低维度的同时延续了块体高熵合金的特点，表现出了优于传统合金薄膜的综合性能，如高硬度、优异的耐磨与耐腐蚀性、良好的热稳定性等，在太阳能光热转化、刀具耐磨涂层、耐腐蚀防护及扩散阻挡层等领域展现了深远的发展前景。

2.2.1 工艺参数与相结构

随着学者对高熵合金薄膜研究的不断深入，目前已有多种成膜技术被证明可用于制备高质量的高熵合金薄膜或涂层，包括磁控溅射法[42-43]、激光熔覆法[44-45]、热喷涂法[46] 和电化学沉积法[47] 等。其中磁控溅射法因沉积速度快、成膜质量高、膜厚易于控制且可在沉积过程中加入反应活性气体（如 O_2）等优势成了高熵合金薄膜制备最常用的方式之一。

块体高熵合金在凝固时通常形成单相固溶体结构，而对于高熵合金薄膜而言，除了形成简单的固溶体结构外，还倾向于形成非晶态结构。一方面，这种非晶态结构的形成与合金体系的高混合熵及组成元素间大的原子尺寸差有关，高的混合熵增强了薄膜中各元素之间的互溶，而大的原子尺寸差导致了严重的晶格畸变，有利于非晶相结构的形成。另一方面，溅射过程中靶材内各元素在高能 Ar 等离子体的轰击下被激发成粒子态，在外加电场作用下飞向基底，直接由粒子态转变为固态，整个转变过程中冷速非常快（约 109K/s），因此沉积粒子在尚未结成晶粒时便达到了最终状态，基于这种“快淬效应”，高熵合金薄膜也易形成非晶态结构。Gao 等[47] 将 Cr、Fe、V 元素与 Ta、W 元素分别制备成两个独立的靶材，采用双靶共溅射的技术制备了伪二元的高熵合金薄膜，当 Ta、W 两种元素含量较低的时候，薄膜呈现非晶态结构，而随着 Ta、W 两种元素含量的增加，薄膜相结构逐渐由非晶态结构向 BCC 结构转变，计算结果表明 Ta、W 两种元素含量的增加将使体系原子半径差 δ 不断增大。布莱克曼（Braeckman）等[48] 研究了 Nb 含量变化对 $Nb_x CoCrCuFeNi$ 薄膜的相结构的影响（图 2.4），随着 Nb 含量的增加，薄膜从 FCC 结构向非晶态结构转变，这种变化可能与组成元素中 Nb 的原子半径最大有关。

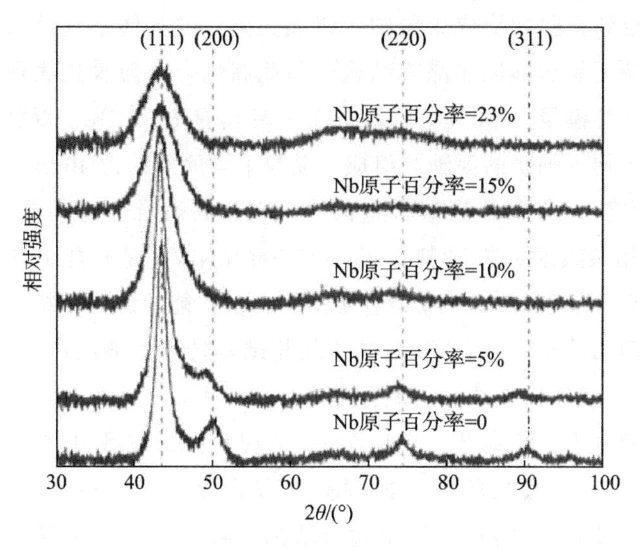

图 2.4　不同 Nb 含量 $Nb_x CoCrCuFeNi$ 薄膜的 XRD 图谱

沉积时的工艺参数对高熵合金薄膜相结构形成也会产生重要的影响。闫薛卉与张勇等[49] 在综述文章中详细介绍了工作气氛、基底偏压、衬底温度等因素对磁控溅射制备高熵合金薄膜相结构的影响。例如，溅射时 N_2 流量的增加会促进金属元素与氮元素在沉积时的结合倾向，在薄膜内形成大量 FCC 结构的二元氮化物（如 TiN、VN、CrN、ZrN、HfN 等），导致高熵合金薄膜由非晶态结构向固溶体结构转变，并且氮原子在一定程度上也会影响合金元素的扩散及晶粒的长大；基底偏压主要影响薄膜最终的质量，通过在等离子体与基底间设置一定大小的偏置电压，使部分离子在电场作用下冲击基底，进而提高沉积原子的扩散能力，以改善薄膜的致密度与成膜质量，而低的基底偏压则使高熵合金薄膜倾向于形成非晶相结构；升高基底温度能够提高原子对基底的吸附能力及原子间的扩散速率，促进沉积薄膜的晶粒长大。通过合理地控制工艺参数，利用磁控溅射等薄膜沉积技术获得的高熵合金薄膜甚至可达到纳米级厚度，低维度的特点使薄膜材料能够在有限的空间内发挥自己的性能，在薄、轻、便携式电子设备乃至精度要求更高的微电子领域中的应用成为可能，并且相较于块体材料，小尺寸的薄膜材料在制造成本上也具有很大优势。

2.2.2 性能特点

维度降低激活的尺寸效应使高熵合金薄膜在某些性能上优于块体高熵合金。除了厚度减小导致薄膜内形成大量纳米级晶粒外，部分体系高熵合金在沉积过程中因冷却速率快还易于形成非晶态结构，因此高熵合金薄膜也表现出远超传统薄膜的高强度与弹性模量。Cai 等[50] 制备了一种具有 FCC/BCC 双相结构的高熵合金薄膜，薄膜由均匀细小的等轴晶组成，晶粒平均尺寸约为 40nm，薄膜强度高达 10.4GPa，相较于单相 FCC 高熵合金薄膜，双相高熵合金薄膜具有更高的强度。Fang 等[51] 采用共溅射的方法制备了 $CoCrFeMnNiV_x$ 高熵合金薄膜，研究了 V 含量的变化对 $CoCrFeMnNiV_x$ 高熵合金薄膜力学性能的影响，结果表明随着 V 含量的增加，薄膜相结构由 FCC 结构向非晶相结构转变，薄膜的强度也由 6.8GPa 提升至 8.7GPa。此外，在某些高熵合金薄膜体系中，加入氮元素形成高熵合金氮化膜，还可使硬度进一步提升。Yeh 等[52] 采用反应磁控溅射制备了 AlCrTiZrHf 高熵合金薄膜，在无氮气环境下薄膜呈非晶态结构，强度和弹性模量分别为 17.9GPa 和 262.3GPa，随着氮气流量的增加，高熵合金氮化膜由非晶态结构向 FCC 结构转变，由于氮化物的形成以及各元素的固溶强化效果，(AlCrTiZrHf)N 薄膜的强度与弹性模量明显提高，当 N_2 与 Ar 的流量比为 5∶4 时，高熵合金氮化膜的强度和弹性模量分别提升至 33.1GPa 和 347.3GPa。

由于高熵合金自身的“高熵效应”和沉积过程中“快速淬火效应”的共同作用，高熵合金薄膜倾向于形成单一的固溶体相或非晶相，减少了晶界的数量，因此具有比传统合金薄膜更均匀的微观结构，在腐蚀介质中能更稳定地存在，并且部分组成元素，如 Co、Cr、Ni、Cu 的加入还可以在薄膜表面形成一层致密保护膜，防止腐蚀液对基体的直接侵蚀，因此高熵合金薄膜表现出优异的耐蚀性，甚至超过了传统的不锈钢。Ye 等[53] 研究了 CrMnFeCoNi 涂层在质量分数为 3.5% 的 NaCl 溶液与浓度为 0.5mol/L 的 H_2SO_4 溶液中的腐蚀行为，结果表明该涂层耐蚀性优于 A36 钢基体，极化电流甚至低于 304 不锈钢，EIS 图与拟合参数结合表明 CrMnFeCoNi 涂层在浓度为 0.5mol/L 的 H_2SO_4 溶液中形成了自发保护膜。Qiu 等[54] 采用激光熔覆法在 Q235 钢表面制备了 $Al_2CoCrCuFeNiTi_x$ 高熵合金涂层，与 Q235 钢相比，$Al_2CoCrCuFeNiTi_x$ 高熵合金涂层在浓度为 0.5mol/L 的 H_2SO_4 溶液中的腐蚀电流密度明显下降，极化测试表明涂层在浓度为 0.5mol/L 的 H_2SO_4 溶液和质量分数为 3.5%的 NaCl 溶液中均未出现点蚀现象。高熵合金组成组元数多，体系混合熵值高，元素扩散缓慢，使高熵合金薄膜具有优异的耐高温性能，特别是对于组成中含有难熔元素（W、Mo、Nb、V）的高熵合金而言，即便在较高温度下也能保持良好的相结构稳定性及力学性能。Chen 等[55] 采用磁控溅射工艺在 304 不锈钢基体上沉积了 VNbMoTaW 高熵合金薄膜，并研究了其在不同温度下的氧化行为与电导率变化，如图 2.5 所示。

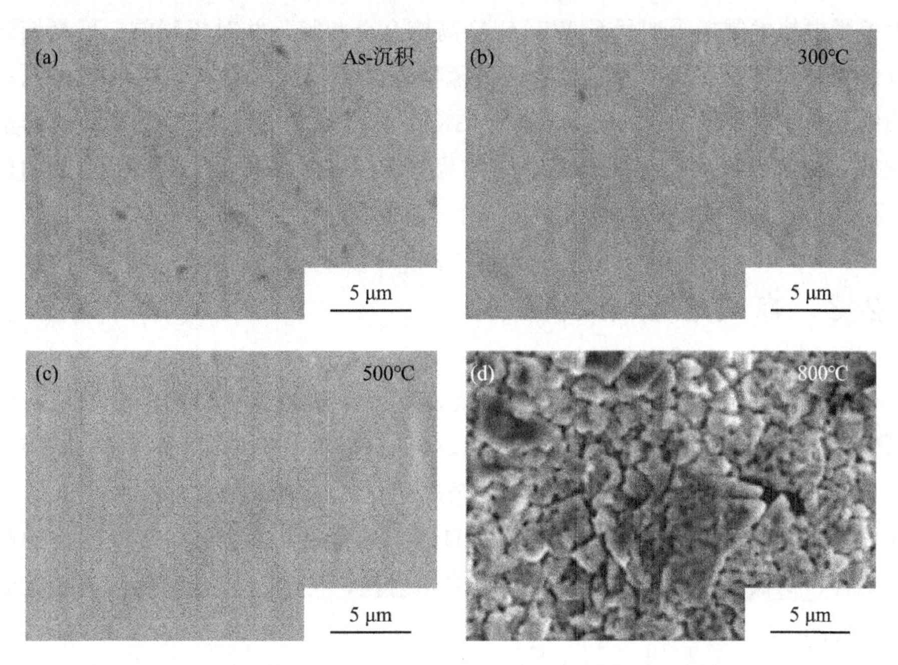

图 2.5 VNbMoTaW 高熵合金薄膜在不同温度氧化 1h 后的表面形貌

(a) 初始沉积状态；(b) 300℃；(c) 500℃；(d) 800℃

薄膜在 500℃下氧化 1h 后仍保持了 BCC 相结构，仅部分转变为非晶态；当氧化温度超过 700℃时，薄膜表面转化为难熔金属氧化物，薄膜电阻率也随氧化温度的升高而增大。

Feng 等[56] 对 TaNbTiW 薄膜在 500℃和 700℃条件下进行了 90min 的真空退火处理，XRD 图谱表明高温处理后薄膜的相结构没有发生明显改变，保持了初始状态的 BCC 结构，当退火温度升高至 900℃后，仅有部分氧化物形成。高熵合金还具有良好的抗辐照能力，在一定的辐照条件下能保持良好的相稳定性与低的辐照肿胀率，将高熵合金薄膜与核反应堆包壳相结合，能有效地降低核燃料对包壳层的辐照损伤，延长核反应堆包壳的服役寿命，可作为未来先进核反应堆结构的良好候选之一。Pu 等[57] 研究了超细纳米晶 $Al_{1.5}CoCrFeNi$ 高熵合金薄膜在 He^+ 辐照下的缺陷演化行为，结果表明在 60keV 的 He^+ 辐照条件下，由于缺陷下沉效应，He团簇优先聚集在纳米晶晶界处，当He团簇的原子分数达到8.5%的峰值时，薄膜内部未发现气泡形成，通过抑制辐照损伤的积累，部分晶粒保持了自身的稳定性和完整性，并且薄膜中形成的超细纳米晶结构减小了He团簇的尺寸，也进一步提高了高熵合金薄膜的抗辐照肿胀能力。阿特瓦尼（Atwani）等[58]采用磁控溅射技术制备了四元系WTaCrV高熵合金薄膜，并对辐照前、后高熵合金薄膜的相结构进行了表征，初始状态的薄膜呈现单相BCC结构，约70%的晶粒尺寸为纳米级（≤100nm），在室温和1073K的温度条件下对WTaCrV高熵合金薄膜进行1MeV原位Kr^{2+}辐照试验，微结构分析显示薄膜内并没有辐照引起的位错环产生，具有良好的结构稳定性。

2.3 高熵合金涂层

高熵合金（HEAs）由于具有独特的多元固溶结构及优异的综合性能，引起了研究人员的极大关注。高混合熵使HEAs具有较低的自由能和较高的相稳定性，倾向于形成单相固溶体，或仅含有少量金属间化合物相和亚稳态粒子[59]。这种多组元固溶体具有较大的溶解度，因而使HEAs具有很高的强度，以及优良的耐蚀性、塑性、耐低温性、抗高温氧化性、耐辐射性，再加上有软磁性，可在宽温度范围内应用。

传统的合金涂层设计理念是以一种或两种元素为主，通过添加少量其他元素来改善和提升合金涂层的性能。然而传统的金属氮化物、碳化物和氧化物涂层是低熵涂层，由于合金熵的局限性，其并不能满足人们对涂层材料越来越高的需求标准。随着HEAs的发展，研究人员对高熵合金涂层（HECs）进行了较为深入的研究。HECs不仅具有HEAs优良的性能，甚至某些性能还得到显著增强，它们在耐腐蚀涂层[60]、高硬度涂层、高磁性能涂层、集成电路系统扩散阻挡层[61]等方面具有重要的应用潜力。HECs的力学性能、耐腐蚀性能受多种因素（加工工艺、成分、相形成与转变）的影响。

2.3.1 HECs的产生和发展

多主元高熵合金是1995年我国台湾地区叶均蔚教授在研究非晶合金的基础上首次提出的等摩尔多主元合金的概念，并于2004年将其定义为高熵合金。

HECs是在HEAs的基础上发展起来的。2005年，Chen等[62]报告了磁控溅射制备FeCoNiCrCuAlMn和$FeCoNiCrCuAl_{0.5}$氮化物涂层的方法，并探讨了N_2

流量对相结构的影响。Huang 等[63] 分析了 $AlCoCrCu_{0.5}NiFe$ 氧化物涂层的相结构、硬度和相稳定性。Tsai 等[64] 采用磁控溅射制备了 AlMoNbSiTaTiVZr 涂层，并将其用作 Cu 和 Si 晶片之间的扩散阻挡层。近年来，随着 HECs 的持续发展，激光熔覆法制备的 HECs 逐渐发展起来。

目前，HECs 主要包括氮化物涂层和氧化物涂层，其成分设计原理与 HEAs 类似。一般来说，构成 HECs 的元素可以分为两类——基本元素和功能元素。Cr、Fe、Co、Ni、Cu 等连同其他一些功能元素，它们的原子半径差异不大，倾向于形成简单的面心立方或体心立方固溶体结构，可以被称为基本元素。而 Ti、V、W 等元素具有良好的热稳定性和耐腐蚀性能，可以被称为功能元素。在制备 HECs 时，根据性能要求可以将功能元素添加到基本元素中。此外，还可以添加一些非金属元素，如 B、N 和 C 以填补涂层原子间隙位置，改善硬度。Al 的原子半径比较大，容易导致涂层产生晶格畸变，有利于形成非晶相结构。

2.3.2 HECs 的制备

HECs 的制备方法主要有磁控溅射、激光熔覆、电化学沉积、等离子熔覆、电弧热喷涂、冷喷涂等。其中，磁控溅射和激光熔覆最为成熟。表 2.2 总结了这两种技术的特点。

表 2.2 磁控溅射与激光熔覆制备 HECs 的优缺点

制备方法	优点	缺点
磁控溅射	(1) 沉积快，基底升温慢 (2) 涂层结构连续性及致密性好 (3) 基体致密性好 (4) 容易控制涂层的性能及厚度	(1) 靶材利用率低 (2) 涂层厚度受限
激光熔覆	(1) 加热和冷却速率高 (2) 对基体的热影响小 (3) 熔覆层晶粒小且均匀 (4) 熔覆层与基体冶金结合，结合力好 (5) 熔覆层厚度可以达到毫米级	(1) 容易产生各种缺陷 (2) 熔覆层容易产生裂纹 (3) 熔覆层表面的平整度差

磁控溅射沉积的原理是溅射效应，采用高能粒子轰击目标表面，使目标原子逸出并沿某个方向移动，最终在基板上形成涂层（图 2.6）。施加磁场和电场可以

增加电子、带电粒子和气体分子的碰撞概率。在一般情况下，采用电弧熔炼和粉末冶金法制备磁控溅射靶材，如果每个主成分的熔点显著不同，通常采用粉末冶金法制备。但是，不同元素具有不同的溅射输出能力，难以获得等原子比的HECs。因此，Feng等提出了多靶溅射法，即根据HECs成分设计，首先预制出单元素或合金靶材，然后通过靶溅射功率进行调控。

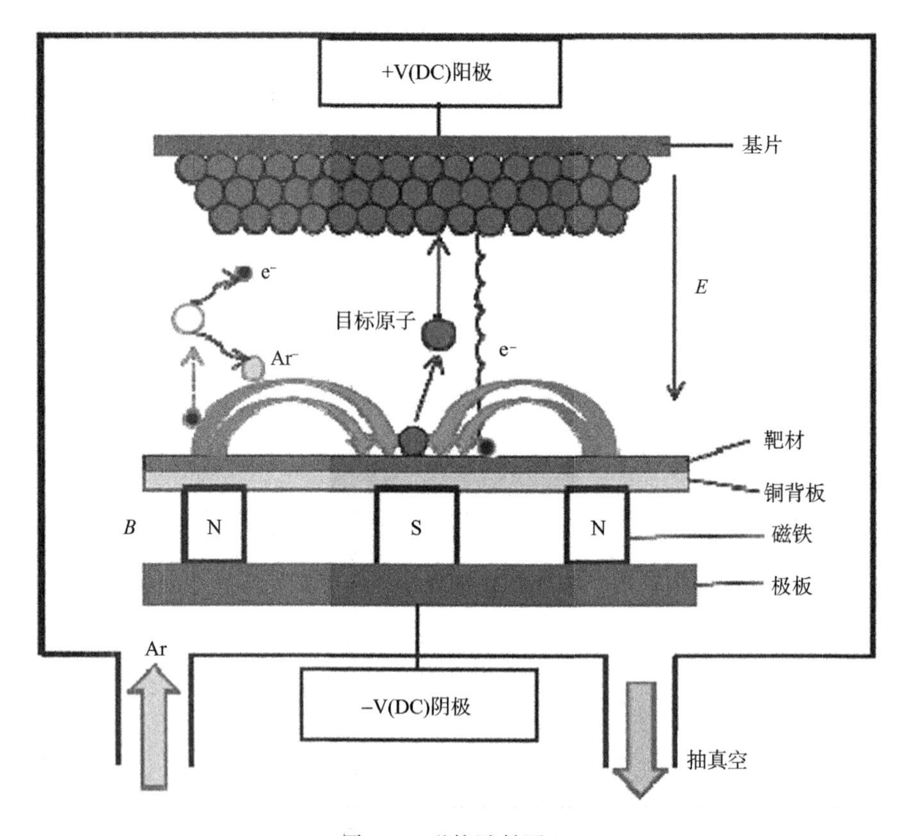

图 2.6 磁控溅射原理

激光熔覆技术是利用大功率、高速激光在基体上熔化具有一定物理、化学和力学性能的金属粉末制备HECs，实现涂层与基体的有效结合。激光熔覆技术根据粉末原料的状态可以分为预涂粉和同步送粉两种，如图2.7所示。采用激光熔覆技术制备HECs的快热快冷过程能够有效阻止元素的扩散以及脆性金属间化合物的形核与长大，在一定程度上保证了HECs具有简单的相结构，同时对基体材料特性的影响很小，对基体材料要求不高，并且涂层与基体之间为冶金结合，结合强度高。

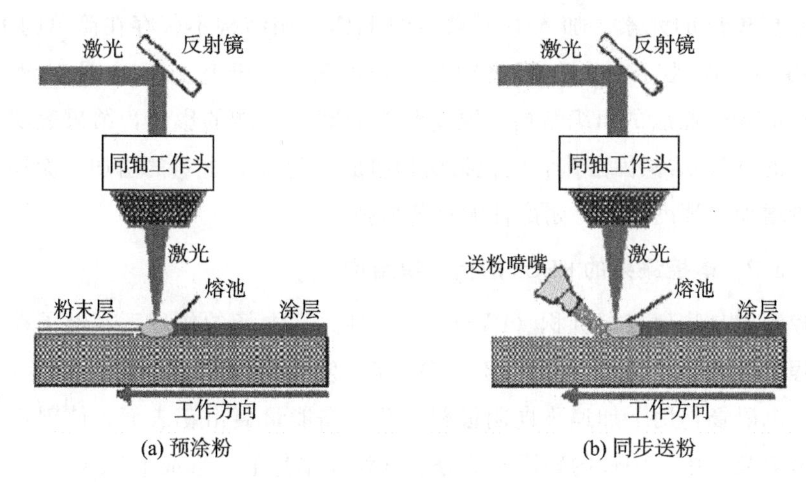

图 2.7　激光熔覆示意图

2.3.3　HECs 的结构

HECs 的成分设计与 HEAs 的一致，因此 HECs 也有“高熵效应”。此外，涂层冷却速率较快容易形成非晶相或简单的 FCC、BCC 固溶相。本书主要分析磁控溅射和激光熔覆制备的 HECs 的相结构研究现状。

2.3.3.1　激光熔覆制备的 HECs 的相结构

目前，激光熔覆是在工件表面制备金属涂层最常用的方法之一，具有加热快、冷却快，熔覆层均匀致密、显微缺陷少等优点[65]。类似于等离子喷涂，激光熔覆通过施加能量熔化衬底上的原料进行涂层制备，不同在于激光熔覆使用一束激光作为热源，可以轻易实现原料与基体的冶金结合，使涂层具有更加优异的结合强度，并且激光束可以聚焦在一个很小的区域，因此衬底上的热影响区非常浅，最大限度地减少了开裂、变形或改变基板的冶金状态[66]。

同样，由于“高熵效应”，利用激光熔覆技术制备的 HECs 结构容易形成简单的 FCC 和 BCC 结构固溶体。张晖等采用激光熔覆制备了 $FeCoNiCrAl_2S$ 涂层，并进行高温退火处理。其研究表明，该涂层呈有序的 BCC 结构，具有良好的硬度和高温稳定性。在激光熔覆制备 HECs 时，常添加一些功能性元素以改善涂层的性能。Ti 是提高涂层耐蚀性和高温性能的常用元素。Cai 等[67] 采用激光熔覆和激光重熔技术制备 NiCrCoTiV 涂层，研究了涂层的相组成、显微组织、显微硬度和耐磨性，发现激光重熔后相组成不变，熔覆层与重熔涂层都是由 $(Ni,Co)Ti_2$ 金属间化合物、富 Ti 相与 BCC 固溶相组成，涂层的耐磨性得到显著增强。B 是一种常用来改善涂层硬度的元素。加入 B 元素后的 HECs 相结构不仅存在简单的 FCC 和 BCC 固溶相，而且存在合金硼化物相。张冲等[68] 研究了 B 含量对激光熔覆 $FeCrNiCoMnB_x$ 涂层的组织结构、硬度和摩擦磨损性能的影响，结果表明：涂层均由简单的 FCC 结构固溶体和硼化物两相组成，随着 B 含量的增加，涂层中的硼化物含量增加，硬度提高，耐磨性能显著增强。

2.3.3.2 磁控溅射的 HECs 的相组织结构

磁控溅射是物理气相沉积（PVD）的一种。在电场的作用下，电子在飞向基片的过程中与气体（Ar、N_2、CH_4、O_2 等）发生碰撞，因电离而产生正离子，正离子在电磁场作用下加速飞向阴极靶，并以高能量轰击靶表面，使靶材发生溅射。在溅射粒子中，中性的靶原子或分子沉积在基片上，形成 HECs。

采用磁控溅射法制备高熵合金涂层时，Ar 与 N_2 流量对 HECs 的相结构有显著的影响。Ren 等[69] 曾报道：在低氮氩流量比（R_N）的条件下，$(AlCrMoNiTi)N_x$ 和$(AlCrMoZrTi)N_x$ 涂层为非晶结构；然而随着 R_N 增大，它们转变为一个简单的 FCC 固溶体结构（图 2.8）。

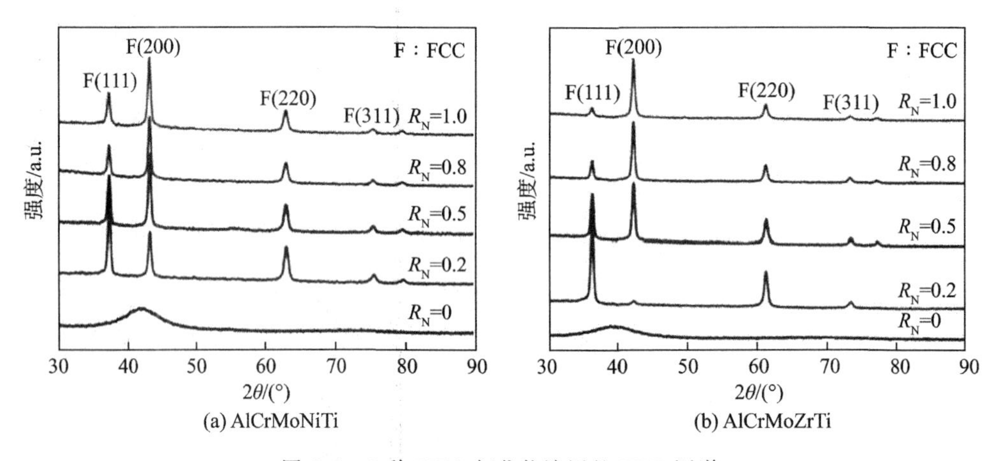

图 2.8 2 种 HEA 氮化物涂层的 XRD 图谱

换言之，随着 N_2 流量的增大，HECs 的相结构从非晶态向简单的固溶体过渡。许多 HECs 都是这样，如 TiVCrZrHf[70] 和 AlCrTaTiZr[71]。造成这种现象的主要原因是，较大的 N_2 流量有利于提高原子的流动性，保证晶粒的生长和扩散。此外，随着 N_2 流量的增大，涂层变薄，这主要是由氮含量提高所致，同时氩气含量降低，氩离子数量减少，溅射频率降低，沉积速率变慢。还有，N_2 流量增大会令二元氮化物越来越多。例如，N_2 流量增大时，在 TiVCrZrHf 涂层中含有许多FCC结构的二元氮化物，如TiN、VN、CrN、ZrN和HfN。但是，采用磁控溅射制备的HECs存在结合强度较低、工艺较为复杂等缺点。

衬底偏压对磁控溅射涂层的结构和性能有很大影响。Shen等[72]发现$(Al_{1.5}CrNb_{0.5}Si_{0.5}Ti)N_x$涂层趋向形成简单的FCC结构，但衬底偏压的增加令其由简单的柱状晶逐渐变得致密，晶粒不断细化（晶粒尺寸从70nm下降到5nm）。随着衬底偏压的增加，离子轰击靶的能量增大，从而促进靶原子扩散和参与化学反应，显著改善了涂层密度和成膜能力。高能轰击引起了涂层中的各种缺陷，同时抑制了柱状晶的生长。

此外，衬底温度对HECs的相结构也有显著的影响。Huang等[73]在衬底温度100℃～500℃的条件下磁控溅射AlCrNbSiTiV氮化物涂层，其相结构为单相FCC。随着衬底温度的升高，原子的吸附能力和表面迁移率得到增强，因此晶粒尺寸和残余压应力变大。另外，涂层在900℃真空退火5h后，晶体结构、晶格参数、晶粒尺寸和硬度均未发生显著变化。

2.3.3.3 HECs的性能

（1）力学性能。与传统的合金涂层相比，HECs具有优异的力学性能。表2.3总结了一些HECs的强度与弹性模量。添加N等元素可以提高HECs涂层的强度。HECs的力学性能除了受元素组分及其含量的影响外，还受工艺参数的影响。Ren等[74]研究发现，磁控溅射功率和衬底温度会对(AlCrMnMoNiZr)N涂层的强度和弹性模量产生影响。随着溅射功率从150W增大到250W，强度和弹性模量分别从13.1GPa和200GPa增大到15.2GPa和221GPa，继续增大溅射功率令强度和模量略有下降；但是随着衬底温度从300K升高至600K，该涂层的强度和模量均呈现上升趋势。

表2.3　一些HECs的强度和弹性模量

成分	强度/GPa	弹性模量/GPa
AlCrNiSiTi	12.9	141.2
FeCoNiCuVZrAl	12.0	166.0
$Al_xCoCrCuFeNi$	15.4	203.8
(AlCrTaTiZr)N	23.9	234.8
(AlCrTaTiZrV)N	30.0	293.1
(AlCrNbSiTiV)N	42.0	350.0

续表

成分	强度/GPa	弹性模量/GPa
(TiHfZrVNb)N	44.3	384.0
(AlCrTaTiZr)NC_y	20.0	242.0
(NbTiAlSi)N	20.5	206.8

HECs具有高硬度和耐磨性的主要原因是高熵合金中几种主元的原子半径存在差异，或某一主元的原子半径与其他主元的原子半径差异较大，从而引起较大的晶格畸变，产生固溶强化作用。采用激光熔覆制备HECs时，快速冷却过程可提高涂层中合金元素的固溶极限，进一步增强固溶强化效果，同时还可以有效提高形核率而细化晶粒。在非平衡凝固过程中有时伴随少量纳米晶和细小金属间化合物的析出，产生显著的细晶强化和一定的弥散强化效应[75]。

(2) 高温稳定性。HECs具有优异的热稳定性，即使在高温下，仍然保持较高的强度和相结构稳定性。这是由于HECs本身的混乱度较大，在高温时变得更大，高混合熵效应显著降低了元素间扩散和重新分配的速率，使涂层中的相结构比较稳定，高温硬度基本保持不变，因此具有良好的抗高温软化性[76]。Cheng等[77]采用直流磁控溅射制备出具有非晶结构及优异热稳定性的$Ge_{0.5}NbTaTiZr$涂层和GeNbTaTiZr涂层。分别在700℃和750℃真空退火后，它们的非晶结构均保持不变，但GeNbTaTiZr涂层的热稳定性优于$Ge_{0.5}NbTaTiZr$涂层，这是由于GeNbTaTiZr具有较大的原子尺寸差（δ），更低的整体混合焓（ΔH_{mix}）以及更大的混合熵（ΔS_{mix}）。表2.4总结了一些HECs的高温性能。

(3) 耐蚀性。HECs通常含有Co、Ni、Cr、Ti、Cu、Al等元素，在电解质中受到极化的情况下易在涂层表面形成均匀、致密的保护性薄膜（钝化膜），如Al $(OH)_3$和Cu $(OH)_2$，它们与合金基体结合牢固，可明显抑制腐蚀。采用激光熔覆技术制备HECs时，由于快热快冷，熔池中的合金元素迅速形成各种金属间化合物而增加自发形核数量，从而提高形核速率，获得均匀、细小的显微组织。

另外，激光熔覆过程还可以显著降低单位晶界上的杂质含量和成分偏析程度。因此，激光熔覆所获得的HECs不仅力学性能优良，而且能耐高浓度的酸。Ye等[78]研究了激光熔覆CrMnFeCoNi涂层分别在3.5% NaCl溶液和0.5mol/L H_2SO_4溶液中的腐蚀行为。结果表明，该涂层的耐蚀性能优于A316不锈钢，且在硫酸浸泡过程中，其表面形成了一层自发保护膜（有电化学阻抗谱为证）。Ren等[79]则研究了电弧热喷涂CuCrFeNiMn涂层的腐蚀行为，发现该涂层在25℃的

1mol/L H_2SO_4 溶液浸泡100h时的腐蚀速率仅为0.074mm，显著低于304不锈钢的腐蚀速率（约为1.710mm/y）。

表2.4 HECs热处理前后的相结构

成分	制备方法	热处理温度/℃	热处理时间/h	相结构	
				热处理前	热处理后
FeCrNiCoMn	磁控溅射	900	2.0	FCC	FCC
(AlBCrSiTi)N	磁控溅射	700	2.0	非晶	非晶
(NbTiAlSiW)N	磁控溅射	700	24.0	非晶	非晶
TaNbTiW	磁控溅射	700	1.5	BCC	BCC
6FeNiCoCrAlTiSi	激光熔覆	750	5.0	BCC	BCC
(TiVCrHf)N	磁控溅射	500	2.0	FCC	FCC
FeCoCrNiB	激光熔覆	900	5.0	FCC+M_3B	FCC+M_3B
MoFeCrTiWAlNb	激光熔覆	800	4.0	BCC+MC	BCC+MC

2.3.4 HECs的现有和潜在应用

作为一种功能和结构材料，HECs具有非常广泛的应用和发展潜力，目前涉及的主要有：

(1) 由于具有特殊的成分设计及相结构，因此可以作为纯钛和Cr/Ni/Ti不锈钢、硬质合金等材料的焊接钎料[80]。

(2) 由于具有优异的耐热、抗氧化和耐磨性能，因此可以作为硬质涂层，用在切削工具钢上[81]，不过需要改进涂层的均匀性以及与基体的结合力[82]。

(3) 由于具有优异的耐辐射和耐腐蚀性能，因此可以作为核燃料和高压容器的熔覆材料[83-84]。

(4) 由于质量轻，可以作为移动设备的外壳、电池负极材料、交通运输用材料及航空航天材料等。

(5) 具有迟滞扩散效应的某些HECs（如AlMoNbSiTaTiVZr）涂层可以作为Cu与Si介质材料的扩散阻挡层[85]。

2.4 非晶合金柔性电子学

由于独特的无序原子结构，非晶合金具有许多特殊的性能。例如，超高的弹性极限、低的电阻温度系数和良好的压阻特性，其中高的弹性极限使非晶合金在承受一定变形后发生可逆的动态回复；低的电阻温度系数能有效消除材料由于环境温度变化带来的热漂移现象，获得一个较宽的工作温度区间；压阻效应使非晶合金的电阻随应变大小呈线性变化，这些特点契合柔性材料的性能要求，因此非晶合金在柔性电子器件中展现了初步的应用潜力。

2.4.1 传感器（电子皮肤）

皮肤是人体最大的器官，由无数细微的传感神经组成，并通过这些传感神经将感受到的各种外界刺激传递给大脑。可穿戴的传感器在使用时与皮肤表面保持共形接触，在不影响日常活动的情况下可对人体的脉搏、心跳、血压、呼吸速率等生理信号进行跟踪监测，不仅能让人们实时地了解自身的身体健康状况，对于医学上实现疾病的预防与诊断也具有重要意义。目前常见的非晶电子皮肤主要利用材料的压阻效应、以几何敏感参数电阻 R 的变化来衡量外加应变的大小。灵敏度系数（Gauge Factor，GF）是一个用以描述传感器对外界应变敏感程度的参数。压阻式传感器具有灵敏度高、结构简单、数据收集容易等优点，也是目前研究最多的一种应变传感器类型。Xian 等[86] 在聚碳酸酯衬底上制备的 $Zr_{55}Cu_{30}Ni_{5}Al_{10}$ 非晶合金电子皮肤具有很高的弹性极限，能够对手指不同程度的弯折进行测量。如图 2.9（a）所示，图中 R_0 为薄膜的初始电阻，ΔR 为薄膜在变形过程中电阻的变化量，$\Delta R/R_0$ 代表了薄膜电阻的相对变化率，该数值越大说明手指弯折程度越大；图 2.9（b）显示了该电子皮肤的光学照片，从图中可以看出，非晶电子皮肤能够很容易地发生弯折而不产生明显破坏。此外，通过改变沉积参数降低非晶薄膜的厚度，电子皮肤的透明度不断提高，当膜厚降低至 10nm 时，电子皮肤几乎变得完全透明，从某种意义上而言更加接近“皮肤”的概念。Jung 等[87] 在柔性聚二甲基硅氧烷（PDMS）衬底上制备了 $Fe_{33}Zr_{67}$ 非晶薄膜，并制作了一种可伸缩的多功能电子皮肤传感器，可对压力、温度、声音等多种物理信号进行检测，即便在拉伸或弯曲等外力作用下，传感器也能保持性能的稳定性，这种多功能传感器可应用于穿戴式的医疗设备或电子皮肤中，对人体的多种生理信号进行实时监控。桑切斯（Sanchez）等[88] 采用直流磁控溅射技术将非晶薄膜沉积在聚酰亚胺（PI）衬底上，制备了一种基于 Zr 基非晶薄膜的应变传感器，在外加的弯曲应变下传感器电阻呈线性变化，灵敏度系数 GF 为 1.1，在循环弯折 1000 次后传感器的电阻变化率保持恒定值，表现出长期使用的稳定性与可靠性。Du 等[85] 还报道了一种 Pd 基非晶薄膜的微型压力传感器，采用磁控溅射制备的 $Pd_{66}Cu_4Si_{30}$ 非晶薄膜厚度约为 50nm，具有极低的电阻温度系数（9.6×10^{-6}℃$^{-1}$），低的电阻温度系数使传感器在不同温度下均可保持测量的稳定性。

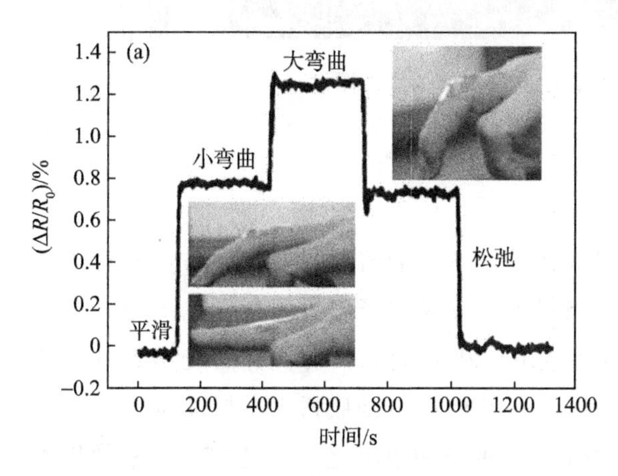

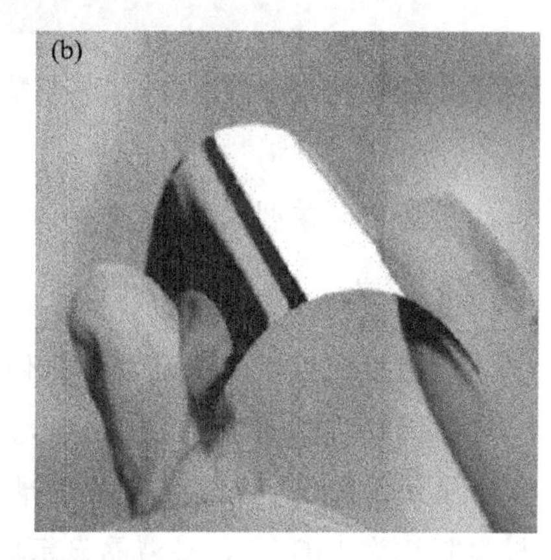

图 2.9　$Zr_{55}Cu_{30}Ni_5Al_{10}$ 非晶合金电子皮肤

（a）监测手指弯曲；（b）电子皮肤照片

磁致伸缩是指材料在外加磁场的作用下产生弹性应变，从而引起尺寸变化的特殊物理现象，这种特殊现象可用于构建谐振平台，作为传感器的基础部件。Li 等[89] 采用电化学沉积方法制备了 $Fe_{80}B_{20}$ 非晶合金薄膜并设计了一种可用于检测病原体的生物传感器，该生物传感器主要由非晶谐振器，以及包覆在谐振器表面、可与病原体特异性结合的生物分子识别元件构成，在交变磁场作用下谐振器发生相应的形状变化，从而产生具有特定谐振频率的机械振动，传感器一旦接触目标病原体，生物分子识别元件会与目标病原体结合，使谐振器质量增加，从而导致传感器谐振频率降低。因此，可以通过监测传感器共振频率的变化来判断目标病原体的存在，对液体中沙门氏菌的检测结果表明该生物传感器的检出限高于每毫升 50 菌落形成单位，可用于检测食品中的病原体。

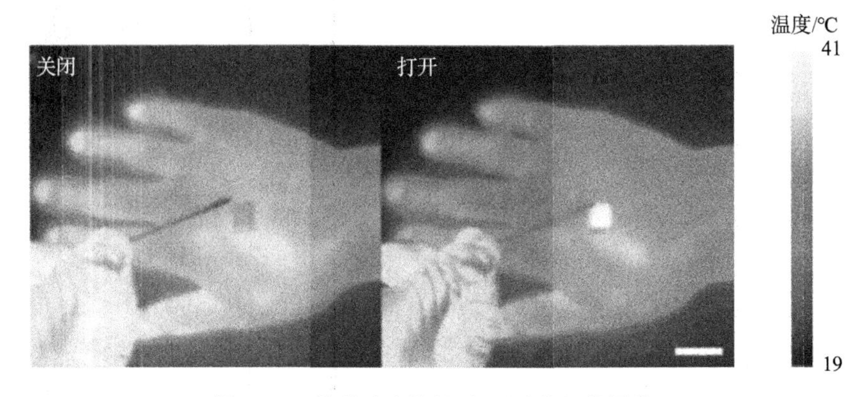

图 2.10　热贴片在关闭/打开时的红外图像

2.4.2　柔性电极

电极是大多数电子设备的基本组成元件之一，起着连接功能元件、构建导电通路的重要作用，因此开发可拉伸电极材料是实现电子器件柔性化的关键。氧化铟锡（ITO）是一种广泛应用于光电领域的电极材料，具有优异的光学与电学性能，采用常规直流磁控溅射在玻璃基板上沉积的 ITO 薄膜透光率超过 90%，平均板电阻约为 15Ω/sq，是液晶显示器中最常用的透明电极之一。但 ITO 电极的机械强度不高，在弯曲、拉伸等变形状态下易产生微裂纹，导致电导率骤降，这个缺点使 ITO 透明电极难以适应未来的柔性电子产品的发展。非晶合金薄膜具有优异的弹性变形能力与抗疲劳性能，在多次变形后仍能保持结构与性能的完整性，因此将非晶合金薄膜应用于柔性电极的构建，用以承受外部载荷，可保证电极结构的完整性与性能的稳定性。Lin 等[90] 将二元 ZrCu 非晶薄膜引入聚对苯二甲酸乙二醇酯（PET）/ITO 电极制备了一种多层 PET/ZrCu/ITO 电极，纳米级厚度的 ZrCu 非晶薄膜在复合电极中起着过渡层的作用，保证了电极的连续性与平整性，显著减少了长期服役下微裂纹的形成。疲劳测试结果表明该非晶复合电极在多次弯曲变形后电阻变化率小于 0.4，优于传统的 ITO 电极。Lee 等[91] 还展示了一种由具有纳米结构的 CuZr 非晶薄膜与银纳米线复合而成的可伸缩透明电极，低的板电阻（3Ω/sq）及可见光区内高的透光率（91.1%）使其适用于可穿戴的电子设备，其中非晶薄膜为电极提供了良好的机械稳定性，能够有效地减少肢体活动对可穿戴电子设备造成的损伤。随后 Lee 等[91] 利用该透明电极制备了一种新型的透明超级电容器，可通过无线传输的方式进行充电，而储存的能量又可借由天线以热量的形式释放出来，这种极薄且具有一定柔性的透明超级电容器可贴附在皮肤上，作为穿戴式的热疗贴片用以测量血液流动及皮肤含水量。Qin 等[92] 通过对 $Ni_{40}Zr_{20}Ti_{40}$ 非晶箔带去合金化制备了一种具有三明治结构的柔性非晶复合电极，并将其应用于超级电容器的制备，由该复合电极组装而成的绳状柔性超级电容器在电流密度为 $1A/cm^3$ 时体积电容量为 $778F/cm^3$，表现出高的电容量，并且在承受 0°～180°弯曲后电容量不发生显著变化，其中具有高延展性与高弹性的非晶箔带作为支撑保证了复合电极优异的灵活性。

2.4.3 微结构设计

在微机电系统中通常存在许多具有特殊三维结构或者表面结构的微纳米零部件，对系统的功能实现起着至关重要的作用，传统的半导体材料加工需借助光刻或者化学刻蚀等方法，这类方法通常比较烦琐，且制造成本非常昂贵，因此开发工艺简单、成本低的非晶薄膜微结构设计方法势在必行。非晶合金的微结构设计如图 2.11 所示。

帕纳吉奥普洛斯（Panagiotopoulos）等[93] 采用热弹性加工（TEP）的方法将厚为 20μm 的 Fe 基非晶箔带制备成两种不同形状的非晶波形弹簧［图 2.11(a)］，在一定载荷下可以发生可逆的变形与回复，并且具有数千次的抗疲劳性能，可逆的弹性主要来自非晶合金本身高弹性极限及波形结构的变化。通过改变非晶箔带的几何形状，可在提高非晶箔带承载能力的同时避免其脆性断裂，相较于传统的以晶态金属材料制成的弹簧，非晶波形弹簧的体积缩小了 1～2 个数量级且具有更轻的质量，因此在微电子系统的某些部件如传感器、执行器中有着巨大的应用潜力。

Xian 等[94] 在非晶薄膜表面设计出呈褶皱状的微纳米结构，如图 2.11(b)所示，这种特殊结构赋予非晶薄膜优异的可变形能力，甚至可拉伸至应变量为 100％，通过控制薄膜厚度及预应变大小等参数，制备的褶皱结构特征长度从几百纳米至几微米不等，且具有高度的可调控性，表面微结构的变化同时还使薄膜的部分物理性质，如透光率、表面润湿性发生了改变。薄膜表面的褶皱结构可以通过一种简单的衬底预应变方法实现，这种方法具有广泛的兼容性，已经在包括无机半导体、金属薄膜和石墨烯等刚性材料的柔性化中得到了应用。衬底预应变方法的具体步骤如图 2.12 所示。

首先准备一块可拉伸变形的弹性衬底（如 PDMS），在外力的作用下对弹性衬底预先施加一定的单轴拉伸应变，使原长为 L_0 的弹性沉积拉伸至长度为 L，随后在保持拉伸状态的衬底上沉积薄膜，当薄膜沉积结束后再释放预应变，此时弹性衬底将自发回弹，带动薄膜收缩形成有序的褶皱结构。褶皱结构主要通过在变形时改变自身的波长与振幅来适应不同程度的应变，利用结构形态的变化以避免材料本身的直接变形。

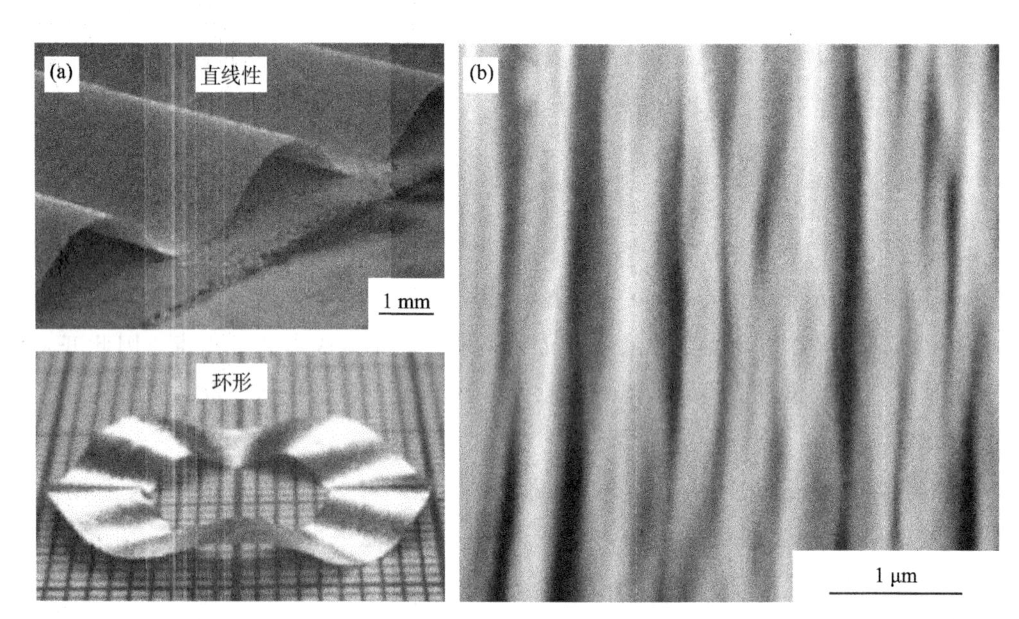

图 2.11 非晶合金的微结构设计

(a) 非晶弹簧；(b) 褶皱结构

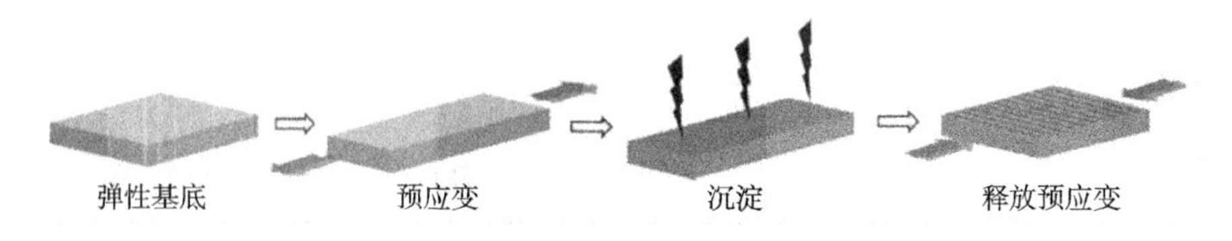

图 2.12 褶皱结构制备示意图

伴随着制造技术的进步与消费水平的提高，人们对日常使用的电子设备提出了更高的要求，柔性电子设备在满足常规电子设备使用性能的基础上还具有便携化、智能化、柔性化的特点，符合未来大众的消费观念，因此柔性电子产业势必成为未来一个极具发展潜力的市场。而材料作为电子设备发展的基础框架，决定了电子设备的性能优劣，因此要实现柔性电子设备的实际应用关键之一在于新型柔性材料的研发。高熵合金一直是材料领域研究的热点，传统方法获得的块体高熵合金虽然具有独特的综合性能优势，但却无法满足作为柔性材料的可变形要求，通过一定的工艺技术制备的高熵合金纤维或高熵合金薄膜已被证明表现出不亚于块体高熵合金的性能，并能够有效降低材料尺寸，赋予材料良好的机械灵活性，是潜在的柔性电子候选材料。非晶合金具有高的弹性极限、优异的力学及物理性能，因此也被应用于柔性电子器件的构建中，在可穿戴式的电子皮肤传感器、柔性导电电极、柔性超级电容器等方面已有出色表现，还可通过一定的几何结构设计，如弹簧结构、褶皱结构等进一步改善其机械柔性。

虽然高熵合金与非晶合金均展现出在柔性电子领域的巨大应用前景，但目前关于高熵合金和非晶合金柔性材料的研究仍处在初级阶段，研究成果相对较少，仍需针对柔性电子领域的需求对高熵合金与非晶合金应用于柔性材料做进一步研究。柔性电子产业涉及物理、化学、微电子学、材料学及计算机科学等学科领域，离不开多学科综合的努力，尽管存在诸多挑战，但仍亟待学者对高熵合金与非晶合金在柔性电子领域的应用做更加系统的研究。

第3章 高熵合金的特性

3.1 高熵效应

经长期研究观察，发现高熵合金多主元的特点是传统合金所没有的多主元素效应，磁效应可归纳为热力学上的高熵效应。

图3.1说明八元等摩尔合金ABCDEFGH可能相的自由能在1200℃的比较，此图是以金属元素间相与原子对的平均混合焓(Mixing Enthalpy)ΔH_{ij}为-23kJ/mol作为计算依据（除稀有金属、稀土金属外，其他金属及类金属间的平均混合焓ΔH_{ij}大部分是负值)，对于八元固溶相而言：

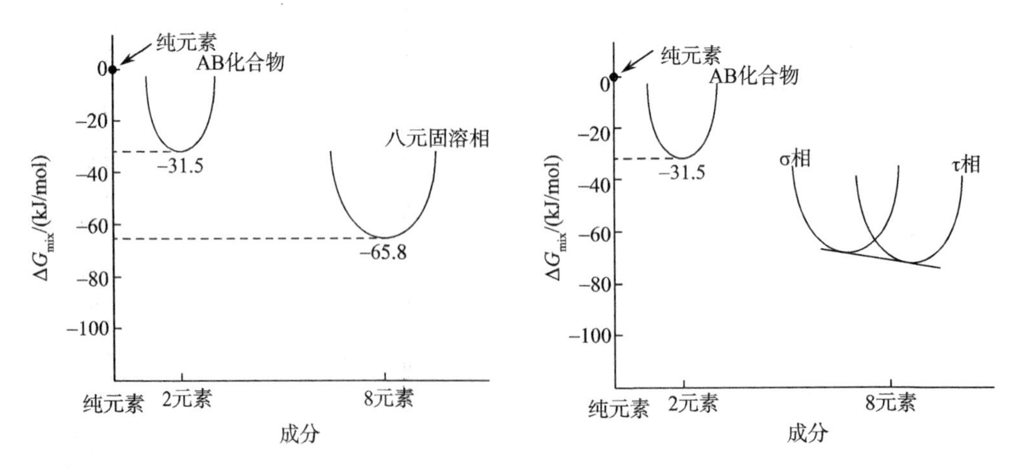

图3.1 八元等摩尔合金纯元素、二元介金属化合物与八元固溶相在1200℃的自由能比较

(a) 形成单一八元固溶相；(b) 形成两固溶相平衡共存

(1) ΔS_{mix}

$\Delta S_{mix}=\Delta S_{conffguration}=-k\ln\omega=-R(1/8\ln1/8+\cdots+1/8\ln1/8)=R\ln8\Rightarrow\Delta S_{mix}=3R\ln2\approx2.08R$

因为$T=1473$K，所以$-T\Delta S_{mix}=-25.5$kJ/mol

（2）ΔH_{mix}（共28对相异原子）

因平均值 $\Delta H_{ij}=-23kJ/mol$，故 $\Omega_{ij}=4\Delta H_{ij}=-92kJ/mol$

$\Delta H_{mix}=\Omega_{AB}C_AC_B\approx-23kJ/mol$

（3）ΔG_{mix}

$\Delta G_{mix}\gg-31.5kJ/mol$

若在1473K高温下为完全有序排列，$\Delta S_{mix}\gg0$

$\Delta G_{mix}\gg2\times(-23kJ/mol)=-46kJ/mol$

$\Rightarrow\Delta G_{mix}\gg-46kJ/mol$

若考虑介金属相在1473K下为混乱排列，可得图3.1（a），由图可见，在高温下多元固溶体相的确是热力学上的稳定相。即使在1473K下为完全有序，同理可推亦为单一固溶相。虽然可能的介金属相还有三元的情形，但其道理仍相同，其 ΔG_{mix} 仍较八元固溶相高。不过经常也有其他多元固溶相共存的情形，如图3.1（b）的情形即成分有差异的两相固溶相共存，两者都具有高混合熵及低混合自由能，利用多维切面，切点即共存相的成分。此公切面的屏蔽作用也说明二元及三元介金属相难以共存。此简化计算，主要强调混合熵的确可以与混合焓互相抗衡，而使多元固溶相共存易成为稳定相。

接下来以实际例子说明高熵效应。图3.2为一系列由二元到七元Cu-Ni-Al-Co-Cr-Fe-Si合金铸造状态的X光镜射曲线。基于先前提及的高熵合金定义，二元至四元为传统合金，五元至七元为高熵合金。可以发现合金的结构并不随元素数目的增加而变得复杂，至高熵合金仍以FCC及BCC等简单结构为主，相的数目只有两相，显示多元合金中的混合熵确实能使结构简单化。

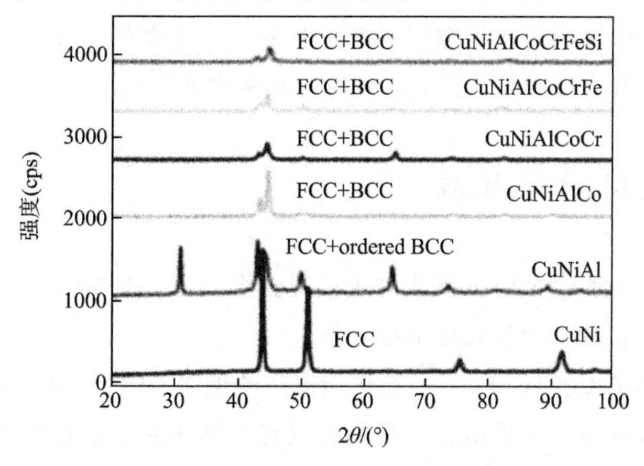

图3.2 一系列二元到七元Cu－Ni－Al－Co－Cr－Fe－Si合金铸造状态能的X镜射曲线

3.2 晶格畸变效应

高熵合金的晶格是多重原子共同构成的。由于各种元素原子大小不同，要共同排列成单一晶格必然会造成晶格的应变。较大的原子会推挤旁边的原子，而较小的原子旁则有多余的空间。图 3.3 为单元素晶格和高熵合金固溶相晶格的示意图。

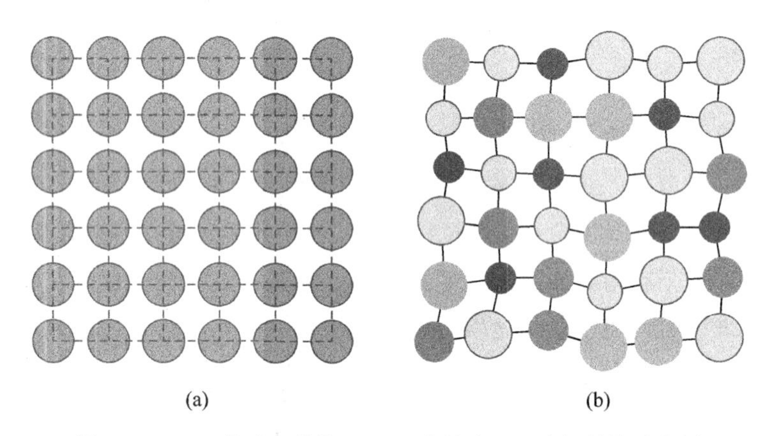

图 3.3 (a) 单元素晶格和 (b) 高熵合金固溶相晶格示意图

由图 3.3 可以明显看到，高熵合金中由于原子大小差异造成晶格扭曲及晶格应变现象。这些晶格应变会提高能量状态，也会对材料的许多性质造成影响。例如，晶格扭曲会使位错不容易前进而产生固溶强化，由于高熵合金不再有所谓的“溶剂”原子，可以说所有的原子都是溶质原子，因此其固溶强化的效果很明显。另外，晶格的扭曲也会对电子和声子产生散射，而使高熵合金的导电与导热效率较差。这些由于晶格扭曲造成的效应统称为晶格应变效应。

3.3 缓慢扩散效应

一般而言，高熵合金的扩散速率较传统合金的慢。例如，高熵合金在铸造状态下即常见大小仅数十纳米的析出物分布。

图 3.4 显示 AlCoCrCuFeNi 合金铸造态下的纳米 BCC 相调幅分解微结构，可见其基底内更有许多纳米析出物，最小的只有 5 纳米左右，这在传统金属中是罕见的。这些极小的析出物显示高熵合金的扩散与相变速度是缓慢的。放缓扩散可

带来许多优点，如使高熵合金在高温时较不易产生结构变化；又例如晶粒粗化、再结晶等，使热稳定性较佳；再例如高熵合金较容易变成过饱和状态，有利于析出反应。

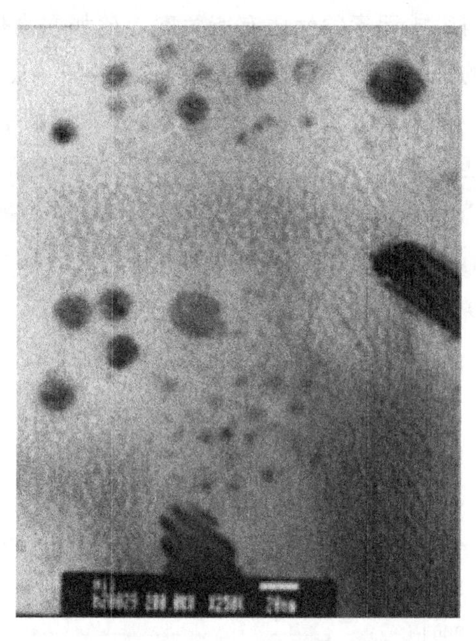

图 3.4　AlCoCrCuFeNi 合金铸造态下调幅分解 BCC 相的 TEM 微结构影像

由动力学的观点可了解高熵合金的缓慢扩散效应，由于取代型原子（Substitutional Atom）主要靠空缺机制（Vacancy Mechanism）来扩散，所以具有多重元素的高熵合金基底，任一个空缺都面临周围不同元素原子的竞争，不同元素原子活动力不同，活动力较强（如熔点较低、键结较弱者）的原子，较活动力较弱的原子易抢到空缺进行扩散，但还有一个因素得考虑，在一个元素为主且低溶质含量的传统合金基底中，溶质或溶剂原子跳入空缺的键结状态与跳入空缺前是相同的，而多元的基底，原子跳入空缺前后所面临不同元素原子的键结情形却不相同，若跳入后能量降低，则下一次再跳出就比较困难，若跳入后能量增加，则跳入时就比较困难，所以因为此差异性，不论何种元素，其原子的扩散变得比较受牵绊，扩散速率皆呈下降现象。更有甚者，形象的成核成长皆须各元素按比例重新分配，达到目标成分才能成核或成长，但因扩散速率不同，扩散较慢的元素成为决定相变速率的控制因素，因此多元的固溶相基底中原子的扩散较缓慢且相变总速率变得较慢。

3.4 “鸡尾酒”效应

高熵合金的性质与组成元素的性质有所关联。比如在高熵合金中添加轻元素，会降低高熵合金整体的密度。又如添加耐氧化的元素如 Al、Cr、Si，也会使高熵合金抗氧化能力提高。然而除了个别元素的性质外，还要有元素间的交互作用。例如，Al 是一低熔点且较软的金属，加入高熵合金即可使合金硬化。

图 3.5 是 Al_xCoCrCuFeNi 合金中，合金硬度随 Al 含量的变化曲线。可以看出随着 Al 含量的增加，合金的硬度急速上升，由不含 Al 的 133HV 增加到 Al 含量为 38%（原子分数）时的 644HV。

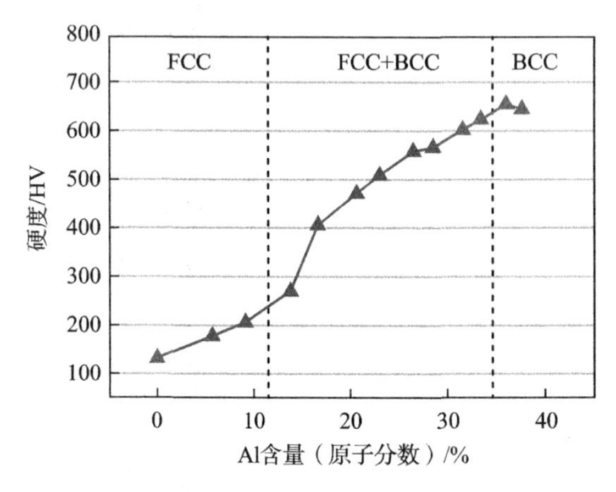

图 3.5 Al_xCoCrCuFeNi 合金硬度随 Al 含量的变化曲线

此强化有两部分，一部分是因为 Al 含量增加时产生较硬的 BCC 相；另一部分是 Al 和此合金中的其他元素有很强的键结，当 Al 增加时，无论是 FCC 相或 BCC 相平均键结强度增强，而使硬度提高。由此可见，高熵合金的整体性质绝不是混合法则下各元素性质的平均，而更包括元素间交互作用所产生的额外变化量，所以“鸡尾酒效应”包含这两部分。

3.5 高熵合金复合材料的性能

高熵合金复合材料具有高强度、高硬度、高耐磨性、耐腐蚀性和优异的抗高温氧化性，这正满足了飞快发展的工业对材料性能的严苛要求，尤其是在航空航天、军事、精密仪器制造等领域具有巨大的应用潜力和学术研究价值。李邦盛教授[95]的课题组对高熵合金复合材料做了较多的研究，发现凝固速率增大，组织明显细化，在细晶强化作用下材料硬度增加（图3.6）。

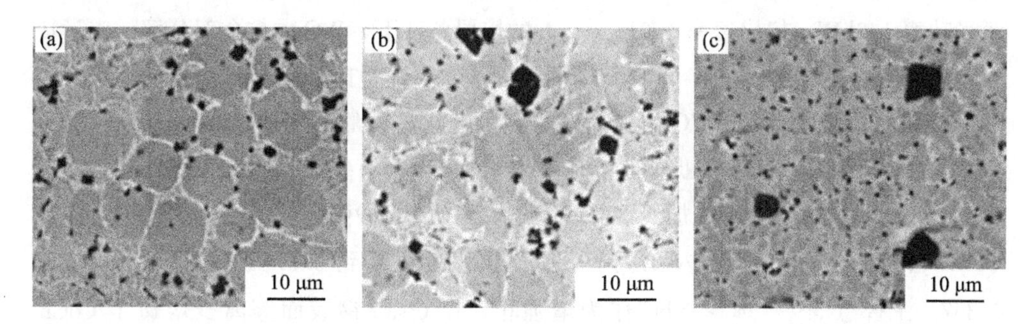

图3.6 不同凝固速度下AlCrFeNi-5vol%TiC复合材料显微组织［(a)至(c)凝固速度增大］

其中，AlCrFeNi-10vol% TiB_2 硬度最高可达775HV。另外，AlCrFeNi-TiB_2 硬度大于添加相同体积分数TiC的合金，这是由于 TiB_2 增强相的加入使基体上有 Cr_2B 大量析出，Cr_2B 的析出有利于提高材料的硬度。在AlCrFeNi-5vol%TiC中，在凝固速率最大的区域，塑性与基体相近，但强度较基体提高了24%。对于增强相TiC的原位自生和形成长大机制，该团队也做了相应研究。合金中元素含量、增强相添加量的改变对材料性能都会产生很大影响，除此之外，外加微量稀土元素也可提高材料的性能。在对 Al_x(FeCrNiCo)Cu_y-TiC的研究中发现，随着外加TiC含量增多，增强相颗粒含量增多，体积变大，屈服强度、断裂强度、硬度都有所升高。$Al_{0.75}$(FeCrNiCo)$Cu_{0.25}$-10vol% TiC的屈服强度和硬度分别达到1490MPa、621HV。在复合材料中加入稀土元素Y后，Y对增强相长大的抑制作用和对增强相和基体的润湿作用使其屈服强度和断裂强度分别提升到1637MPa、2972MPa。付志强等[96]研究发现，元素Co对 $Al_{0.5}$CrFeNiCo系高熵合金具有明显的软化和塑化作用，当Co增至 $Al_{0.5}CrFeNiCo_{0.75}$ 时，合金的屈服强度最低可降至399MPa。对原位自生 $Al_{0.75}CrFeNiCo_{0.25}$-TiC复合材料的研究表明：随着TiC含量的增加，晶粒形貌、增强相形态与大小、材料性能都发生变化。TiC含量升高，硬度、屈服强度都上升，屈服强度最高可以达到3212MPa。塑性大体呈下降趋势，但由于组织结构调整到最优，$Al_{0.75}CrFeNiCo_{0.25}$-10vol%TiC的塑性相比基体反而提高11.83%。此外，在对通过机械合金化和放电等离子烧结（SPS）制备的 $CoNiFeAl_{0.4}Ti_{0.6}$-TiC的研究中，还探究了增强相的直接加入法和原位生成法的影响。结果表明，直接加入的TiC增强相从开始合金化到完全合金化都能稳定存在；而原位自生的TiC至完全合金化后，TiC含量很少，部分Ti和C固溶进BCC相和FCC相两种基体中。但经过放电等离子烧结后，由于该过程促进相变，TiC

相明显增多。最终两种添加方式对性能的影响不大。

张琪等[97] 在Q235钢基体上激光熔覆FeCoCrNiCu-WC高熵合金复合涂层。在激光功率1.6kW、扫描速率150mm/min的熔覆条件下，WC颗粒全部分解，未形成WC增强相，分解产生的W和C全部固溶进基体中，相比形成WC颗粒的材料具有更好的韧性和抗冲击性。WC的加入还起到了细化晶粒的作用。当添加20%（质量分数）WC后，硬度较基体提高1.3倍。安旭龙等[98] 对SiFeCoCrTi-WC高熵合金复合涂层的研究发现：WC加入后基本分解，使基体中出现大量金属间化合物（$TiCO_3$、$Co_{1.07}Fe_{18.93}$）。加入20%WC使涂层强度提高到5.67GPa，摩擦系数降为0.357。王智慧等[99] 选择NbC作为增强相，在Q235钢表面等离子熔覆了CoCr-CuFeNiMn-NbC_x（x为0～0.4）高熵合金复合涂层，并从热力学角度证实了原位自生NbC增强相的可行性。研究发现：NbC添加量不同，增强相呈现不同的形态。随着NbC含量的增多，强度逐步提高。当x为0.4时，强度可达3110MPa。

高熵合金作为打破传统合金设计理念的新型合金，引起了越来越多科研人员的研究兴趣，其优异的性能特点受到整个制造行业的关注。高熵合金材料已在刀具、磨具、涡轮机、涡轮机叶片、高尔夫杆头上得到应用。另外，随着高熵合金体系的不断开发，新的性能不断显现，如因良好的生物相容性和出色的防辐射性能，高熵合金在生物医学和防辐射方面也有巨大应用潜力。高熵合金复合材料在性能上是高熵合金的升级版，其科学研究价值和应用前景同样广阔。

但从目前所见报道来看，在高熵合金复合材料的制备中，增强方式以采用颗粒增强为主，且增强相大多是从各种碳化物、氧化物、硼化物中进行选择，氮化物、金属间化合物增强还未见报道，且还可以尝试纤维增强和晶须增强等增强方式。另外，关于增强相的形成及其作用机理的研究报道还很少。高熵合金复合材料的研究大部分还局限于科研院所和各高校内，具体应用实例还鲜有报道，距离大规模的工业化更任重道远，要与研究的最终目的紧密结合，注重现有制备工艺的升级优化和新工艺研发，探索适合现代化工业生产要求和条件的高熵合金复合材料制备技术。

3.6 浓度波对高熵合金强韧化的影响

高熵合金因其独特且优越的性能受到科学界的广泛关注，特别是部分高熵合金可以同时具备高强度和高塑性，从而打破了传统金属中强度与塑性难以兼得的困境。最新科学研究发现，与传统合金相比，高熵合金内部各元素的分布存在明显的浓度起伏，这对它的高强高塑性起到了决定性的作用。因此，准确认识高熵合金中高强高塑性背后的本征原因将帮助我们找到高效的强韧化机理，有利于材料性能的优化设计和高性能合金的研发。

浙江大学电子显微镜中心余倩教授团队和美国乔治亚理工学院的 Ting 教授[100]、加州大学伯克利分校的罗伯特（Robert）教授[101] 等，首次利用原子尺度的元素表征，发现了高熵合金元素的浓度波调控机制，并实现了材料力学性能的调控。相比传统固溶体合金中晶格尺度趋于平直的元素浓度波起伏，在高熵合金中，即使是 CrMnFeCoNi 合金也存在各种元素的浓度在晶格间 25%～15%的震荡。这样的浓度起伏会带来纳米尺度晶格阻力的震荡和局域层错能的变化（图 3.7）。

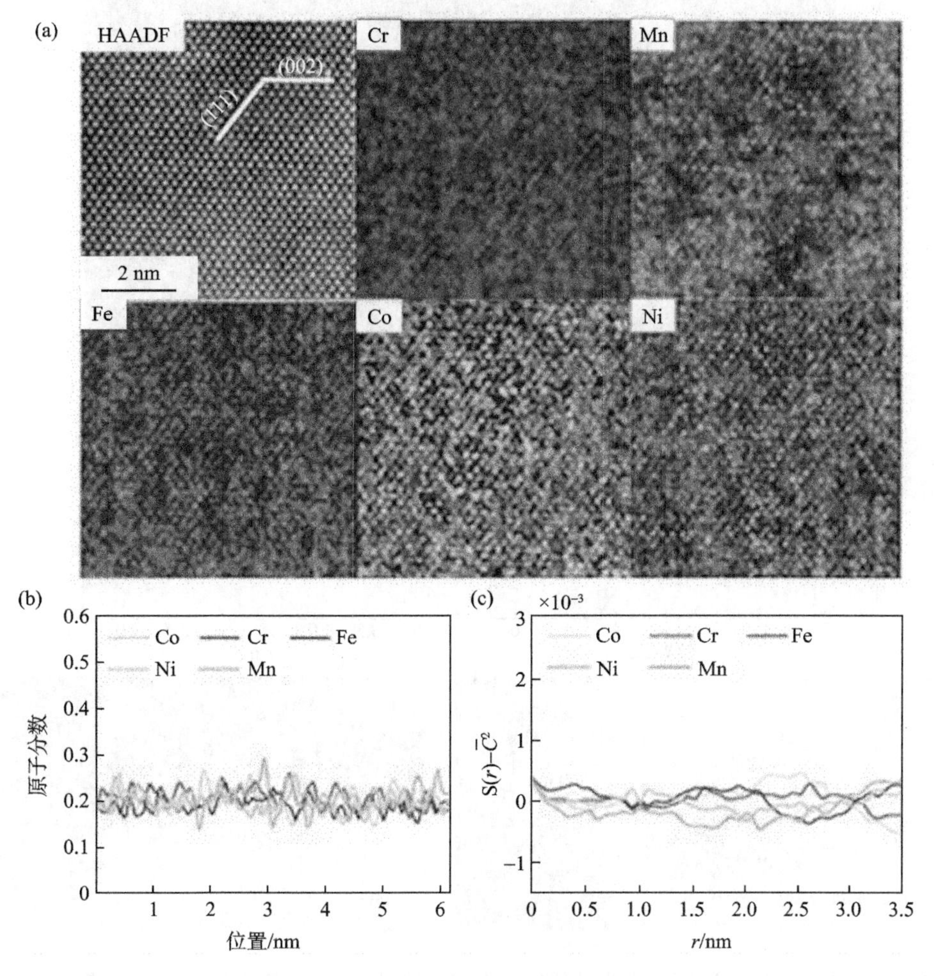

图 3.7　(a) CrMnFeCoNi 合金中元素分布的 EDS 映射；(b) CrMnFeCoNi 合金晶格中元素浓度波起伏；(c) 配对相关性分析

进而通过在保证完全固溶的前提下增加元素间电负性和原子大小的差异，制备了浓度起伏在60%～0之间的CrFeCoNiPd合金。由于浓度波的波幅大大增加，室温下材料塑性变形方式从传统的不全位错滑移、全位错滑移、孪晶变形等转变为大量均匀分布的以交滑移为主导的变形方式（图3.8），同时材料的力学性能与CrMnFeCoNi合金相比，在保证相当水平的塑性变形能力的情况下，强度显著提高。

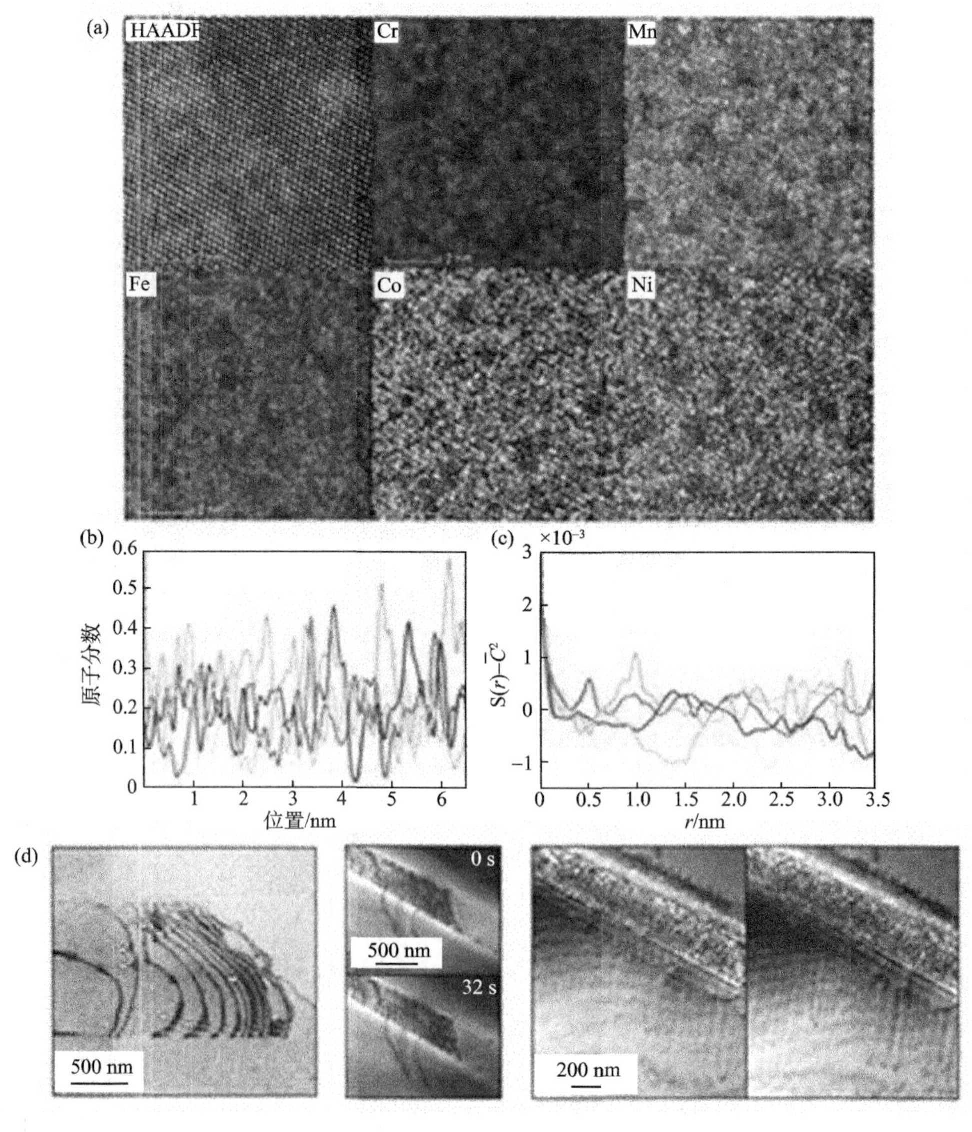

图3.8 (a) CrFeCoNiPd合金中元素分布的EDS映射；(b) CrFeCoNiPd合金晶格中元素浓度波起伏；(c) 偶关联分析；(d) CrFeCoNiPd合金变形方式为大量交滑移

该研究揭示了高熵合金中调控力学性能的特殊机制，与传统的界面调控（包括晶界、相界、第二相界面等）及团簇等结构调控相比，高熵合金中独特的浓度波调控极为精细并具有连续性，是一种可控和高效的合金材料强韧化方法。

3.7 冲击载荷对高熵合金性能的影响

从青铜时期的一两种元素、稀释混合，到不锈钢、超合金、非晶合金的多组元、高浓度混合，高熵合金的高浓度组元似乎是合金发展的主流方向，其成分开发需要不断拓展，潜在的应用性能更需要不断挖掘。然而，目前已报道的性能主要集中在高温、低温、准静态服役条件下，对其冲击性能的表征，冲击下变形机制的探索是不足的，而高熵合金在冲击防护领域的工作也需要不断推进和深化。

太原理工大学研究人员基于分离式霍普金森拉杆实验装置，研究了典型多组元高浓度的 FCC 高熵合金的冲击拉伸行为，发现了强度和塑性同时增强现象，即强度明显提升的同时，韧性也有增加，如图 3.9 所示。这代表了这一类高熵合金有很强的冲击防护领域的应用前景。

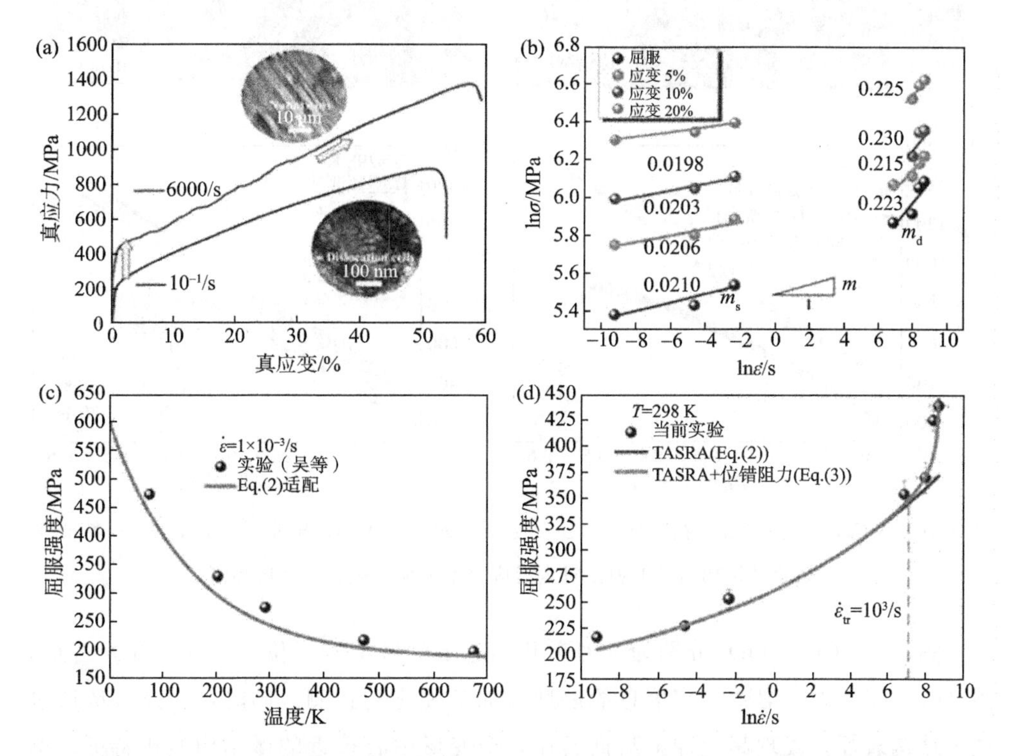

图 3.9 NiCoCrFe 高熵合金在准静态（10^{-3}/s）和动态（10^{3}/s）拉伸下的性能特征

其中，图 3.9（a）为在两种条件下的真应力-应变曲线，图（b）为在不同应变下的应变率敏感度，可以发现高熵合金拥有高的应变率敏感度，图（c）、（d）分别代表热激活模型结合声子曳引效应在宽泛温度和应变率范围内对屈服强度变化的预测。基于此发现，研究人员调研了传统材料在冲击领域的性能报道，从高熵合金显著的特点——多组元高浓缩固溶体出发，提出化学短程有序这一在多组元高浓缩固溶体中较普遍存在的原子排布特征在材料热激活变形中起到重要的作用，另外这一化学短程有序在位错的声子曳引方面也起到一定作用。结合此推论可以较好地解释广泛的材料群在强度的应变率敏感研究中的实验结果，如图 3.10 所示。

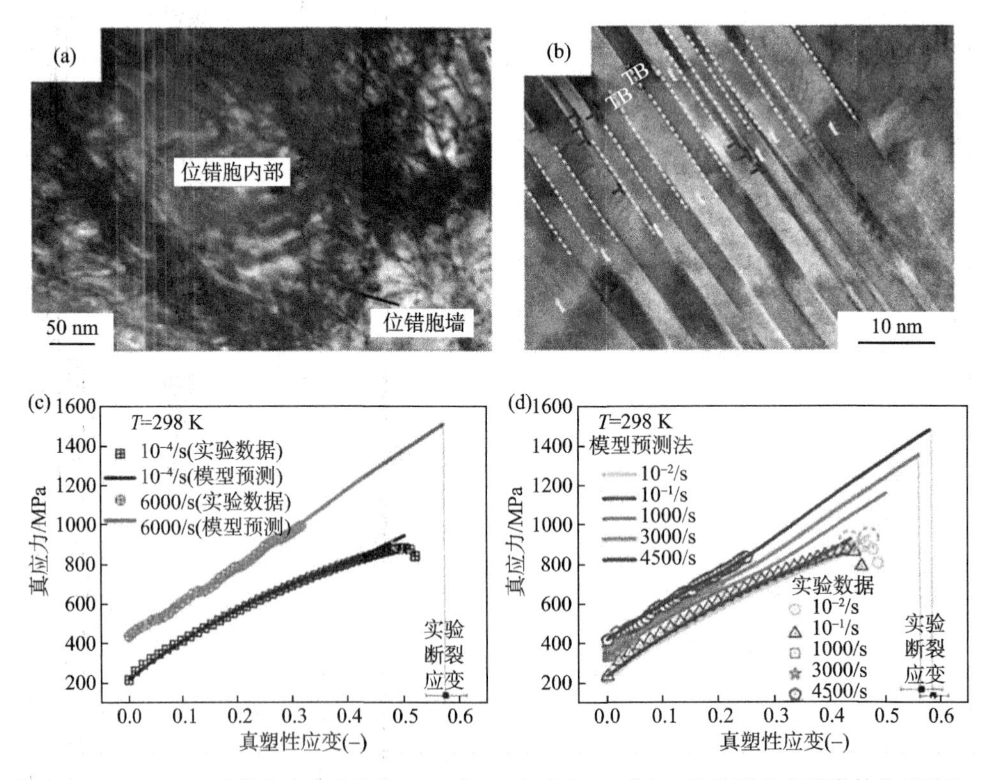

图 3.10　NiCoCrFe 高熵合金在准静态（10^{-3}/s）和动态（10^{3}/s）拉伸下的主要微结构特征及结合微结构信息的模型对宽泛应变率下加工硬化行为的预测

图 3.10（a）、（b）分别为准静态和动态下的微结构（位错胞和孪晶）特征，图（c）、（d）为考虑微结构信息的模型对加工硬化的预测。同时，研究人员通过微观结构表征，发现高速冲击与低温在合金变形中有接近的微结构演化特征。例

如，高速冲击下的孪晶含量更高、更密集，位错特征呈现平面滑移特征；而准静态下主要是波状滑移的位错胞特征。

这些显著微结构差异决定了合金在加工硬化方面的差异。基于此微结构差异特征，研究人员通过将位错密度、孪晶含量等微结构信息作为内禀量，通过模型构建成功地描述了在宽泛应变率下性能与微结构演化之间的关系，如图 3.11 所示。

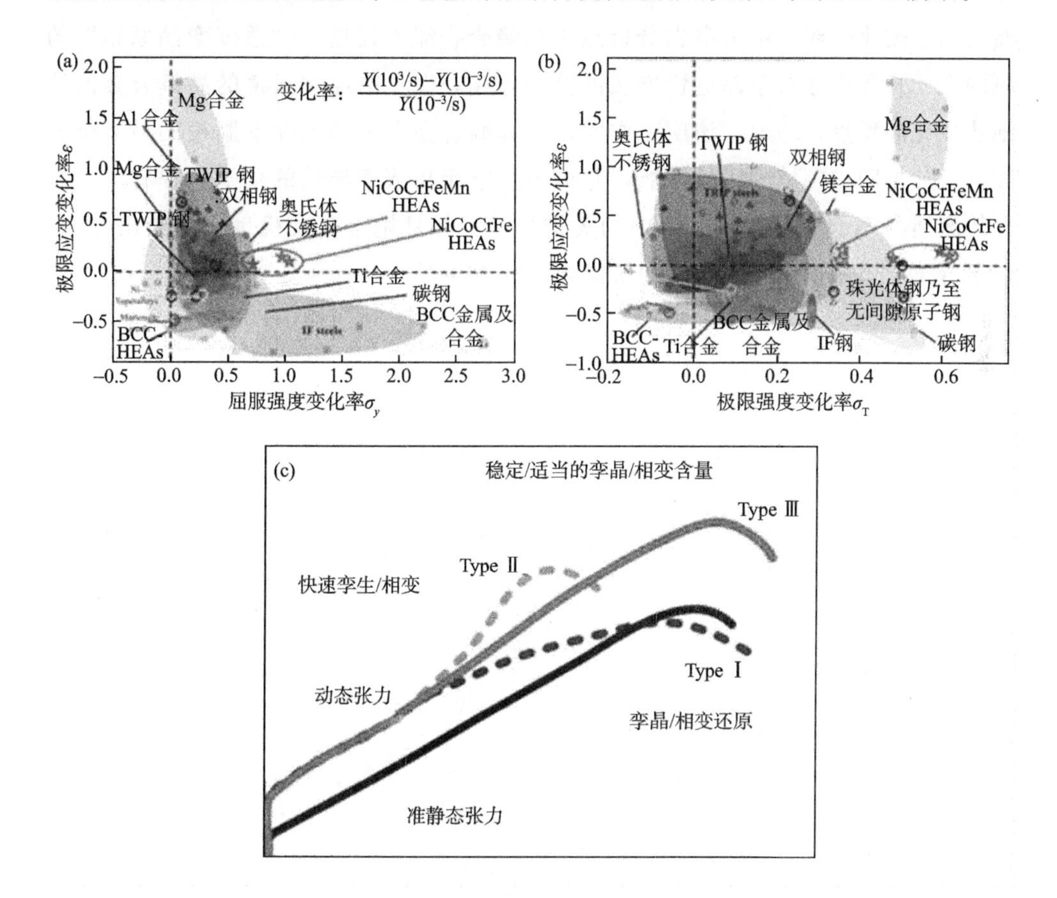

图 3.11　材料应变率变化引起的屈服强度变化、极限强度变化与最大应变变化情况

图 3.11 (a)、(b) 分别为在广泛的材料中存在的由应变率变化 (10^{-3}/s～10^3/s) 引起的屈服强度变化、极限强度变化与最大应变变化的汇总图。由图可知，高熵合金拥有显著的强度和韧性同时提高的正应变率效应；图 (c) 为结合文献调研，初步提出的低温和冲击条件下韧性增加的“适度孪晶/相变”原则。这些显著微结构差异决定了合金在加工硬化方面的差异。基于此微结构差异特征，研究人员通过将位错密度、孪晶含量等微结构信息作为内禀量，通过模型构建成功

地描述了在宽泛应变率下性能与微结构演化之间的关系。

此外，研究人员基于较全面的文献分析，给出低温、高应变率下合金韧性提升的建议，即“适度孪晶/相变”原则，如图 3.11（c）所示。孪晶、相变可以极大地提升加工硬化能力，但如果在高速或者低温变形下，孪晶、相变增长过快会导致材料的过早破坏，而在高速加载下由于绝热温升引起的孪晶与相变被抑制反而使加工硬化变弱。本书中也分析给出高熵合金能胜任这一“适度孪晶原则”的原因在于短程有序对孪晶过快增长的抑制作用，以及已经被报道的高熵合金的抗绝热软化的特点。综上，该项工作发现了高熵合金在极端工况下服役的另一个方面——冲击防护领域的优异性能，并提出多组元高浓缩导致的化学短程有序在合金热激活与声子曳引变形机制中的关键作用，并且结合微观机理分析给出冲击、低温等工况下服役材料设计的初步指导。

第 4 章 高熵合金的制备及制造

针对合金体系的研究趋近饱和的现状，我国台湾学者 YeH 等[102] 于 1995 年提出了新的合金设计理念——多主元高熵合金，这对传统的多元合金设计理念是一种突破。多主元高熵合金一般由 5～13 种主要元素组成，且每种元素的摩尔含量介于 5%～35%。该合金在热力学上具有很高的熵值（大于 1.61R），在动力学上具有原子迟缓扩散效应，在晶体结构上具有晶格扭曲效应，此外多种元素的特性和它们之间的复杂作用使高熵合金呈一种“鸡尾酒效应”[103]。这些特性使高熵合金相比传统多元合金更难形成金属间化合物且更易形成简单的固溶体结构和纳米结构，甚至非晶质结构。

多主元高熵合金具有较高的强度、良好的耐磨性、高加工硬化、耐高温软化、耐高温氧化、耐腐蚀和高电阻率等优异性能或这些优异特性的组合，这是传统多元合金所无法比拟的。

目前，多主元高熵合金在多个领域得到应用，如可用作高速切削刀具、高尔夫球头打击面、油压气压杆、钢管及辊压筒的硬面、高频软磁薄膜等。高熵合金所表现出来的优异耐蚀性能使其在化学工厂、船舶等领域的应用也具有一席之地。此外，在电热材料、除氢材料、IC 扩散阻绝层和微机电加工元件等工业领域也有着较为广阔的发展前景。

4.1 制备高熵合金元素选择原则

高熵合金要求主元素种类在 5 种以上，一般不超过 13 种，元素过多易形成金属间化合物。研究对象一般在 Al、Ti、V、Cr、Mn、Fe、Co、Ni、Cu、Zn、Mo 和 W 等元素中选配。如使高熵合金形成固溶体还需要在选配元素时考虑原子之间的电负性差异。当电负性相差很大时，将形成化合物，且在置换固溶体时，溶剂与溶质的溶解度会随着电负性的增大而减小。原子之间的原子尺寸不能相差太大，原子半径差小于12%为宜，当两种原子半径相差不大时，易形成固溶体结构；当原子尺寸相差很大时，晶格结构坍塌，很容易形成非晶结构。所选元素之间的混合焓需介于−40～10kJ/mol，根据吉布斯函数 $\Delta G_{mix}=\Delta H_{mix}-T\Delta S_{mix}$，当混合焓越小，吉布斯自由能越小，合金元素的偏析趋势也就越小，合金中的固溶体结构相比金属间化合物或其他相更容易形成，结构上也趋于稳定[104]。

4.2 高熵合金的制备方法

4.2.1 真空熔炼法

目前，真空熔炼法是大多数研究者制备高熵合金所采用的方法。熔炼法制备高熵合金的工艺主要为：将一定比例的纯金属放入坩埚中，然后于真空炉中反复抽真空后充入氩气作为保护气体，待全部均匀熔化后于水冷铜模中浇铸成型。

真空熔炼法[105] 包括真空电弧熔炼和真空感应熔炼两种不同形式。真空电弧熔炼过程是在真空下，利用电极和坩埚两极间电弧放电产生的高温作为金属熔化热源，之后在坩埚内冷凝成型。该方法熔炼温度较高，其可熔炼熔点较高的合金，并且对于易挥发杂质和某些气体的去除具有良好的效果。

Zhang 等[106] 利用非自耗真空熔炼炉熔炼法制备了$AlNiTiMnB_x$、$Al_xCoNiCrFe$、CuNiCrFe-、TiNiMn-、AlNiCuCr-五种不同体系的高熵合金，并对其性能与结构进行了研究。Wang 等[107] 采用 WK 型非自耗真空熔炼炉在氩气保护下熔炼制备 $AlCoCrCuFeNi_x$ 高熵合金，研究了该合金铸态微观组织和相结构并测试了该合金硬度。Hong 等[108] 采用真空电弧熔炼炉制备了 $Al_{0.5}CoCrFeNi$ 高熵合金，并对其在 800℃、900℃熔盐（75%Na_2SO_4＋25%NaCl，质量分数）中的抗高温腐蚀性进行了研究。研究表明，该高熵合金在熔盐中的腐蚀质量损失较严重，且随腐蚀温度升高，抗腐蚀性下降。腐蚀层出现明显分层，在腐蚀过程中发生内氧化和内硫化。

真空感应熔炼[109] 是在真空条件下利用电磁感应加热原理熔炼金属的工艺过程。在电磁感应过程中因集肤效应产生涡电流，通过炉料自身电阻转换成感应热从而使金属熔化。它的优点是可一次性熔炼较多合金，但无法熔炼高熔点的合金。由于高熵合金主元元素选取中一般会包含一种甚至多种高熔点元素，所以该种方法不常用。

铸造过程中的热膨胀和冷凝易使铸态合金出现内应力大、成分偏析、空隙及缩孔等性能缺陷，从而对高熵合金的性能造成一定的影响。并且，传统的熔炼过程相对较复杂，其会对所铸合金的尺寸与形状造成一定的限制，而且也很难对高熵合金的组织和性能加以控制，加之铸态高熵合金多数脆性较大，从而限制合金的进一步应用。

4.2.2 粉末冶金法

粉末冶金[110-111] 是一种以金属或非金属粉末为原料，经过压制成形、烧结，制造粉末冶金制品的工艺。在常温下加压成形时粉末颗粒间发生机械啮合、产生塑性变形、发生加工硬化，产生机械啮合力和原子间吸附力，使接触面积增加、表面活性增大。烧结时粉末颗粒间发生扩散、熔焊、化合、溶解和再结晶等过程，使粉末颗粒间发生本质变化，合金晶粒间冶金结合取代了颗粒间的机械结合，使坯料形成一个具有金属各种性能的坚固整体。

邱星武等[112] 利用该方法制备了 CrFeNiCuMoCo 高熵合金，并对其组织结构进行了分析，测试了该合金的硬度、耐蚀性和压缩性能。范玉虎等[113] 采用粉末冶金法制备出 $AlNiCrFe_xMo_{0.2}CoCu$（x=0.5，1，1.5，2）系高熵合金，研究了 Fe 元素对该合金组织及性能的影响，合金硬度随 Fe 含量的增加而降低。该合金系断裂强度均超过 1100MPa，且具有良好的塑性。

粉末冶金的优势在于可制取用普通冶炼方法难以制取的特殊材料，其中还包括低温烧结、避免偏析等优点，且材料利用率较高，一般在 90%以上。这些性能是用传统的熔铸方法无法获得的。

4.2.3 机械合金化法

机械合金化[114] 是指合金粉末在高能球磨机或研磨机中，粉末颗粒与磨球之间经长时间激烈的冲击碰撞，粉末颗粒反复产生冷焊、断裂，导致粉末颗粒中原子扩散，从而实现固态合金化的一种制备先进材料的固态加工工艺。在机械合金化制备高熵合金过程中，合金粉末经反复压延、压合、碾碎，再压合、再碾碎的过程，最终获得组织和组分分布均匀的纳米晶或非晶颗粒。由于该制备技术较易得到纳米晶和非晶结构，其广泛应用于非晶合金粉末、纳米晶粉末、金属间化合物粉末及纳米复合粉末等特殊材料的制备。

印度两位学者[115-116] 在 2007 年首次利用机械合金化方法制备了 AlFeTiCrZnCu

高熵合金。在之后的研究中，其还制备出高熵合金 CuNiCoAlZnTi，该合金具有简单的 BCC 结构，晶粒尺寸小于 10nm。Chen 等[117] 利用机械化合金化法制备了 $Cu_{0.5}$NiAlCoCrFeTiMo 高熵合金，并对其中几种元素的合金化序列进行了研究。

机械合金化制备的高熵合金各种力学性能都优于传统的熔炼方法。用该方法制备的高熵合金粉末具有稳定的微观结构，优异的化学均质性和室温加工性能。此外，其还具有避免液体到固体所引起的成分偏析和消极共晶或相似反应，以及消除熔点相差较大的原材料制备困难等优点。但是，由于机械合金化制备的产品为粉末状态，需要选择适当的方法对其进行后期处理，使其进一步固结为块状样品。再者，机械合金化作为一种固态加工过程，其制备高熵合金元素的选择范围还不够广泛。

4.2.4 激光熔覆

激光熔覆[118] 亦称激光包覆或激光熔敷，是在基材表面添加熔覆材料并利用高能密度的激光束辐照，通过迅速熔化、扩展和凝固，在基材表面形成与其冶金结合且具有特殊物理化学或力学性能熔覆层的表面改性技术。该熔覆层具有低的稀释率、较少的气孔，与基体具有良好的冶金结合，其性能上表现出较高的硬度、良好的耐蚀性和耐磨性且质量稳定。Ma 等[119] 利用激光技术在 45 钢基体上制备了 AlCoCrNiMo 高熵合金涂层，研究了激光熔覆工艺参数，并探究了 Al 含量对 AlCoCrNiMo 高熵合金涂层的成形质量、微观组织结构及硬度的影响规律。Zhang 等[120] 利用激光熔覆的方法制备了 $FeCoNiCrAl_2Si$ 高熵合金涂层，对该高熵合金涂层在 600～1000℃退火处理后的组织及性能进行了研究。

激光熔覆具有高的能量密度、加热速度快、对基体的热影响较小等特点。还可通过控制激光输入功率限制稀释度，从而保持原始熔覆材料的优异性能。此外，利用激光熔覆可在涂层和基体之间得到完全致密的冶金结合层。由于激光熔覆加热和冷却速度（106℃/s）都比较快，其可形成均匀、致密涂层，且微观缺陷较少[121-122]。

激光熔覆在实现粉末材料冶金化的过程中对高熵合金形成元素的选择几乎没有限制，特别是可在低熔点金属表面熔覆高熔点合金，且熔覆粉末具有合金成分易调节的优点，因此激光熔覆技术具有制备高熵合金涂层的优势。

4.2.5 电化学沉积法

电化学沉积法[123] 是指在水溶性或有机溶性电解液中，将电源与电解液中的阴阳两极连接构成回路，在电场作用下发生电化学反应，离子通过氧化还原发应在基材上析出致密纯金属或合金从而获得所需镀层的工艺。该方法可在材料表面制得具有多种功能的膜层。

Yao[124] 采用恒电位电化学沉积法制备出 $Fe_{13.8}Co_{28.7}Ni_{4.0}Mn_{22.1}Bi_{14.9}Tm_{16.5}$ 非晶态高熵合金薄膜。所得薄膜表面呈颗粒状结构且具有软磁性，Ar 气保护下经晶化处理可得到单一的立方晶型结构。

电化学沉积具有可在各种结构复杂的基体上均匀沉积的特点，其适用于各种形状的基体材料，特别是异型结构件。电化学沉积通常在室温或者稍高于室温的条件下进行，因此非常适合制备纳米构相。

通过控制电化学沉积工艺条件（电流、溶液 pH、沉积时间、温度、浓度等）可精确控制沉积层的化学组成、厚度和结构等。此外，通过电化学沉积制备高熵合金薄膜材料还具有简单、快捷的特点。但其对于基体表面上晶核生长和长大的速度不能控制，制得的化合物薄膜多为多晶态或非晶态，性能不高。

除上述制备方法外，利用热喷涂法[125] 制备高熵合金薄膜，真空熔体快淬法制备高熵合金非晶薄带在文献中也有报道。传统的熔铸、锻造、磁控溅射及镀膜等方法也可用作高熵合金块材、涂层和薄膜的制备。

综上，有关高熵合金的制备方法各有其优势与不足，根据制备高熵合金所选用的元素及合金用途、性能来选择合适的制备方法与工艺是未来高熵合金进一步发展的关键。目前，关于高熵合金的形成机理与科学选择合金元素的理论研究较少，但高熵合金多姿多彩的制备工艺为其更广泛的应用奠定了基础。相信随着高熵合金制备工艺的改良，必然使这种新型合金的应用领域得到拓展。

4.3 高熵合金复合材料的制备

目前，研究者多采用真空熔炼法来制备块体高熵合金复合材料。Lu[126] 利用非自耗真空电弧炉与感应熔炼相结合，通过自蔓延方法制备了 FeCrCoNiCuTi 合金及其 FeCrCoNiCuTi-TiC/TiB_2 高熵合金复合材料，研究发现：FeCrCoNiCuTi 系高熵合金复合材料都由 FCC 相、Laves 相和 TiC/TiB_2 相组成，其中 FeCrCoNiCuTi-TiC 的力学性能最佳，硬度和强度分别达到 746HV 和 2038MPa，其磨损率仅是基体的 32%。Liu[127] 采用非自耗真空熔炼法制备了 AlCrFeNiCoTiC 高熵合金复合材料，并探究了不同冷速对合金组织和性能的影响。随着冷却速度的增加，合金中晶粒和 TiC 颗粒得到细化，但细化是建立在 TiC 含量适当的情况下。冷却速率越大，合金硬度越大，强度越高，压缩率提高。冷却速率的变化并没有改变材料的断裂机制，都呈现明显的解理断裂特征。但该法制备的块体合金的大小受限于熔炼炉的尺寸，所铸合金中易出现成分偏析，无法炼制熔点较低的金属元素，如 Mg 和 Sn 等，且高熵合金所需原料大都价格昂贵，成本过高也成为限制其广泛应用的主要因素。机械合金化法也称高能球磨法，是利用具有高动能的磨球使各金属粒子在受力变形中不断扩散和固相反应，实现一种原子量级水平上合金化的工艺。罗加尔（Rogal）等[128] 利用机械合金化法通过添加直径为 20～50nm 的 SiC 纳米颗粒制备了 CoCrFeMnNi-SiC 高熵合金基纳米复合材料（SiC 和金属粉末经过热等静压处理）。结果表明：热等静压处理（1000℃，15min）后，合金的晶体结构由 FCC 相、σ 相和沿晶界分布的 SiC 相组成，其中 FCC 相主要以 M23C6/M7C3（M 为 Cr、Fe、Co）等碳化物形式存在。CoCrFeMnNi-SiC 高熵合金复合材料的室温压缩屈服强度从 1180MPa 提高到 1480MPa，但其抗压强度和塑性降低。机械合金化法可以弥补真空熔炼法的不足，它可以炼制低熔点的合金元素，但制备的高熵合金元素选择受限，制备试样为粉末状，若要使用还需后续处理。磁控溅射法和电化学沉积法可以用于高熵合金复合涂层制备。LV 等[129] 采用多靶磁控溅射法制备了(AlCrWTaTiNb)C_xN_y 多主元化合物薄膜，还研究了碳靶功率对复合薄膜的影响。研究发现：(AlCrWTaTiNb)C_xN_y 为双相 FCC 结构，当碳靶功率为 50～150W 时，薄膜仅由 FCC 单相构成，表面呈球形颗粒状。当功率为 100W 时，复合薄膜的弹性模量和强度分别为 290GPa 和 23GPa，达到最大。另外，由图 4.1 可看出，相比其他两种成分，(AlCrWTaTiNb)C_xN_y 具有最大的 H/E 和 H^3/E^3 值（H 为显微硬度，E 为弹性模量），涂层此时具有最佳的摩擦学性能。利用磁控溅射法制备高熵合金复合涂层之前还需制备具有相同成分的靶体材料，操作过程复杂、工作繁重，且涂层厚度太薄，不能满足实际工业生产的高强度要求。

激光熔覆、等离子熔覆、氩弧熔覆等是制备高熵合金复合涂层最常见的技术，它们都是利用高能束使熔覆材料与基体共同熔化、凝固，进而合金化制得所需合金。激光熔覆具有快速加热快速冷却（104～106K/s）、涂层晶粒尺寸小、分布均匀、基体和熔覆层结合强度高等优点。Chen 等[130] 在 45 钢表面激光熔覆了厚度为1.5mm的FeCrCoNiTiAl/TiC高熵合金复合涂层。当合金中C和B元素含量从2%提高到4%时，合金中会有TiC颗粒生成，且组织由BCC相向FCC相转变。TiC颗粒呈不规则四边形和花瓣形分布。涂层平均硬度达到560HV，韧性和塑性得到明显改善。在45钢表面激光熔覆的FeCoCrNiB/SiC复合涂层，与初始相相比，组织中除共有的BCC相外，SiC的加入使组织中的Cr_2B向Fe_2B转变，还新生成了M_7C_3相。SiC在高温下分解，从而未出现SiC相。随着SiC含量增多，涂层的第二相强化和细晶强化作用效果增强，硬度和耐磨性都提高。另外，还研究了退火温度的影响，结果表明：退火温度提高使晶粒粗化，涂层的硬度下降。退火温度对耐磨性的影响不大。

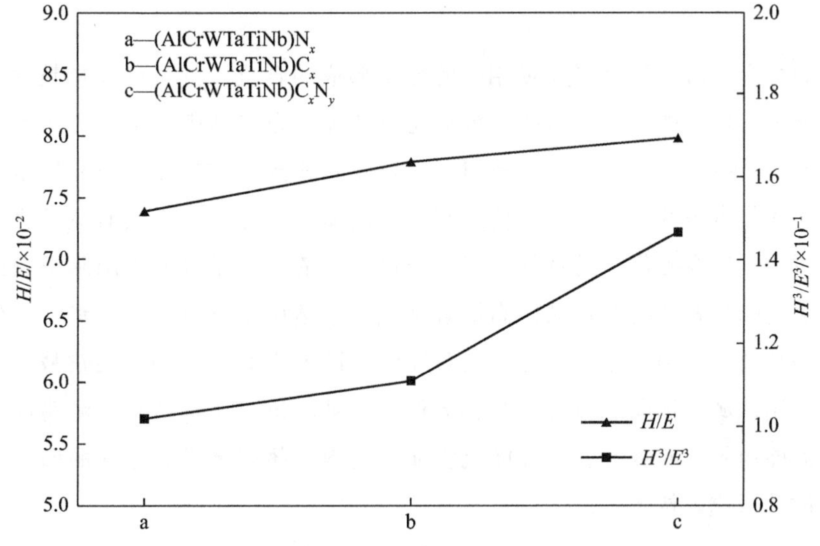

图4.1 (AlCrWTaTiNb)N_x、(AlCrWTaTiNb)C_x、(AlCrWTaTiNb)C_xN_y化合物薄膜的显微硬度和弹性模量

激光熔覆技术还可以显著降低喷涂类高熵合金复合涂层的气孔率。快热快冷的特点使合金中元素的固溶极限得到大幅提高，能进一步增强固溶强化的效果。但也是因为快热快冷，使涂层中易出现气孔和裂纹等缺陷。最主要的是激光熔覆的设备昂贵，实现工业化生产困难，这很大程度上限制了激光熔覆技术的应用。采用放电等离子烧结技术利用CoCrFeNi高熵合金粉末、覆Ni石墨粉和覆Ni的MoS_2粉末制备CoCrFeNi高熵合金自润滑复合材料。结果表明：组织由FCC相、石墨相、MoS_2相和Ni相构成。Ni层的润滑作用和放电等离子烧结的特殊工艺使石墨相和MoS_2相在材料组织中得以出现。该复合材料的力学性能与CoCrFeNi高

熵合金基体相似，其硬度、屈服强度、抗压强度和断裂韧性分别达到 271HV、610MPa、921MPa 和 14.3MPa・$m^{1/2}$。在室温至 800℃范围内该材料表现出优良的耐磨性能。在室温至中温阶段，石墨和 MoS_2 的协同润滑作用使摩擦系数和磨损率下降；而在高温阶段，因为材料中各种氧化物的存在，耐磨性能也十分优异。上述各种制备工艺在各自领域都已发展成熟，但由于高熵合金发展时间尚短，采用各种工艺在高熵合金及其复合涂层的制备上存在一些缺陷。随着今后工艺的不断完善和优化，高熵合金的应用空间将得到进一步拓展。

4.4 高熵合金制造业分析

高熵合金是由多种比例大致相等的金属形成的合金，具有许多卓越性能，如抗断裂能力、抗拉强度、抗腐蚀及抗氧化特性等，为定制满足不同应用需求的材料提供了变革机会，将"应用已有材料"范式转移到"按需设计材料"范式。高熵合金将凭借卓越的材料性能，使其高性能制品在国际市场上具有竞争力。高熵合金还可为制造商提供新的选择，以生产稀有、危险、昂贵或受国际限制或具有利益冲突影响的材料的替代品。高熵合金在多个领域都具有潜在优势，不仅可加速经济增长及提升国内竞争优势，而且还将有助于应对紧迫的社会挑战。高熵合金主要应用领域包括固态冷却、液化天然气处理、抗降解核材料、耐腐蚀热交换器、高温能源效率的提升、高性能航空航天材料、超硬弹道、坚固耐腐蚀的医疗设备和磁共振成像技术等。

4.5 高熵合金制造业发展面临的八个挑战

制造商和高熵合金专家认为在高熵合金制造流程、测试、数据及必要的知识、工具和资源获取方面遇到了一些挑战。主要表现为以下八个方面。

（1）工艺限制：从温度到杂质再到氧化，高熵合金需要面临独特的制造工艺挑战，而传统工艺，如铸造、热机械加工与连接、增材制造还没有克服这些挑战。

（2）合金识别：为了快速经济地制造满足需求的合金，研究人员需要用于合金识别、建模和设计的相关工具。但是目前的工具缺乏准确性、速度和可靠性。

（3）杂质：目前的制造方法不能生产具有所需纯度的高熵合金。

（4）原料和原材料：元素、纳米颗粒和母合金的质量不高，或者对于研发人员和制造商来说开发和量产高熵合金的制造成本太高。

（5）高通量实验表征：合金的实验表征从发现到开发再到放大是至关重要的。现有的实验设备要么不足，要么难以让研究人员对高熵合金进行表征。

（6）建模和仿真数据：从理解微观结构到优化制造过程，数据对于建模和模拟高熵合金是必不可少的。但目前数据尚未集中，数据之间不一致且不能随时可用。

（7）中级规模示范：虽然高熵合金制造界在生产小型合金样品方面取得了进展，但是制造工艺规模化所需的设备却非常缺乏。

（8）与行业保持一致：高熵合金制造业界尚缺乏合作，使高熵合金制造研究与行业需求很难保持一致。资源、工具和数据不能在整个业界很好地共享和使用。

4.6 四项可行性建议及相关注意事项

为确保高熵合金领域的科学发现带来新的经济机会和技术优势，需要进行战略投资和协调。为提高制造业在高熵合金中的竞争力，现提出四项可行的建议。

4.6.1 通过投资推动高熵合金制造关键技术的转化研究

主要包括合金识别、熔化、铸造、热机械加工与连接、基于粉末线材和涂料的制造、建模等。这需要一项多机构联合研究计划，以集中精力推进最有前途的新兴制造技术，并解决商业化生产和使用之间的障碍。

4.6.1.1 合金识别

需要更好的工具来探索高熵合金的广泛设计空间，以识别具有所需特性的可制造合金。具体的研究主题包括：以多种复杂性和准确性链接多保真模型和实验相关的工具；最优方案是计算密集型模型与快速、低成本的实验相结合，以适度的时间和成本费用提供适度的准确性和确定性，这就需要研究多保真层之间的连接优化方案，同时对数据进行集成；简化工具以期发现性能优异的合金，连接和集成原有孤立的建模工具和数据集。在考虑了制造因素的同时实现无缝、快速、有效的基于标准的成分和微观结构空间探索；研制用于识别可制造的耐火合金的工具，以满足合金独特的性能要求和制造需求。

4.6.1.2 熔化

高熵合金的复杂化学成分对熔化提出了独特的挑战。具体的研究主题包括：扩展现有熔体工艺的能力，包括熔点高于1500℃的合金技术，间质合金及具有复杂成分的化学品的处理技术，以及可以提高电磁搅拌均匀性的相关技术；新颖的电磁和定向能量感应，以确保熔融合金具有均匀的化学成分及对不需要的相态进行控制；标准化、更清洁的母合金，可简化熔化过程并减少杂质；分析工具可将熔体加工参数与杂质积累和夹杂物的形成关联。

4.6.1.3 铸造

将熔融合金铸造成最终形状或铸锭，以便后续加工。具体研究主题：应扩展热顶铸造方法，以解决高熵合金铸造的独特凝固途径和动力学；应该进行流变铸造，在铸造中使用半固态合金，以实现铸造高熵合金的低孔隙率、低收缩率和良好的力学性能；在大温度范围内需要高精度冷却速率控制方法，以在高熵合金铸造和热处理过程中严格控制凝固路径，降低孔隙率、偏析等铸造挑战。

4.6.1.4 热机械加工与连接

合金通常通过热处理和机械加工进行精炼，以获得所需的合金性能。

（1）存在的不足：尚未全面理解杂质对高熵合金形变的影响；尚未充分研究焊接性和整体性，使其无法为连接技术提供信息；缺乏焊接和连接高熵合金的工艺模型；缺乏高熵合金的热机械加工策略。

（2）具体的研究主题：高温热轧技术和模具材料，包括允许加工高温高熵合金的润滑剂；可增加高熵合金均匀性的热轧方法；用于高熵合金的可快速启动和停止“小型轧机”，可快速测试小批量生产的产品质量；理解从热机械和连接过程中微观结构的变化，包括焊接、轧制和成形对其产生的影响，以克服传统加工和连接方法的局限性。

4.6.1.5 基于粉末、线材和涂料的制造

除了解决熔铸工艺中的挑战外，还要集中精力研究以下主题：粉末和线材生产工艺的进一步优化，包括新型非雾化粉末制造途径、表面钝化方法和雾化工艺，这些工艺在与高熵合金相关的粉末生产方面表现优异。当前对耐火材料和活性颗粒的相关研究比较缺乏，但该项研究却至关重要；粉末和涂层质量的模型化，包括制造工艺和合金性能之间关系的模拟。研究还应确定适用于增材制造工艺的合金组合；新颖的添加工艺，包括对传统粉末添加工艺的修改，以及高熵合金的热喷涂、冷喷涂、等离子涂层和机械合金化工艺的优化；能有效控制沉积速率和混合剂量的多种元素溅射喷涂技术。

4.6.1.6 建模

高熵合金的复杂性需要改进现有模型并制定基准模型。具体的研究主题为：与高熵合金相关的制造工艺模型，包括高温下合金的黏度、扩散性，以及焊接和钎焊对微观结构、能量使用、成本和比例定律的影响。可靠的工艺配方，标准的制造实践和高度的可行性可促进模型向产品过渡；关键高熵合金特性和工艺模型，包括相体和整体微观结构的稳定性、高温热力学、凝固路径、氧化物形成和霍尔－佩奇(Hall-Petch)强化。应考虑其他结构和制造工艺，扩展现有模型；与制造、微观结构和性能相关的模型，包括动力学和微观结构之间的关系，以及所得微观结构如何改变延展性、断裂、韧性和蠕变等力学性能。缺陷和微观结构演变（晶格和相稳定性）之间的关系以及由此产生的对力学性能的影响也需要模型。从制造经济学的角度来看，还需要模型来评估不同的原料杂质水平对合金性能和成本的影响程度；开发和扩展新颖的建模方法，包括改进 PHAse Diagrams 计算方法和工具在高熵合金中的应用，提高准确性，评估不确定性和数据库响应能力。其他重要的新兴建模方法包括密度泛函理论、特殊准随机结构方法、原子势方法、空位扩散率、从头算分子动力学、混合蒙特卡罗/分子动力学和相干电位近似。机器学习和深度学习提供了另一条新兴路径，它具有高熵合金行为建模和与各种建模方法集成的巨大潜力；基准模型用于验证其他模型的准确性和范围。

4.6.2 建立国家测试中心并开发新型高通量测试方法

重要的进展将包括自动化的大规模并行机械、环境和功能测试，如纳米压痕、自动化 X 射线表征和并行剪切冲压。该中心将与管理机构合作，制定标准和基准，并通过国家测试合作实验室，建立和协调材料测试能力。

从最初的高熵合金发现到模型开发，再到制造过程的改进和验证，再到零件认证，实验测试渗透到高熵合金制造过程的所有部分。高熵合金拓宽了材料科学的范畴，同时也拓宽了当前可用的机械和功能测试的局限性。高熵合金独特的成分复杂性使其难以使用诸如层析成像和 X 射线衍射这样的传统工具来评估和表征。目前还没有用于高通量机械测试的实用、省时且低成本的方法。

实现机械和功能测试还存在一些挑战：

(1) 样品制造：高熵合金研究和制造的利益相关者一直在寻求可以消除样品测试不确定性的、合适的测试方法。

(2) 尺寸规模：实验方法不能提供高通量实验所需的小尺寸测量，特别是拉伸强度和延展性等关键性能领域的测量。力学性能对长度尺度敏感，克服此挑战可以增进对材料性能的全面理解。

（3）复杂性测试：很难测试高温环境中合金的复杂载荷、与环境相互作用等性能。

（4）高通量测试方法：预测相平衡阶段和相图的高通量计算能力正在迅速发展并且已经取得了长足进步，但一些严重的材料缺陷仍然需要高通量实验来评估。由此关键数据的缺失将继续阻碍建模、模拟及合金识别的相关进展。

高通量测试领域发展存在的不足之处为：缺乏可同时测量合金强度和延展性、蠕变、疲劳、断裂韧性、弹性模量和平行韧性转变温度（DBTT）的测量方法；还需进一步研究径向分布函数（RDF）的有序性和合金结构，以及中等规模合金的同质性测试，优化材料的化学和微观结构；了解合金对高温、快速氧化测试及对辐射的响应能力；改进对合金的热、电、磁和磁热等性能的测量方法。

（5）标准化：测试和结果数据不一致，缺乏共同的分类法和不同利益相关者之间通用的语言。此外，缺乏关于这些复杂合金的化学验证的可靠标准。

需要注意 9 个领域的发展：薄膜的高通量测量与块体材料特性的相关性；低温测试与高温测试的相关性，以此实现性能提升的同时降低成本；与实现批量生产性能相关的常见测试方法的不确定性分析；用于测试的通用分类法和语言以及高熵合金的结果数据；高熵合金的化学验证标准；用于认证和验证高熵合金的无创评估结果的标准；建立原料（粉末和线材）的标准并明确其定义，以确定产品的关键参数；实现自动化的标准化测量；为高熵合金制造流程建立基准。

4.6.3 为高熵合金数据建立中央数据库

包括合金性能、制造工艺、参数和模型的理论和实验数据，以最大限度减少重复工作，建立包括合金属性、制造工艺和参数及模型理论和实验数据的高熵合金中央数据库。验证并组织从公共和私人利益相关者处收集得到的数据，然后将其提供给相关研究人员。

建立数据库的必要性或作用有以下几点。

（1）避免重复工作：避免每个研究小组为了解该领域的发展状况而进行冗余的文献综述。

（2）扩展分析方法：增强使用高级分析（如机器学习）方法提升高熵合金设计的能力。

(3) 改进复杂分析模型：只能从综合数据分析中发现合金的物理性质变化趋势，强化机械建模功能对相图的化学和热力学数据非常重要。

(4) 考虑不利的结果：不总是公布不利的结果，但它们对于推进该领域发展和确保有效的资源分配至关重要。

(5) 促进领域发展：数据通常通过实验和设备（如同步加速器）以高速率生成，并且分析必须保持同步，得到的分析结果有利于促进该领域的发展。

建立数据库主要包括搜集数据、数据的验证、数据的组织及获取四个部分。

4.6.4 降低专业知识的获取门槛

实验室之间以及工业界和学术界的合作将推动高熵合金的商业化生产。此外，成立一个跨学科的工作小组加强协作，就制造技术路线图、研究重点、标准、知识产权、技术转让等问题提供实时信息，以促进领域发展。

4.6.4.1 建立咨询组

建立咨询组是促进高熵合金在多个领域发展和商业化的理想方法。咨询组将协调资源分配，并提供一种机制识别和关注共同的竞争及挑战。建议首先组建一个行业范围的专业咨询小组，由来自行业界（大型、小型和初创公司）、学术界、联邦实验室和相关联邦机构的成员组成。该小组的目标是在跟踪研究和开发进展的同时，识别和确定技术挑战与市场机会。该小组的两项具体任务是制定路线图，以指导短期、中期和长期的研发工作，并根据对一系列高价值应用、生产成本和竞争环境的有效分析，确定商业机会的优先顺序。

4.6.4.2 路线图

高熵合金涉及广泛的材料和应用，这使得在研究和资源分配上很难达成共识。然而，在明确了解成功的可能性及有效途径的专家的适当参与下，指导投资的路线图对于推动该领域的发展既可行又必不可少。路线图至少应该解决以下任务：确定并评估最有前途和最先进（接近生产）的工艺技术，以实现不同类型高熵合金的可扩展性和适用性；将特定的新兴制造技术解决方案与具有国家优先权（如国防、能源和健康）的目标应用领域相匹配；制定协调资源和加速创新的长期战略。在制定路线图后，咨询小组将跟踪实现路线图目标的进展情况。该小组还将直接与相关研究人员和行业参与者合作，以确定行业参与早期研究的机会，并加速向相关公司的许可和技术转让。

第5章 熵对非晶合金形成及热稳定性的影响

5.1 熵对玻璃形成能力的影响

自从将高熵概念引入传统非晶合金以来，基于不同体系的传统非晶成分，目前已经制备得到40多种高熵非晶合金，表5.1列举了部分高熵非晶合金成分，可以看出目前开发制备得到的高熵非晶合金成分大致来源于6个体系：Cu-Hf-Ti-Zr-Ni、Pd-Pt-Cu-Ni-P、Ca-Mg-Sr-Yb-Zn、Zr-Ti-Cu-Ni-Be、Fe-Co-Ni-P-B及Er-Gd-Y-Al-Co。同时也可以看出高熵非晶合金的设计主要依据以下两个方面。

（1）根据已报道的具有较大非晶形成能力的传统非晶合金成分。

（2）根据元素周期表中的化学元素相似性（如同周期或者同主族元素），将传统非晶合金中的元素进行相似性元素的替换。例如，$Ti_{20}Zr_{20}Hf_{20}Be_{20}(Ni_xCu_{20-x})$、$Be_{16.7}Cu_{16.7}Ni_{16.7}Hf_{16.7}Ti_{16.7}Zr_{16.7}$及$Be_{20}Cu_{20}Ni_{20}Ti_{20}Zr_{20}$等高熵非晶合金，即根据化学相似性基于传统非晶合金成分$Zr_{41.2}Ti_{13.8}Cu_{12.5}Ni_{10}Be_{22.5}$（Vitreloy 1）演化而来；高熵非晶合金$Gd_{20}Tb_{20}Dy_{20}Al_{20}Ni_{20}$相似于$La_{60}Al_{15}Ni_{20}$；$Ca_{20}Mg_{20}Sr_{20}Yb_{20}Zn_{20}$、$Ca_{20}(Li_{0.55}Mg_{0.45})_{20}Sr_{20}Yb_{20}Zn_{20}$和$Ca_{20}Cu_{10}Mg_{20}Sr_{20}Yb_{20}Zn_{10}$相似于$Mg_{15}Zn_{20}Ca_{65}$或$Mg_{65}Cu_{25}Y_{10}$；$Cu_{20}Ni_{20}P_{20}Pd_{20}Pt_{20}$相似于$Ni_{40}P_{20}Pd_{40}$；$Hf_{20}Cu_{20}Ni_{20}Ti_{20}Z_{r20}$相似于$Cu_{60}Zr_{30}Ti_{10}$；$(Fe_{0.25}Co_{0.25}Ni_{0.25}Cr_{0.125}Mo_{0.125})_{80}B_{20}$相似于$Fe_{48}Cr_{15}Mo_{14}Er_2C_{15}B_6$等。高熵非晶合金虽然具有等原子比或近等原子比的化学成分特征，但是如果考虑元素之间的化学相似性以及其无序的结构特征，高熵非晶合金可归于传统非晶合金的大合金体系中。

通过表5.1的数据对比，可以发现，等原子比或近等原子比的高熵非晶合金的非晶形成能力（Glass FormingAbility，GFA）明显小于传统非晶合金。例如，传统非晶合金$Zr_{41.2}Ti_{13.8}Cu_{12.5}Ni_{10}Be_{22.5}$的临界尺寸可以达到50mm以上，而同合金体系的高熵非晶合金$Be_{20}Cu_{20}Ni_{20}Ti_{20}Zr_{20}$的临界尺寸只有3mm。一般而言，非晶合金的GFA主要与高温熔体的性质密切相关，在冷却的过程中，合金熔体热稳定性越高，越不容易发生晶体的形核和长大，从而使得体系的GFA增强。我们将对高熵非晶合金H1、H3和传统非晶合金V1的高温熔体性质进行研究，理解高熵非晶合金的较小GFA的原因。

表5.1 常见的高熵非晶合金和传统非晶合金的临界形成尺寸（d_c）和开发时间

合金序号	高熵非晶成分	临界尺寸 d_c/mm	发表年份
HE-BMG1	$Zr_{20}Ti_{20}Hf_{20}Cu_{20}Co_{20}$	Ribbon	2002
HE-BMG2	$Zr_{20}Ti_{20}Hf_{20}Cu_{20}Fe_{20}$	Ribbon	2002
HE-BMG3	$Zr_{20}Ti_{20}Hf_{20}Cu_{20}Ni_{20}$	1.5	2002
HE-BMG4	$Ca_{20}(Li_{0.55}Mg_{0.45})_{20}Sr_{20}Yb_{20}Zn_{20}$	3	2011
HE-BMG5	$Pd_{20}Pt_{20}P_{20}Cu_{20}Ni_{20}$	10	2011
HE-BMG6	$Ca_{20}Mg_{20}Sr_{20}Yb_{20}Zn_{20}$	>2	2011
HE-BMG7	$Ca_{20}Cu_{10}Mg_{20}Sr_{20}Yb_{20}Zn_{10}$	5	2013
HE-BMG8	$Zr_{20}Ti_{20}Cu_{20}Ni_{20}Be_{20}$	3	2013
HE-BMG9	$Al_{0.5}TiZrPdCuNi$	Ribbon	2013
HE-BMG10	$Ti_{20}Zr_{20}Pd_{20}Cu_{20}Ni_{20}$	1.5	2013
HE-BMG11	$Zr_{16.7}Ti_{16.7}Hf_{16.7}Cu_{16.7}Ni_{16.7}Be_{16.7}$	>15	2014
HE-BMG12	$Zr_{20}Ti_{20}Hf_{20}Cu_{20}Be_{20}$	12	2015
HE-BMG13	$Ho_{20}Er_{20}Co_{20}Al_{20}Dy_{20}$	1	2015
HE-BMG14	$Er_{18}Gd_{18}Y_{20}Al_{24}Co_{20}$	5	2018
HE-BMG15	$Fe_{25}Co_{25}Ni_{25}(P_{0.4}C_{0.2}B_{0.2}Si_{0.2})_{25}$	2	2018
HE-BMG16	$Fe_{25}Co_{25}Ni_{25}(P_{0.5}C_{0.1}B_{0.2}Si_{0.2})_{25}$	2	2018
HE-BMG17	$Fe_{25}Co_{25}Ni_{25}Mo_{5}P_{10}B_{10}$	1.2	2019
HE-BMG18	$(Fe_{1/3}Co_{1/3}Ni_{1/3})_{80}(P_{1/2}B_{1/2})$ 20	2	2019
BMG1	$Cu_{60}Zr_{30}Ti_{10}$	5	2002
BMG2	$La_{60}Al_{15}Ni_{20}$	>1.5	1990
BMG3	$Ni_{40}P_{20}Pd_{40}$	72	1997
BMG4	$Mg_{55}Cu_{25}Y_{10}$	>15	2004
BMG5	$Fe_{48}Cr_{15}Mo_{14}Fr_{2}C_{15}B_{6}$	12	2004
BMG6	$Zr_{41.2}Ti_{13.8}Cu_{12.5}Ni_{10}Be_{22.5}$	>50	1996

如图5.1所示为高熵非晶合金H1、H3及传统非晶合金V1的熔化-凝固曲线，可以看出，在熔化过程中，V1非晶合金的液相线温度T_l约为941K，低于高熵非晶合金H1和H3的液相线温度（分别为1079K和1015K），此外，高熵非晶合金H1和H3表现多个吸热熔化峰，而V1非晶合金只存在单一的熔化峰，表明H1和H3偏离其共晶合金成分，可能位于高温非共晶成分范围，而传统非晶合金V1位于Zr-Ti-Cu-Ni-Be成分体系的深共晶区。基于相竞争机制，具有深共晶的合金成分通常其GFA较高。在冷却过程中，高温熔体的过冷度ΔT_L大小也可用来表征熔体的热稳定性（$\Delta T_L = T_l - T_S$，即液相线温度T_l与开始凝固温度T_S的差），从图5.1的冷却曲线可以看出，传统非晶合金V1的过冷度（约为67K）远大于高熵非晶合金H1和H3的27K和36K。高熵非晶合金较小的T_l和ΔT_L表明高混合熵使高熵非晶合金的高温熔体热力学不稳定，从而导致其在冷却过程中GFA降低。

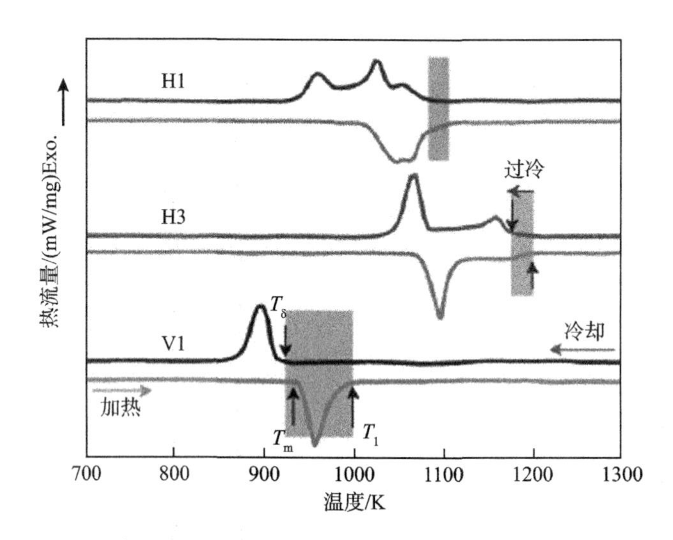

图5.1 高熵非晶合金H1、H3及传统非晶合金V1的熔化—凝固曲线（加热及冷却速率均为10K/min）

图5.2所示为采用回转振动式-高温熔体黏度仪测量高熵非晶合金H1、H3及传统非晶合金V1的高温熔体的黏度与温度的关系，测量温度范围为（T_l+250）K至T_l。其中温度坐标使用各成分的液相线温度T_l进行约分，可以看出，随着温度的降低，三种合金成分的黏度开始逐渐增大。在液相线温度T_l处，H1和H3的黏度分别为（9.4±0.5）mPa·s和（12.3±0.5）mPa·s，低于V1的（14.7±0.3）mPa·s。由吉布斯方程可知，合金的混合熵越大（元素种类越多），黏度

越小，表明原子的流动性越强，这与本书所述高熵非晶合金较小的高温熔体黏度结果一致。

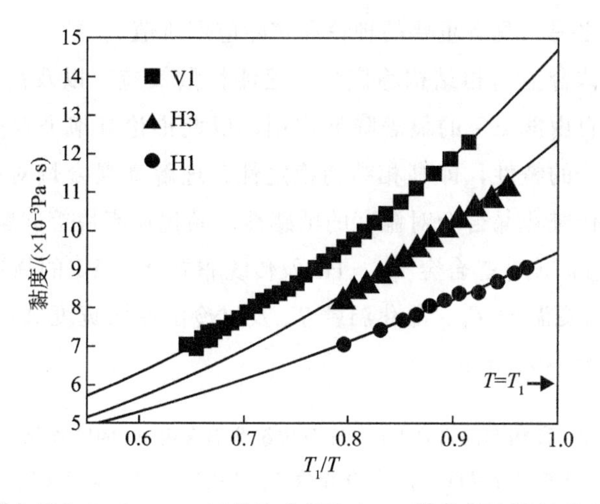

图 5.2 高熵非晶合金 H1、H3 及传统非晶合金 V1 的高温熔体的黏度与温度关系

通过 Arrhenius 方程对高温熔体的黏度进行拟合，拟合方程为

$$\eta = \eta_0 \frac{E_\eta}{RT} \tag{5.1}$$

式中，η_0 为前置因子；R 为气体常数，8.314J/(mol·K)；E_η 为剪切流变激活能，表示高温熔体的流动单元进行黏性流动需要克服的能垒。由式（5.1）拟合可知，H1 和 H3 在 T_1 具有较小的剪切流变激活能 E_η，分别为 13.9kJ/mol 和 15.7kJ/mol，低于传统非晶合金 V1 的(17.3±0.1)kJ/mol。表明 H1 和 H3 在冷却过程中原子扩散需克服较低的势垒，原子易于扩散与重排，促进晶体的形成，从而非晶合金的 GFA 降低。高熵非晶合金 H1 和 H3 较小的高温熔体黏度及剪切流变激活能表明，高混合熵导致高温熔体具有较快的扩散动力学特征，在冷却过程中有利于原子的长程扩散，促进晶体的形核和长大，从而降低高熵非晶合金体系的 GFA。

5.2 熵对热稳定性和纳米晶化的影响

传统非晶合金属于温度敏感材料，晶化过程一旦开始，就会在很短的时间完全晶化而生成晶体。非晶合金一旦发生晶化，其性能也将随之发生显著变化。一方面，晶化会使非晶合金的高强度、耐腐蚀性及过冷液相区热塑成型性等性能受到损害；另一方面，可通过控制晶化或纳米晶化获得更加优异的性能或制备纳米块体材料，如通过部分晶化获得更为优异的软磁性能、得到更高强度的非晶-纳米晶复合材料。因此获得具有高热稳定性的非晶合金材料或减缓其晶化过程是非晶领域的研究热点之一，具有重要的理论和实际应用价值。

根据高熵晶体合金高相结构稳定性、迟滞扩散效应，以及高混合熵 ΔS 高温条件下对吉布斯自由能 ΔG 的显著降低作用，以此推论高熵非晶合金应该具有类似于高熵晶体合金的特性，即高相结构稳定性。理解高混合熵对高温相稳定性的作用，对于改善传统非晶合金对温度的敏感性、晶化速率快等问题具有重要意义。

表 5.2 为两种高熵非晶合金 H1、H3 及传统非晶合金 V1 的临界尺寸 d_c 及本研究组测得的玻璃转变温度 T_g、晶化温度 T_x 及过冷液相区宽度 ΔT_x （$=T_x-T_g$），测试的升温速率为 10K/min。

表 5.2　高熵非晶合金 H1、H3 及传统非晶合金 V1 的临界尺寸 d_c、玻璃转变温度 T_g、晶化温度 T_x 及过冷液相区宽度 ΔT_x

非晶合金	d_c/nm	T_g/K	T_x/K	ΔT_x/K
V1	>50	628	701	73
H1	3	691	732	41
H3	15	681	743	62

测得的 H1 和 H3 的 T_g 和 T_x 与 Yao 研究组测得的结果趋势相符，具体数值不同，这可能是采用的升温速率不同导致的，Yao 研究组采用的升温速率为 20K/min。由表 5.2 可以看出，H1 和 H3 具有比 V1 非晶合金更高的 T_g 和 T_x，即高熵非晶合金被加热到更高的温度才发生玻璃转变行为，表明其具有高的热稳定性。然而高熵非晶合金的过冷液相区宽度却与其高的热稳定性具有相反的趋势，即高熵非晶合金的过冷液相区宽度小于 V1。通过对比高熵非晶的 T_g 和 T_x 值，可以发现其较小的 ΔT_x 主要归因于玻璃转变温度 T_g 相比 V1 非晶合金明显提高（约 50K）。测量不同速率下的 DSC 曲线得到特征温度值，再通过 Kissinger 方程计算即可得到该特征温度的表观激活能，Kissinger 方程表达式为

$$\ln\frac{\beta}{T^2}=-\frac{E(T)}{RT}+\mathrm{C} \tag{5.2}$$

式中，β 为加热速率；$E(T)$ 为表观激活能；T 为特征温度点；R 为气体常数；C 为常数。如图 5.3 所示为 V1、H1、H2 和 H3 的 $\ln(\beta/T_{p1}^2)$ 与 $1/T_{p1}$ 的关系曲线，T_{p1} 为第 1 个晶化峰的峰值温度。

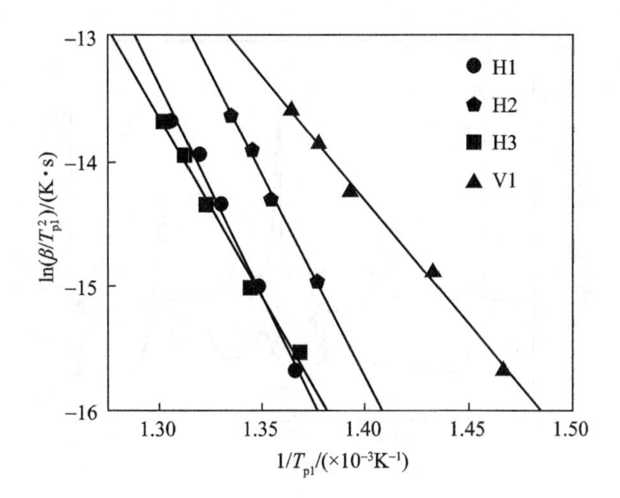

图 5.3　V1、H1、H2 和 H3 第一晶化峰 T_{p1} 的 Kissinger 方程的拟合关系，通过曲线的斜率得到 T_{p1} 的晶化激活能 $E(T)$

将不同加热速率得到的峰值温度进行拟合，得到 3 种高熵非晶合金及传统非晶合金 V1 的晶化激活能 E（T_{p1}）的值，分别为 281kJ/mol、267kJ/mol、238kJ/mol 及 165kJ/mol，可以看出，高熵非晶合金的激活能高于传统非晶合金 V1 近 2 倍，表明高熵非晶合金的晶化更加困难，热稳定性更高。若想制备得到性能优异的非晶-纳米晶复合材料，需控制非晶的晶化，以上高熵非晶合金较高的晶化激活能数据表明其晶体长大较为困难，下面将进一步阐述高熵非晶合金的缓慢晶化动力学及迟滞晶化过程。V1 与 H1 的 DSC 曲线显示其晶化过程均具有 3 个晶化放热峰，且其具有 5 种相同的组成元素，即 Zr、Ti、Cu、Ni、Be，因此选择高熵非晶合金 H1 与传统非晶合金 V1 进行系统论述。

如图 5.4 所示为本研究组测得的 H1 和 V1 两种非晶合金的 DSC 曲线，选择第 1、第 2 和第 3 个晶化放热峰的结束温度作为退火温度，分别标记为 T_1、T_2 和 T_3。其中，H1 高熵非晶合金的 3 个退火温度 T_1、T_2 和 T_3 分别选择为 799K、865K 和 922K；传统非晶合金 V1 的退火温度分别为 741K、787K 及 934K，值得说明的是，H1 的 3 个退火温度均高于 V1。

退火样品制备采用示差扫描量热仪进行退火，将质量为 20mg 的非晶合金薄片以 40K/min 的升温速率加热到相应的退火温度 T_1、T_2 和 T_3，然后随炉冷却至室温。尽管两种非晶合金的晶化不可避免，但是晶体相的平均尺寸、形核及长大的动力学行为以及非晶基体转变为晶体相的体积分数等均可以反映加热过程中晶化的快慢程度，进而表征非晶合金的热稳定性行为。

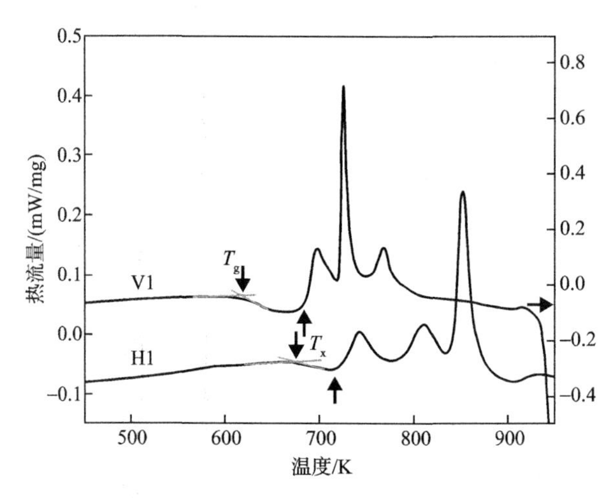

图 5.4　H1 和 V1 两种非晶合金的 DSC 曲线

将退火态试样进行 XRD 分析，其结果如图 5.5 所示，虽然高熵非晶合金 H1 及传统非晶合金 V1 均具有 3 个晶化放热峰，但 H1 和 V1 的晶化产物和晶化现象完全不相同。高熵非晶合金 H1 在 T_1（799K）退火后仍然表现为非晶特征的馒头峰，只有少量的晶体相的衍射峰叠加在馒头峰上，表明高熵非晶合金 H1 在 T_1 温度退火后体系中仍存在较多体积分数的非晶相。

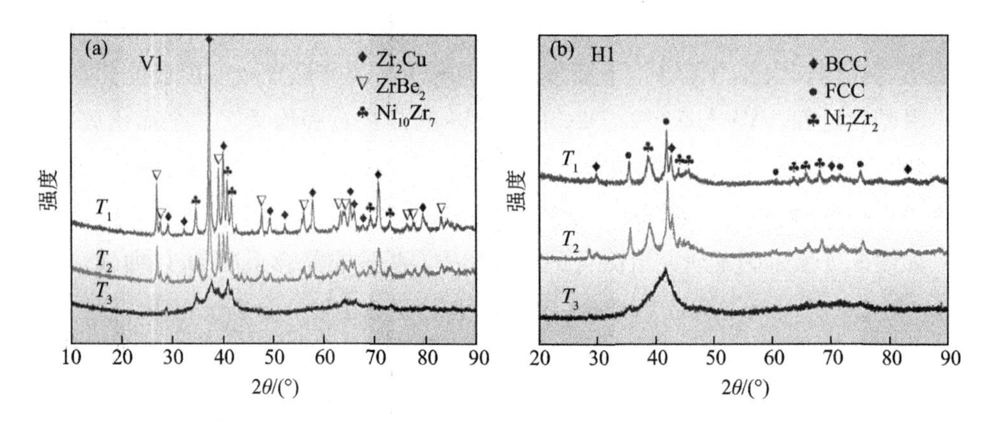

图 5.5　传统非晶合金 V1（a）与高熵非晶合金 H1（b）在不同退火温度下的 XRD 图谱

而 V1 的衍射峰数量明显多于 H1。通过分析其晶化产物，H1 的初生相为 FCC 相，而 V1 的初生相为金属间化合物 Zr_2Cu 相。随着退火温度的提高，在 T_2 和 T_3 下退火后，如图 5.5 所示，一种新的 BCC 固溶体相和 Ni_7Zr_2 化合物在基体相中长大，传统非晶合金 V1 中析出了另外两种金属间化合物 $ZrBe_2$ 和 $Ni_{10}Zr_7$ 相。

从图 5.5 中生成的晶体峰的强度及半高宽可以看出，高熵非晶合金 H1 中生成的晶体相数量更少，尺寸更小，这表明高熵非晶合金 H1 晶化过程更加缓慢。相应的透射结果如图 5.6 所示，其中图 5.6（a）～（c）和图（d）～（f）分别为传统非晶合金 V1 和高熵非晶合金 H1 在温度 T_1、T_2 和 T_3 下退火后的 TEM 的形貌明场像和选区电子衍射图。

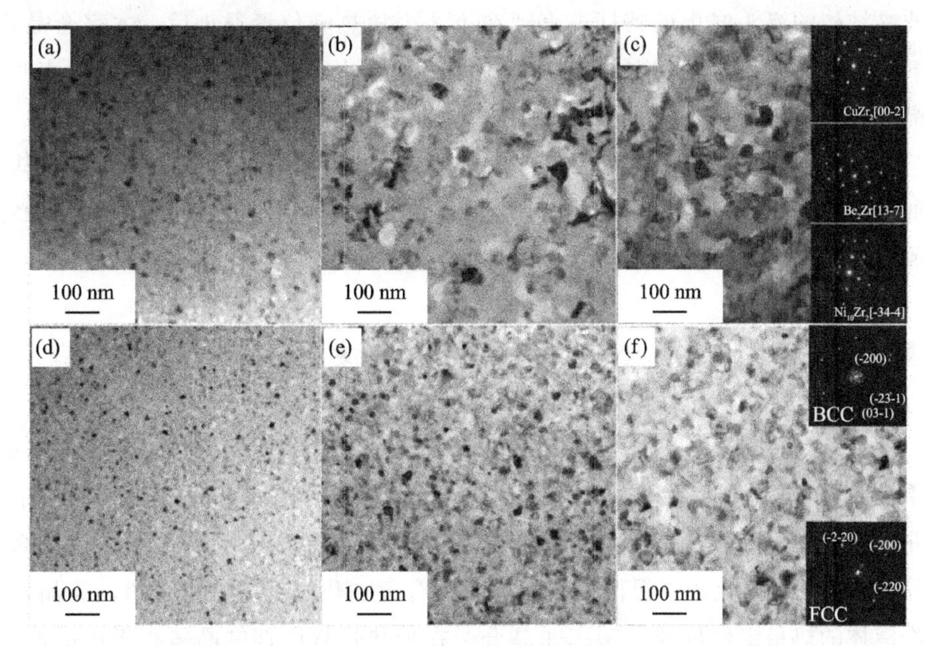

图 5.6　传统非晶合金 V1 和高熵非晶合金 H1 在不同温度退火的 TEM 形貌像

(a) V1，741K；(b) V1，787K；(c) V1，834K；(d) H1，799K；(e) H1，856K；(f) H1，922K

从图 5.6 中可以看出，两种非晶合金都有不同晶体结构的纳米晶粒从非晶基体相中析出并长大。经过 T_1 退火后，同 V1 中析出的 Zr_2Cu 相比［图 5.6(a)］，H1 中析出的 FCC 相的纳米晶具有更少的体积分数和更小的晶粒尺寸［图 5.6(d)］，H1 中剩余的非晶基体的体积分数大于 V1。图 5.6(b)、(e)为 V1 和 H1 分别经过 T_2(787K 和 856K)退火后的形貌像，图 5.6(c)、(f)为 V1 和 H1 分别经过 T_3(834K 和 922K）退火后的形貌像，通过比较可以发现，高熵非晶合金 H1 中晶粒长大后的平均晶粒尺寸均小于传统非晶合金 V1，表明高熵非晶合金形核形成和长大过程迟缓。图 5.6(c)、(f)中的选区电子衍射分析结果显示，析出的晶体相结构分别与图 5.5 中 XRD 的结果相对应。以上结果表明，高熵非晶合金在加热过程中具有高的热稳定性，高混合熵可以有效抑制纳米晶的长大。

在 FeCoNiCrMoB 高熵非晶合金中也观察到类似的现象：在不同 B 含量的高熵非晶合金 $(Fe_{0.25}Co_{0.25}Ni_{0.25}Cr_{0.125}Mo_{0.125})_{86\sim89}B_{11\sim14}$ 晶化温度退火后，其同样表现出缓慢晶化动力学行为。当 B 含量为 11% 时，分别在 $(Fe_{0.25}Co_{0.25}Ni_{0.25}Cr_{0.125}Mo_{0.125})_{89}B_{11}$ 高熵非晶合金 DSC 曲线的 3 个放热峰的峰值温度等温退火 30min，XRD 结果显示其仍表现为只有少量的晶体相的衍射峰叠加在非晶结构的馒头峰上的特征，直到在第 3 个放热峰位置退火后，才完全晶化。图 5.6（b）～（d）为对应的第 1 个放热峰等温退火 30min 后的 TEM 图，表明在非晶基体中只析出了直径约为 5nm 的 BCC 相。

高熵非晶合金较高的玻璃转变温度、起始晶化温度和晶化激活能，以及其迟缓的形核及长大过程，表明高熵非晶合金在加热过程中具有高的热稳定性，高混合熵可抑制晶体相的生成，延缓晶化动力学过程。

5.3 高熵非晶合金 GFA 和热稳定性的关系

综上所述，高熵非晶合金具有高热稳定性，一般对于传统的非晶合金来讲，如果非晶合金在加热过程中的热稳定性高，其通常会具有较高的 GFA。但对于高熵非晶合金，虽然其具有较高的热稳定性，但其非晶临界尺寸 d_c 较小，因此高熵非晶合金并不满足这种情况。图 5.7 为非晶合金加热过程转变示意图，非晶合金过冷液体的热稳定性反映了铸态非晶合金在加热过程中抑制晶体相析出的能力；而 GFA 通常可以理解为高温熔体在冷却过程中抑制晶体相生成，而形成非晶的能力，既然非晶合金的热稳定性和 GFA 两者均可理解为抑制晶体相生成的能力，如何理解高熵非晶合金的热稳定性与低 GFA 的关系？

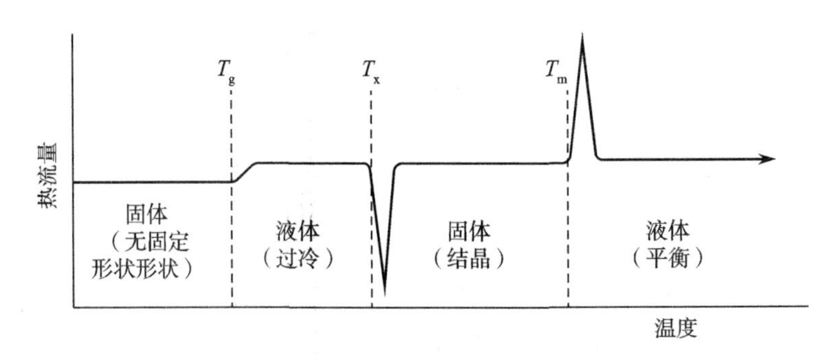

图 5.7　非晶合金加热过程转变示意图

非晶合金在加热过程中过冷液相区黏度的大小通常被当作理解非晶形成能力及热稳定性的一个重要参数。一般来说，过冷液体的黏度越大，其热稳定性越高，GFA越高。图5.8为高熵非晶合金H1、H3和传统非晶合金V1在过冷液相区的黏度变化，可以发现，两种高熵非晶合金在过冷液相区具有更大的黏度。在恒定载荷作用下，得到应变随时间变化的关系，可计算得到黏度值η：

$$\eta=\frac{\sigma}{3\dot{\varepsilon}} \tag{5.3}$$

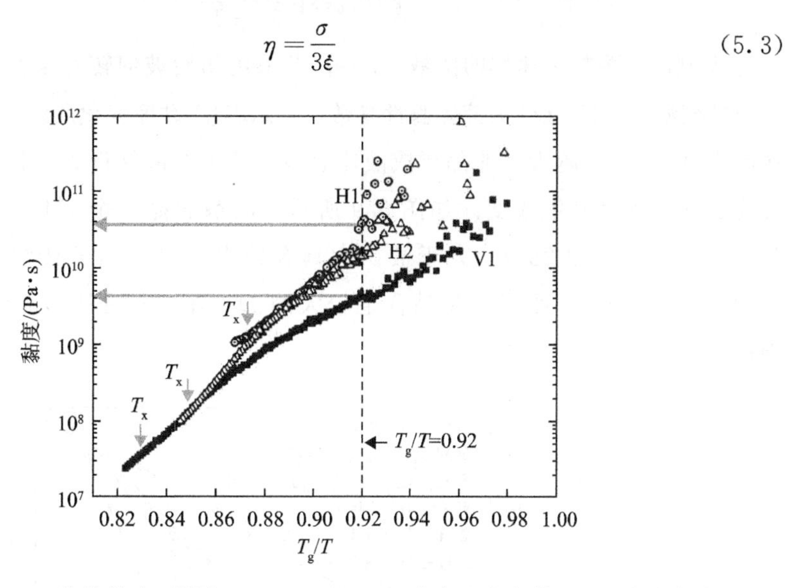

图5.8　在DMA拉伸模式下测定H1、H3和V1三种合金黏度的T_g/T变化曲线

图5.8为在DMA拉伸模式下测定H1、H3和V1三种合金黏度的T_g/T变化曲线。加热速率为5K/min，恒定载荷为5MPa；使用T_g将横坐标温度进行归一化，T_g为在加热速率5K/min下得到的玻璃转变温度。

其中，σ和ε分别为载荷和应变速率。这种非晶玻璃态的黏度与温度倒数T_g/T的关系即所谓的“Angell图”，其可反映非晶合金的动力学性质。图5.8显示两种高熵非晶合金H1和H3在整个过冷液相区均具有较大的黏度值，当$T_g/T=0.92$时（图5.8中的垂直点画线），两种高熵非晶合金的黏度高于传统非晶合金V1约1个数量级（图5.8中横线）。高熵非晶合金过冷液体较大的黏度值表明过冷液体中原子的扩散和重排较难发生，抑制了晶化行为，表明高混合熵使原子扩散缓慢，导致了高熵非晶合金的高热稳定性。

非晶合金玻璃转变的温度跨度会随加热速率的改变而变化，可以根据玻璃转变温度随加热速率的动力学变化来反映玻璃的脆性。通常认为，玻璃转变温度随加热速率变化不明显的玻璃具有“强”液体行为，而随加热速率的改变玻璃转变温度发生显著变化的玻璃具有“脆性”液体行为。

若将高熵非晶合金不同加热速率下的玻璃转变温度的数据与不同传统非晶合金比较，并将这些数据点采用 Vogel-Fulcher-Tammann（VFT）方程拟合：

$$\tau = \tau_0 \exp \frac{D^* T_0}{T - T_0} \tag{5.4}$$

式中，τ_0 为加热速率的倒数，K/s；T 采用初始玻璃转变温度，K；T_0 为理想玻璃转变温度，K；D^* 为液体脆性参数，表示温度-黏度变化曲线偏离 Arrhenius 规律的程度，D^* 值越大，非晶形成液体表现为“强”液体行为，其反映玻璃结构随温度变化不容易发生改变。如图 5.9 所示，高熵非晶合金 H1 和 H3 的脆性参数 D^* 分别为 31.1 和 28.7，大于被认为具有较强液体行为的传统非晶合金 V1 的 20.4。H1 和 H3 两种高熵非晶合金较大的 D^* 值，表明其非晶形成液体结构较稳定。

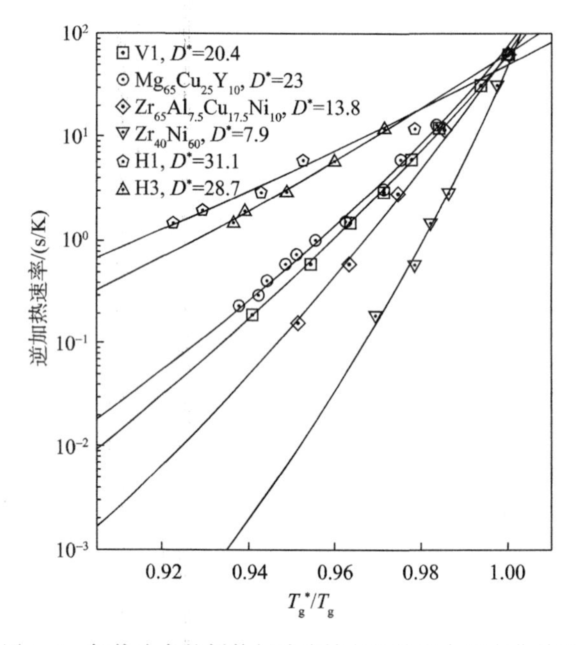

图 5.9　加热速率的倒数与玻璃转变起始温度的变化关系

（采用加热速率为 0.0833K/s 时得到的非晶玻璃转变温度 $T_g{}^*$ 进行归一化，采用 VFT 方程进行数据拟合）

综上结果，高熵非晶合金 H1 和 H3 比传统非晶合金 V1 具有较高的玻璃转变温度 T_g 和晶化温度 T_x，并且晶化过程极其缓慢，表明高熵非晶合金在加热过程中具有高热稳定性；高熵非晶合金具有较大的黏度值且表现为结构稳定的强液体行为，表明高熵非晶合金在加热过程中高混合熵使其原子扩散缓慢，晶核形成及长大困难，进而导致了其高的热稳定性。高混合熵使高熵非晶合金的高温熔体具有不稳定的动力学及较快的扩散动力学特征，具体表现为：高熵非晶合金具有较低的液相线温度、较小的过冷度、较低的高温熔体黏度和较小的黏性流动激活能。高熵非晶合金熔体的热力学不稳定性及较快的动力学特征有利于原子长程扩散，促进晶体相生成，从而降低体系的 GFA。因此，非晶合金的 GFA 和热稳定性源于两种不同的决定性机制，高混合熵使高熵非晶合金固体在加热过程中的原子扩散缓慢，从而导致其缓慢晶化动力学及高热稳定性；非晶合金的 GFA 是由高温熔体的性质决定的，高混合熵不能稳定高熵非晶合金熔体，反而使其具有不稳定的热力学及较快的扩散动力学特征，有利于原子长程扩散，易于促进冷却过程中晶体相的析出，从而降低其 GFA。

2018 年，Kim 等[131] 对高熵非晶合金的非晶形成能力与混合熵的关系进行过类似的示意性描述。一方面，根据吉布斯理论，当合金的混合熵（或元素数 N）增加时，熔体黏度下降，原子迁移率增加，不利于非晶的形成，因此体系的 GFA 将下降；另一方面，根据“混乱原理”，随着合金中组元数增加，合金形成晶体的概率降低，结晶变得更加困难，有利于非晶的形成。显然，高熵非晶合金的 GFA 是吉布斯理论和“混乱原理”相互竞争的结果。从目前的结果看，似乎是吉布斯理论在决定高熵非晶合金的 GFA 中起主导作用，然而二者之间的竞争关系及对 GFA 和热稳定性的作用机理尚不清楚，仍然需要进一步的研究。

第6章　高熵合金涂层腐蚀性能研究

大多传统合金的高温稳定性不足，从而降低其力学性能和耐腐蚀性，因此限制了它们在极端和高度敏感的工程环境中的应用。由于高混合熵效应的影响，高熵合金更倾向于形成面心立方（FCC）、体心立方（BCC）或密排六方（HCP）等简单固溶体结构，而不是复杂的金属间化合物。特殊的成分和组织结构使高熵合金兼具耐热、耐磨、耐蚀及良好的磁性能等特性。因此，高熵合金有望成为一些极端和高敏感工程环境，如核动力、涡轮发动机及航空航天等领域的候选材料。

由于包含许多昂贵的金属（Nb、W、Cr、V、Ni、Ti等），高熵合金的成本可能高于大多数常规合金，而用于表面涂层可以解决这个问题。近几年来，研究者已经通过激光熔覆、电火花沉积、电化学沉积、电子束蒸发法、磁控溅射等工艺成功地制备了高熵合金涂层。通过使用高熵合金涂层，可以实现成本和性能的合理结合。

6.1　高熵合金涂层的耐蚀机理

如图6.1所示是高熵合金涂层、块状高熵合金和不锈钢在3.5%（质量分数）NaCl溶液中的腐蚀行为。从图中可以看出，相比块状高熵合金，高熵合金涂层有着更低的耐腐蚀电流（I_{corr}）和更高的耐腐蚀电位（E_{corr}），而且与不锈钢的耐蚀性能相近。

如图6.2所示是高熵合金涂层、块状高熵合金和不锈钢在3.5%（质量分数）NaCl的点蚀行为。从图中可以看出，高熵合金涂层的耐腐蚀电流更低，耐点蚀电位（E_{pit}）更高，相比于不锈钢和块状高熵合金，高熵合金涂层表现出了更好的耐点蚀性能。

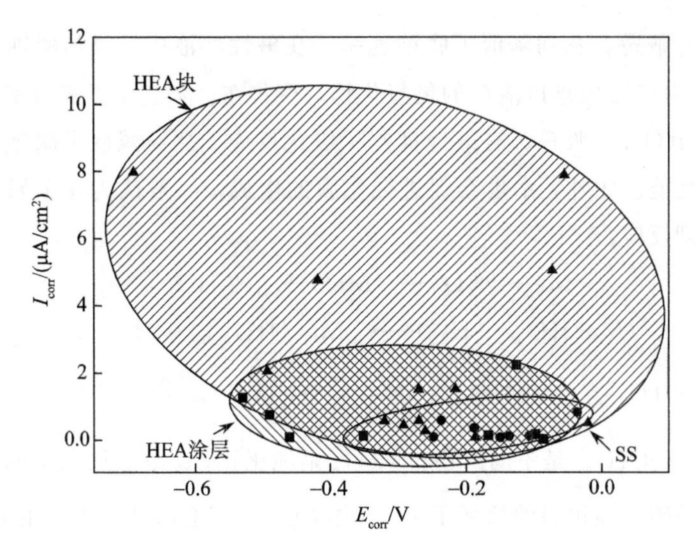

图 6.1 高熵合金涂层、块状高熵合金和不锈钢在 3.5%（质量分数）NaCl 溶液中的腐蚀行为

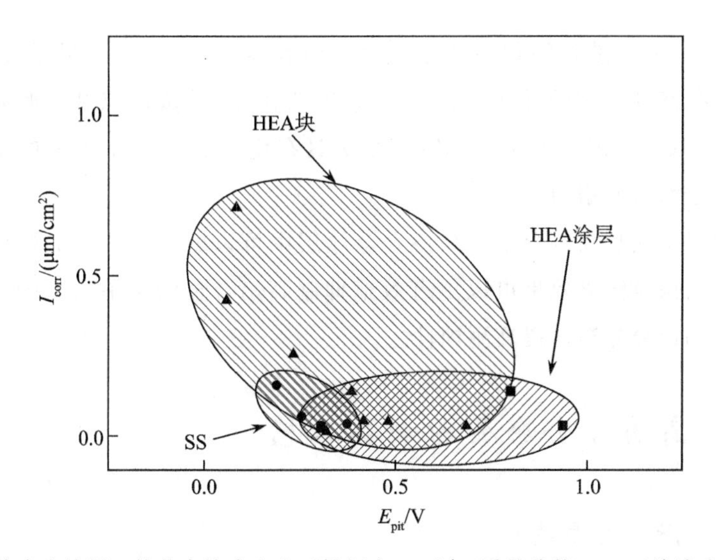

图 6.2 高熵合金涂层、块状高熵合金和不锈钢在 3.5%（质量分数）NaCl 溶液中的点蚀行为

高熵合金的耐蚀机理可以概括为以下 3 点。

（1）由于高熵效应的影响，高熵合金相比传统合金更容易形成单一的固溶相或非晶相。众所周知，相组成越单一，成分越均匀。单一固溶体或非晶的形成可以减少电偶腐蚀的作用和微电池的数量，从而提高耐腐蚀性。

（2）Cr、Ni、Cu、Ti 和 Mo 等元素的加入可以使涂层表面产生钝化膜。在硝酸、浓硫酸等氧化性酸中，这些元素容易被氧化生成致密的氧化膜，如 Al_2O_3、

CrO_3、Cr_2O_3 膜等，从而降低了腐蚀速率。在碱性溶液中，添加耐蚀元素的合金表面容易与 OH^- 形成难以溶解的氢氧化物，聚集在合金表面形成致密钝化膜，如 $Al(OH)_3$、$Cu(OH)_2$ 膜等，有效地抑制了极化反应，从而减慢了腐蚀速率，提高合金的耐蚀性能。此外，水也会促进钝化膜的生成，一般认为在金属表面钝化过程中进行下列反应：

$$Me + H_2O \longrightarrow (MeOH)_{ad} + H^+ + e^- \tag{6.1}$$

$$(MeOH)_{ad} + H_2O \longrightarrow [Me(OH)_2]_{ad} + H^+ + e^- \tag{6.2}$$

$$[Me(OH)_2]_{ad} \longrightarrow MeO_{\frac{n}{2}} + (2 - \frac{n}{2})H_2O + (n-2)H^+ + (n-2)e^- \tag{6.3}$$

其中，$(MeOH)_{ad}$ 是中间产物；$MeO_{\frac{n}{2}}$ 是纯化膜，n 是金属离子的价数。如果溶液中含有易破坏钝化膜的负离子 A^-（如 Cl^-），则会与钝化膜发生下列反应：

$$MeO_{\frac{n}{2}} + nA + nH^+ \ ne^- \longrightarrow MeA_n + \frac{n}{2}H_2O \tag{6.4}$$

因此，Cl^- 能够破坏钝化膜产生点蚀，研究表明，Mo 的适量添加能够与 Cr 产生具有自我修复功能的钝化膜，能够有效抑制 Cl^- 造成的点蚀。此外，有研究表明，由于 Me—N 键合比 Me—Me 键合更具有化学惰性，所以 N 的参与有助于提高高熵合金涂层的耐蚀性。

(3) 相对于块状高熵合金，高熵合金涂层中可以获得更均匀的微观结构。在制备过程中的快速淬火效果可以更有效地抑制高熵合金涂层中元素的扩散，从而实现更均匀的成分分布，提高耐蚀性。

6.2 高熵合金涂层的制备工艺

6.2.1 激光熔覆技术

激光熔覆技术是一种发展迅速的表面处理方法，具有冷却速率快（10^3～10^6K/s）的特点，能够避免成分偏析。该技术可用于制造厚度为 1～5mm 的高熵合金涂层，厚度比通过磁控溅射制备的薄膜厚得多。激光熔覆在涂层和基体之间产生冶金结合，这比热喷涂技术获得的结合强度更高。Zhang 等[132] 利用激光熔覆技术在 304 不锈钢表面制备了 FeCoCrAlNi 高熵合金涂层，结果表明，在浓度为 3.5%（质量分数）NaCl 溶液中，FeCoCrAlNi 高熵合金涂层相比于 304 不锈钢表现出更优异的耐腐蚀和耐点蚀性能。Ye 等利用电化学工作站对激光熔覆 CrMn-

FeCoNi 高熵合金涂层的耐腐蚀行为进行了研究，发现高熵合金涂层耐腐蚀性能优于 304 不锈钢。

6.2.2 磁控溅射技术

磁控溅射是制备高熵合金薄膜最常用的技术[132]。在溅射过程中，通过改变靶材的化学成分和工艺参数可以很容易地控制高熵合金薄膜的化学计量。Li 等[133]利用磁控溅射技术制备了 FeAlCuCrCoMn 高熵合金涂层，电化学实验表明，FeAlCuCrCoMn 高熵合金涂层在 3.5%（质量分数）NaCl、5%（质量分数）NaOH、10%（质量分数）H_2SO_4 溶液中的耐腐蚀性能优于 201 不锈钢，此外他们还制备了 FeAlCoCuNiV 涂层，同样具有比 201 不锈钢更好的耐腐蚀能力。磁控溅射法制备的高熵合金涂层的腐蚀性能目前没有得到广泛研究，但磁控溅射的均匀化效果和令人满意的耐蚀性使得利用磁控溅射法制备高熵合金涂层的研究将成为一个热点。

6.2.3 电火花沉积技术

电火花沉积是一种节能、省材、环保的新兴材料表面处理技术，它是利用高电流的短脉冲把电极材料沉积到基体金属表面，微量的电极材料在脉冲等离子弧的作用下熔化，并在基体表面快速固化形成涂层。Li 等[134] 通过电火花沉积在 AISI 1045 碳钢上制备了 AlCoCrFeNi 高熵合金涂层，通过与铜模铸造的 AlCoCrFeNi 高熵合金在 2.5%（质量分数）NaCl 溶液中的腐蚀行为进行对比，发现涂层试样的耐腐蚀电流显著低于铸造 AlCoCrFeNi 高熵合金的耐腐蚀电流，这是由于相比铸造 AlCoCrFeNi 高熵合金，AlCoCrFeNi 高熵合金涂层在表面具有含量相对较高的 Cr 氧化物和 Al 氧化物，而且不存在富含 Cr 的枝晶间相和第二相沉淀，不会产生电偶腐蚀。

6.2.4 其他制备技术

等离子弧熔覆工艺在制备高熵合金涂层方面具有很多优点，如高能量交换效率、零件热畸变小、基体材料稀释度低等。Cheng 等[135] 利用等离子弧熔覆工艺制备了 CoCrCuFeNi 高熵合金涂层，实验表明，在 6mol/L NaCl 溶液中，CoCrCuFeNi 高熵合金涂层的耐蚀性能优于 304 不锈钢。Ge 等[136] 采用机械合金化和真空热压烧结技术在 T10 基体上制备了 CuZrAlTiNi 高熵合金涂层，与 T10 基体相比，CuZrAlTiNi 高熵合金涂层在海水溶液中的耐蚀性大大提高，主要表现为腐蚀电位高、钝化区宽、产生二次钝化。Niu 等[137] 采用电子束蒸发法将 Al_xFe-CoCrNiCu（x=0.25，0.5，1）高熵合金涂层沉积在由其相同合金元素混合而成的合金钢基体上，电化学实验结果表明，$Al_{0.5}FeCoCrNiCu$ 高熵合金涂层在 H_2SO_4 和 NaCl 水溶液中的钝化区大于 700mV，而且具有较高的耐腐蚀电位（−129mV）和较小的腐蚀电流密度（约 $2.2\times10^{-6}A/cm^2$），这些结果表明 $Al_{0.5}FeCoCrNiCu$ 涂层的耐蚀性优于未改性前的基体。

6.3 合金元素对涂层耐蚀性的影响

6.3.1 Al 元素对涂层腐蚀性的影响

Ye 等[138] 研究了 Al 的添加对 $Al_xFeCoCrNiCuCr$（x=1，1.3，1.5，1.8）高熵合金涂层在 0.05mol/L HCl 溶液中的耐腐蚀行为的影响。电化学实验表明，添加 Al 提高了涂层的耐蚀性，$Al_xFeCoNiCrTi$ 涂层耐蚀性能优于 314L 不锈钢，其中 $Al_{1.8}FeCoNiCuCr$ 的耐蚀效果最佳。Niu 等[139] 研究了 Al 对 $Al_xFeCoCrNiCu$（x=0.25，0.50，1.00）高熵合金涂层分别在浓度为 1mol/L H_2SO_4 溶液和 1mol/L HCl 溶液中耐蚀性的影响，研究表明，在浓度为 1mol/L H_2SO_4 溶液中，当 Al 含量低于 0.50 时，表现出了良好的耐腐蚀性和耐点蚀性，但当 Al 含量为 1.00 时，耐腐蚀性和耐点蚀性均下降，但仍优于 304 不锈钢。在 1mol/L NaCl 溶液中，$Al_{1.0}FeCoCrNiCu$ 的耐点蚀能力优于 $Al_{0.5}FeCoCrNiCu$ 高熵合金涂层，304 不锈钢耐点蚀能力最差。

6.3.2 Ti 元素对涂层腐蚀性的影响

Qiu 等[140] 研究了 Ti 对 $Al_2CrFeNiCoCuTi_x$（x=0，0.5，1，1.5，2）高熵合金涂层的影响。与 Q235 钢相比，$Al_2CrFeNiCoCuTi_x$ 高熵合金涂层的自腐蚀电流密度降低了 1～2 个数量级，自腐蚀电位更“正”。随着 Ti 含量的增加，$Al_2CrFeCoCuNiTi_x$ 高熵合金涂层在 0.5mol/L HNO_3 溶液中的耐腐蚀性提高。Shi 等[141] 制备了 $Ni_{1.5}Co_{1.5}FeCrTi_x$ 高熵合金涂层，研究表明，随着 Ti 含量的增加，$Ni_{1.5}Co_{1.5}FeCrTi_x$ 高熵合金涂层在 0.5mol/L HNO_3 溶液中的耐蚀性得到提高，这是因为 $Ni_{1.5}Co_{1.5}FeCrTi_x$ 高熵合金涂层表面在 HNO_3 溶液中容易形成致密的钝化膜。

6.3.3 Ni元素对涂层腐蚀性的影响

Qiu等[142] 研究了Ni含量对$Al_2CrFeCoCuTiNi_x$(x=0,0.5,1,1.5,2)高熵合金涂层分别在1mol/L NaOH溶液和3.5%(质量分数)NaCl溶液中的耐腐蚀行为，实验表明，随着Ni含量的增加，$Al_2CrFeCoCuTiNi_x$高熵合金的耐腐蚀性先上升后下降，其中$Al_2CrFeCoCuTiNi_{1.0}$具有最佳的耐腐蚀性。原因可以归结为：Ni元素具有很强的耐腐蚀性，但其原子半径相对较小，当Ni含量较高时，合金的晶格畸变变得严重，从而影响合金的微观结构，进而影响合金的耐腐蚀性。Wu等[143] 研究了$FeCoCrAlCuNi_x$(x=0.5，1，1.5)高熵合金涂层在3.5%(质量分数)NaCl溶液中的腐蚀行为，随着Ni的加入，耐腐蚀性同样呈现了先上升后下降的趋势，其中$FeCoCrAlCuNi_{1.0}$耐蚀效果最佳。

6.3.4 Mo元素对涂层腐蚀性的影响

Li等[144] 研究了Mo含量对$FeCrNiMnMo_xB_{0.5}$(x=0，0.4，0.8，1)高熵合金涂层组织性能的影响，研究发现，在饱和盐水溶液中，$FeCrNiMnMo_{0.4}B_{0.5}$的耐蚀性能最好，这是由于Mo与Cr形成了钝化膜，阻碍了Cl^-的侵蚀。当Mo进一步增加时，Mo在晶界富集，造成涂层成分不均，耐蚀性能下降。

6.3.5 其他元素对涂层腐蚀性的影响

Cai等[145] 研究了Cu对$FeCoCrNiCu_x$涂层耐腐蚀性的影响，研究表明，Cu的加入会降低熔覆层的钝化能力，使合金的耐腐蚀性变差。原因可以归结为Cu的加入使Cu在晶界中偏析形成富Cu相，产生电偶腐蚀，从而使熔覆层的耐腐蚀性下降。Cheng等[146] 研究了Nb对高熵合金涂层耐蚀性能的影响，研究表明，含Nb涂层的阻抗系数分别是304不锈钢和无Nb涂层的14倍和1.6倍，这表明Nb元素的添加会提高涂层的耐蚀性能。Qiu等[147] 研究了Co含量对$Al_2CrFeCo_xCuNiTi$高熵合金涂层耐腐蚀性的影响，研究发现，随着Co含量的增加，$Al_2CrFeCo_xCuNiTi$高熵合金涂层在HCl和H_2SO_4溶液中的耐腐蚀性增强。这是由于Co的参与使得合金表面形成了致密的钝化膜。Zhang等[148] 通过激光熔覆制备$FeCrNiCoB_x$涂层。当$0.5<x<1.0$时，涂层的耐蚀性能随B含量的增加而得到提高。当x接近1.25时，硼化物从斜方晶系$(Cr，Fe)_2B$转变为四方晶系$(Fe，Cr)_2B$，这会降低涂层的耐腐蚀性，但依然表现出比ASTM 304L不锈钢更好的耐腐蚀性。

6.4 工艺参数对涂层耐蚀性的影响

Qiu 等[149] 研究了扫描速率对激光熔覆 AlCrFeCuCo 高熵合金耐腐蚀性的影响，实验表明，随着扫描速率提高，合金的耐腐蚀性先提高后降低。这是由于在激光束快热快冷作用下，涂层微观结构变得细小均匀，成分偏析降低，耐腐蚀性提高。当扫描速率过快时，对流增加，熔覆层表面粗糙，耐蚀性能变差。

Shon 等[150] 研究了能量输入和熔覆层数对激光熔覆 CoCrFeNi 涂层腐蚀行为的影响，研究表明，较高的能量输入与双层熔覆相结合可以减少基材对涂层的稀释，从而避免了局部原电池的形成，并且在 3.5%（质量分数）NaCl 溶液中表现出了优异的耐腐蚀性。Hsueh 等[151] 研究了基底偏压对直流反应磁控溅射(AlCrSiTiZr)N 高熵合金涂层耐腐蚀性的影响。研究表明，－100V 的基底偏压可以有效地改善(AlCrSiTiZr)N 非晶薄膜的耐腐蚀性，这是基底偏压引起的薄膜致密化和压应力所导致的。Shi 等[152] 研究了不同基底温度对磁控溅射 FeNiCoCrMn 高熵合金薄膜耐腐蚀性的影响，研究表明，随着基底温度的升高，薄膜的厚度逐渐减薄，耐蚀性能降低，其中 100℃沉积的薄膜的耐蚀性能最优。

过去的十几年中，关于高熵合金的研究已经开启了一个巨大的、未开发的多组分合金领域，高熵合金由于其优异的性能有望在各种工程环境下发挥潜力，本书从制备工艺、合金元素及工艺参数 3 个方面总结了高熵合金耐蚀涂层的研究进展和耐蚀机理，为了对高熵合金的耐腐蚀性进行更深入的研究，推动高熵合金应用于实际工业生产中，对未来的研究建议如下：

(1) 目前对钝化膜的研究结果主要提供微观的表征，并不能解释高熵合金具有高耐腐蚀性能的根本原因。因此，需要对高熵合金钝化膜进行高分辨剖析及耐蚀机理的深入研究。

(2) 高熵合金微观结构的研究还停留在“试错”阶段，不仅造成了效率低下，而且提高了科研成本。因此，启动材料基因组计划，通过第一性原理、分子动力学模拟，设计团簇结构，对高熵合金涂层进行平衡和非平衡热力学计算，以预测相形成和转变是今后研究的方向之一。

(3) 制备高质量的高熵合金涂层的稳定工艺制度还没有建立，因此，对如何得到均匀微观结构、具有重现性和指导意义的涂层制备工艺将作为耐腐蚀高熵合金涂层应用的主要研究方向之一。

第7章 高熵合金的变形行为及强韧化

金属材料在人类社会的发展中一直起着举足轻重的作用，我国的科技发展也对高性能的新型金属材料提出了更高要求。传统合金的设计理念以1种或2种元素为主，以添加少量其他元素为辅来改变或优化性能，目前已经开发了大量的实用合金。但经过多年的开发，传统合金的性能已经趋于瓶颈，亟须颠覆性的新型合金设计理念。高熵合金就是近年涌现的一种具有广阔应用潜力的新型高性能金属材料。高熵合金于2004年首次被报道，它打破了传统合金以混合焓为主的单主元成分设计理念，是以构型熵为主设计的一类新型多主元金属材料。

高熵合金又称多主元合金，其研究最早开始于20世纪后期。1981年，Cantor教授和他的学生Vincent制备研究了多种等原子比合金（如无说明，本书中成分表达式均是原子比），其中 $Fe_{20}Cr_{20}Ni_{20}Mn_{20}Co_{20}$ 形成了单相FCC结构。之后，Cantor教授的学生Chang重复Vincent的实验，并于2004年将结果公开发表[2]。同一年，台湾“清华大学”Yeh等[32] 也独立公开发表了多主元合金的研究结果，通过实验结果和相关的理论研究，首次提出高熵合金的概念。此后，高熵合金引起了学术界的关注，它的研究进入了一个快速发展的阶段。

Yeh等[32] 最早将高熵合金定义为包含5种及以上组成元素，且每个组元原子分数在5%～35%之间的合金。传统合金的研究认为，合金组元多会形成金属间化合物，从而使合金结构变得复杂。但对高熵合金的研究发现，其高混合熵增强了固溶体的相稳定性，促使合金形成简单固溶体。在统计热力学中，熵是表征系统混乱度的参数。系统的熵值越大，说明系统混乱度越高。根据玻尔兹曼（Boltzmann）热力学统计原理，体系的混合熵 ΔS_{conf} 可以表示为[153]

$$S_{conf} = k\ln\omega \tag{7.1}$$

其中，k 是玻尔兹曼常数；ω 是热力学概率，代表宏观态中包含的微观态总数。对于多组元合金，n 种元素等原子比混合形成固溶体时[154]：

$$S_{conf} = R\ln n \tag{7.2}$$

其中，$R=8.314\mathrm{J/(K\cdot mol)}$，为气体常数。由式（7.2）可知，当合金的组元数达到5种或者5种以上时，混合熵已大于$1.609R$，这就是高熵合金称谓的来源。而当组元数超过13时，混合熵的增加趋于平缓，所以一般情况下，高熵合金的组元数会控制在5～13之间。随着进一步的研究发展，高熵合金的定义有所拓展，目前三元[155]和四元[156]的近等原子比合金也被认为是高熵合金。除了高熵合金这个称谓，此类多组元合金也常被称为成分复杂合金（Compositionally Complex Alloy）[157]、等原子比多组元合金（Equiatomic Multicomponent Alloy）[158]、多主元合金（Multi-principal Element Alloy）[159]等。

高熵合金的研究在早期阶段主要集中在合金成分设计上，多组元的设计理念决定了高熵合金的种类繁多，不同的组元元素种类和含量都会对合金的微观结构和性能产生一定的影响，研究者通过对元素种类和含量的控制，改善合金的组织，致力于使合金的性能达到最优化。已开发研究的合金体系大体可以分为两类：一类是以Al及第Ⅳ周期元素Fe、Co、Ni、Cr、Cu、Mn、Ti为主的合金系；另一类是以难熔金属元素Mo、Ti、V、Nb、Hf、Ta、Cr、W等为主的难熔高熵合金系。目前研究最广泛的高熵合金是FeCoNiCrMn，其具有单一的FCC单相组织，在室温下的抗拉强度为563MPa，延伸率达52%[160]。$\mathrm{Ti_xAlCoCrFeNi}$系列高熵合金中通过调节Ti含量，当Ti原子比为0.5时，合金的压塑性最理想，高达23.3%[161]。$\mathrm{Al_xCoCrFeNi}$系列高熵合金随着Al含量的增加，合金从单相FCC变为FCC和BCC双相，最终完全变为BCC。当$x=0.9$时，合金的硬度达到最高[162]。

随着对高熵合金研究的展开，除了调控合金成分，更多性能优化的有效方法被提出。比如在高熵合金中引入相变诱发塑性（Transformation Induced Plasticity，TRIP）效应，使合金的强塑性都得到改善。Li等[163]成功制备双相TRIP高熵合金$\mathrm{Fe_{50}Mn_{30}Co_{10}Cr_{10}}$，其强度、塑性和加工硬化率都较等原子比FeCoNiCrMn有所提高。Huang[164]在BCC结构的$\mathrm{Ta_xHfZrTi}$中通过改变Ta的含量引入HCP相，TRIP效应使合金在保持高强度的同时提高了塑性，为解决BCC合金室温脆性的问题提供了新的思路。He等[165]通过在FeCoNiCr合金中添加微量元素Ti、Al，制备出具有弥散纳米析出相的高熵合金，室温屈服强度为645MPa，抗拉强度甚至超过了1GPa，塑性延伸率为39%，加工硬化效果显著。另外，共晶高熵合金的成功制备也为高熵合金的优化性能提供了新的思路，现已成功制备出了在低温−196℃至高温700℃这样宽的温度范围内都具有极高强度和塑性的$\mathrm{AlCoCrFeNi_{2.1}}$共晶高熵合金[166]。虽然高熵合金诞生时间不长，但国内外研究单位积极参与，期间涌现了大量的高质量研究成果。高熵合金的性能优化研究从单一的合金调控发展到如今已有多样化的有效强化策略，大幅提高了高熵合金的应用前景，在高超声速飞行器发动机用超高温材料、高性能战斗部材料、抗辐照核能用材料、轻质装甲防护材料、极地破冰船用材料、低温服役装置用材料、航空航天轻质材料等重要工业领域的发展中，高熵合金已经可以提供作为关键材料的选择和支撑。

7.1 高熵合金的结构特征及变形机理研究的挑战

高熵合金的多主元特性使其具有异于传统单一主元合金的结构特征，进而对其变形机理产生影响。高熵合金高的组态熵效应在简化合金的显微组织上起到了重要的作用，使高熵合金主要由简单的FCC、BCC或HCP相结构组成，但也造成了高熵合金的化学无序和点阵畸变的特征。高熵合金虽然具有拓扑长程有序，但其晶体单胞中每个点阵位置的金属原子并非唯一确定，即高熵合金具有长程化学无序效应[167]。同时由于高熵合金中各个原子的尺寸差异，各原子周围将会产生点阵应变[168]。除了尺寸差异外，各组元的键合能及晶体结构差异也会引起大的晶格畸变[169]。而在传统合金中，大部分基体原子都具有相同的周围环境。因此高熵合金的点阵畸变被认为远大于传统合金。高熵合金的化学无序效应和点阵畸变效应能够直接影响高熵合金的力学、物理和化学性能。

7.1.1 结构的化学无序效应及其对变形机理研究的影响

按传统的固溶强化理论，固溶体中的溶剂与溶质是严格区分的[170]。而在高熵合金中，每种组元含量相当，并没有严格的溶质与溶剂之分。因而基于传统合金的固溶强化理论，如弗莱舍(Fleisher)模型[171]、拉布施(Labusch)模型[172] 等，是否仍然适用高熵合金目前尚不清晰。先科夫(Senkov)等[173] 根据TaNbHfZrTi高熵合金中各组元之间的模量不匹配度和尺寸不匹配度的差异，将该高熵合金简化为二元合金，(Ta+Nb+Ti)为溶剂，40%(Zr+Hf)(原子分数)为溶质，估算得到的屈服强度比实际值大18%。这种将多主元合金简化为稀固溶体合金的方法尽管简单直接，但局限性大，普适性不强，能否准确预测所有高熵合金的强度需要进一步验证。托达·卡拉巴洛(Toda-Caraballo)等[174] 利用慕伦(Mooren)模型计算多组元合金的原子距离，进一步提出计算高熵合金弹性不匹配度的模型，从而将拉布施(Labusch)模型[175] 修正后应用于高熵合金。这一计算高熵合金固溶强化的模型虽然对部分高熵合金的强化效果预测得很好，但仍然是将其中某一组元看作溶质，并未摆脱溶质溶剂的束缚，因此其普适性也值得商榷。

另外，早期科研工作者普遍认为高熵合金为随机固溶体，即高熵合金的各组元是完全无序占位的[176]。然而，考虑到合金中各个金属组元本身的特性（如原子尺寸、电负性等），高熵合金各个金属组元之间的相互作用并非完全均匀，其很可能并非绝对的随机固溶体，而是存在复杂的化学短程有序。Zhang 等[177] 通过 X 射线散射、中子散射及扩展 X 射线精细结构（EXAFS）系统研究了 NiCoCr 中熵合金的短程有序结构，发现 Cr 原子倾向于在固溶体中与 Ni 和 Co 原子形成键合。桑多纳托(Santodonato)等[178] 发现 $Al_{1.3}CoCrCuFeNi$ 高熵合金即使是在液态下，其金属元素也并非随机混合，Al-Ni、Cr-Fe 和 Cu－Cu 倾向于成键。Singh 等[179] 通过基于电子结构的热动力学理论证明了 Al-Co-Cr-Fe-Ni 系高熵合金中也存在复杂的短程有序结构。因此，化学长程无序的高熵合金很可能存在复杂的化学短程有序。深入理解高熵合金原子尺度的变形机理，不可避免地需要考虑到其化学短程有序结构。高熵合金复杂的化学短程有序，一方面能够影响合金的位错滑移阻力，从而影响位错的滑移方式；另一方面也会改变合金的层错能，从而影响合金的孪晶变形。此外，化学短程有序也会影响合金的相稳定性，从而对合金的应力诱导相变产生影响。然而，由于高熵合金的多主元特性，其化学短程有序结构极其复杂，对这一原子尺度的化学不均匀性的研究尚十分困难，这也为进一步研究其化学短程有序与其变形行为之间的关系带来了重大挑战。

7.1.2 点阵畸变效应及其对变形机理研究的影响

大量研究结果[180-181] 表明，高熵合金大的点阵畸变对其性能起到了重要作用，特别是其高强度。然而，如何定量表征和理解高熵合金的点阵畸变目前各执一词，仍无定论[182]。最初原子尺寸差被用来量化点阵畸变度[183]，但这一参数不是实验所测得，并不能反映合金的真实点阵畸变度。Tong 等[184] 利用对分布函数（PDF）来分析合金局部结构与整体结构所得点阵常数的差异，以此来定量描述高熵合金的点阵畸变。Song 等[185] 利用第一性原理密度泛函理论来研究高熵合金的点阵畸变，认为难熔高熵合金的点阵畸变度远大于 FeCoNiCrMn 系高熵合金的点阵畸变度。正是由于目前对高熵合金的点阵畸变效应尚无清晰的理论认知，采用何种有效的手段来研究其点阵畸变以及如何量化其点阵畸变度尚需进一步探索。

值得注意的是，合金的变形行为与其缺陷，如位错、孪晶等关系密切。经典的固溶强化理论、析出强化理论及位错强化理论等的计算公式均涉及合金的柏氏(Burgers)矢量（$\boldsymbol{b}$），例如：

（1）位错强化[186]

$$\tau = \tau_0 + \alpha G \boldsymbol{b} \sqrt{\rho_{\mathrm{dis}}} \tag{7.3}$$

式中，τ 为剪切流变应力；τ_0 为材料的本征强度；α 为常数；G 为剪切模量；ρ_{dis} 为位错密度。

（2）固溶强化[187]

$$\sigma_s = A \frac{\chi}{\alpha_0 \boldsymbol{b}} \tag{7.4}$$

式中，σ_s 为流变应力；A 为常数；χ 为溶质原子含量；α_0 为溶剂点阵参数；由于高熵合金大的晶格畸变，其柏氏矢量 $\boldsymbol{b}$ 很可能不是一个定值，而是一个分布[188]。也就是说高熵合金的柏氏矢量尚无法准确定义，这也为理论计算和理解高熵合金的各种强化机制带来了挑战。同时，位错的运动对合金的塑性变形也起到了至关重要的作用。在稀固溶体中，位错线一般被认为呈直线。而在高熵合金这一存在大点阵畸变的多主元合金中，位错线很可能并非直线。这就为实验上定量描述高熵合金的塑性变形带来了挑战。高熵合金中的位错周围应力场能否用弹性连续介质模型计算呢？位错的应变能、线张力及位错间的相互作用力等都与位错的柏氏矢量密切相关，而高熵合金柏氏矢量的不确定性也为人们从理论上理解高熵合金中的位错带来了挑战。更为重要的是，高熵合金中位错增殖的临界分切应力是否存在局部不均匀性呢？这也会直接影响高熵合金塑性变形机理的研究。

总之，高熵合金已经发展成一种极富应用前景的先进材料，由于其多主元的特性、大的晶格畸变及复杂的化学短程有序，传统合金的变形机理对于高熵合金可能并不一定完全适用。这就需要从高熵合金的结构特征入手，重新审视传统变形机理在高熵合金中的适用性。

7.2 典型高熵合金的力学性能与变形行为

7.2.1 FCC结构高熵合金的力学行为

FCC结构的高熵合金主要是FeCoNiCrMn系高熵合金，以及在此基础上进行成分变化得到的三元、四元甚至六元及以上高熵合金。该系高熵合金是最早提出的一类五元高熵合金，由于其成分均匀、无明显宏观偏析且组织稳定，因此是目前研究最为广泛的 FCC 高熵合金。

在室温以及低温条件下，FeCoNiCrMn 高熵合金均表现出优异的塑性[189]。在 293K 条件下，大晶粒尺寸的 FeCoNiCrMn（约 155μm）合金屈服强度为 125MPa，抗拉强度约 450MPa，延伸率可达 80%；当晶粒尺寸减小至 4.4μm 时，其屈服强度与抗拉强度分别约提高至 460MPa 与 630MPa，延伸率仍达 60%。在室温下，FeCoNiCrMn 高熵合金的变形方式以位错滑移为主。在塑性变形的初始阶段，位错沿最密排面(111)开动，滑移方向为 1/2＜110＞；随后全位错分解成 1/6＜112＞肖克莱（Shockley）分位错和大量层错，与传统 FCC 合金类似。大量扩展位错的形成抑制了交滑移，因此均匀的平面滑移是 FeCoNiCrMn 高熵合金室温变形的主要方式。与室温相比，在低温下 FeCoNiCrMn 合金中存在大量纳米孪晶参与变形，孪晶界及孪晶中存在的固定位错成为位错滑移的阻碍，随着变形的加剧，其加工硬化率并未出现明显的降低，仍可保持稳定[190]，因此强度、塑性出现明显的上升。在液氮温度下（77K），与室温相比，其屈服强度与抗拉强度大幅度提高了约 85% 和约 70%，分别达到 759MPa 和 1280MPa，且延伸率超过 80%[191]。

在高温下，FeCoNiCrMn 高熵合金的力学性能下降明显，在 1073K 温度条件下，FeCoNiCrMn 合金软化严重，抗拉强度不足 200MPa。He 等[192] 研究 FeCoNiCrMn 的高温流变行为发现，高温以及大应变速率（$>2\times10^{-5}$ mm/min）条件下，变形机制以位错攀移为主，且 Cr、Mn 元素发生定向扩散，富集形成第二相，引发应力集中，促进了裂纹的形核与长大，导致材料强度降低。

7.2.2 BCC 结构高熵合金的力学行为

BCC 高熵合金通常具有较高的强度，但是塑性较低，譬如 $(FeCoNiCrMn)_{89}Al_{11}$ 合金[193]，其抗拉强度超过 1.2GPa，而延伸率不足 5%。但有些 BCC 体系的高熵合金也具有一定的拉伸塑性，譬如 TaNbHfZrTi 系高熵合金。TaNbHfZrTi 难熔高熵合金最早由先科夫(Senkov)等[194] 设计，退火态 TaNbHfZrTi 的室温屈服强度超过 1.1GPa，延伸率可达约 10%[195]；而铸态 TaNbHfZrTi 压缩塑性超过 50%，屈服强度可达 929MPa。与室温强度相比，TaNbHfZrTi 的高温强度不尽如人意[196]。随着温度的提高，其强度下降趋势明显。当温度较低时，TaNbHfZrTi 变形方式以位错滑移为主，并辅以少量的形变孪晶，变形过程均匀连续，因此其强度保持在 675MPa 以上；当温度超过 1073K 时，高扩散速率促使晶界上再结晶的发生，不稳定的亚晶界成为裂纹形核点，同时也是裂纹扩展的通道，最终裂纹快速扩展，导致材料失稳。因此在1073K以上条件下，TaNbHfZr-Ti合金强度急剧降低，当温度达到1473K时，屈服强度降至92MPa。

另外一类BCC难熔高熵合金为NbMoTaW系高熵合金，该类高熵合金是由元素周期表中几种高熔点元素组成的，具有高的熔点以及优异的高温稳定性[197]，因而高温应用潜力很大。铸态NbMoTaW高熵合金组织以BCC固溶体为主，枝晶晶界处存在少量偏析，但含量极少（$<5\%$）。在室温下，NbMoTaW屈服强度可达1058MPa，但塑性差，压缩最大变形量仅为1.5%。但随着温度的升高，其塑性逐渐提高。1000℃时延伸率可达16%，此时其屈服强度为548MPa，表现出优异的抗软化能力。从压缩变形行为上看，室温下NbMoTaW裂纹沿着压缩方向迅速扩展，表明其失效模式为纵向裂纹而非剪切；在高温下（大于韧脆转变温度），Nb-MoTaW开始由脆变韧，裂纹与压缩方向呈约40°角，材料的断裂通过剪切的方式完成，因而塑性明显提高。对于该系合金来说，室温脆性已经成为制约其加工、成形及后续应用的关键因素之一，因此迫切需要提高其室温塑性，目前有相关研究正在开展。

7.2.3 HCP结构高熵合金的力学行为

广泛研究的高熵合金大多数是FCC或BCC结构，其成分构成以过渡族金属为主。近年来，以镧系稀土元素为主的高熵合金被大量设计出来[198-199]，这类高熵合金往往具有HCP结构，YGdTbDyHo为其中的典型代表。

YGdTbDyHo的晶体结构近似于单质Mg，晶格参数a约为0.363nm，c约为0.566nm[200]。索莱尔（Soler）等[201] 发现YGdTbDyHo晶间有少量富Y相存在，且HCP基体中存在弥散分布的氧化物析出相。为避免富Y相对力学测试产生影响，准确表征YGdTbDyHo基体的强度，利用聚焦离子束切出不同直径的微柱试样（2μm、5μm及10μm）进行压缩实验。研究表明，随着微柱试样的直径增大，氧化物析出相体积分数升高，因而使其强度也得到增强。

另一类HCP结构的高熵合金是TiZrHf系高熵合金，主要是三元的TiZrHf系中熵合金。该合金具有一定的强度和塑性。在拉伸条件下屈服强度超过800MPa，抗拉强度约1GPa，塑性接近20%。罗加尔（Rogal）等[202] 也设计出具有HCP结构的TiZrHfSc高熵合金，在室温下，以基面(0001)以及柱面(1010)为滑移面的滑移系均可开动，滑移方向以〈2110〉为主，均匀的变形行为使其屈服强度可达700MPa左右，延伸率亦接近20%。

7.2.4 双相高熵合金的力学行为

随着高熵合金研究的进展，双相固溶体组织的合金也被认为是高熵合金，目前的双相高熵合金主要有FeCoNiCrAl$_x$以及(FeCoNiCrMn)$_{100-x}$Al$_x$系列高熵合金(FCC+BCC、双相BCC)[203-204]、$Fe_{50}Mn_{30}Co_{10}Cr_{10}$高熵合金(BCC+HCP)[205]、ScYLaTiZrHf高熵合金（双相HCP)[206]等。

不同合金元素的添加往往会导致高熵合金的晶体结构、微观组织以及力学性能发生较大的变化[207]。其中，Al元素的添加会使高熵合金原有的单相固溶体组织、结构发生规律性的改变，因此引起了广泛关注。

He等[208]在FeCoNiCrMn高熵合金基体中添加了不同原子比的Al元素（0~20%，原子分数，下同），系统地研究了Al元素的添加对FeCoNiCrMn结构、组织及力学性能的影响。研究发现，随着Al元素增加，(FeCoNiCrMn)$_{100-x}$Al$_x$合金从最初的单一FCC结构（Al＜8%）转变为FCC+BCC双相结构（Al=8%~16%），最终当Al的含量大于16%时，演化为单相BCC结构。组织结构的变化带来的是力学性能的变化。随着FCC逐渐向BCC转变，合金强度上升，但同时塑性降低[209]，而当Al原子分数大于11%时，试样由于过脆已无法进行拉伸实验。当合金保持在FCC单相区时，Al元素的添加带来的是晶格畸变的增大，此时强度的提高由固溶强化所致；BCC结构与FCC结构相比，其强度更高，而塑性较低，因此BCC相的增多使合金更强更脆。当Al原子分数大于11%时，BCC相比例进一步增高，且在BCC相内部析出纳米级脆性相A2相，使合金变得更脆。

相似地，Wang等[210]设计了FeCoNiCrAl$_x$系列高熵合金，在FeCoNiCr基体中添加不同原子比的Al元素，随着Al元素的提高，出现相同的晶体结构及组织转变（FCC→FCC+BCC→BCC+BCC)。与此同时，在梯度温度下的硬度测试表明，室温下BCC组织的硬度明显高于FCC组织，而在高温下，虽然二者皆有所软化，但BCC组织的硬度仍然略高于FCC组织。

7.2.5 共晶高熵合金

传统的FCC或BCC单一固溶体结构的高熵合金往往难以同时兼顾强度与塑性。如前所述，FCC高熵合金塑性好而强度低，而BCC高熵合金强度优异但塑性不足。鉴于此，Lu等[211]设计出具有类似珠光体层状结构的AlCoCrFeNi$_{2.1}$“共晶”高熵合金，同时具有良好的强度与塑性，为高熵合金的设计提供了一种新的思路。

铸态 $AlCoCrFeNi_{2.1}$ 高熵合金具有 FCC 与 BCC 双相结构[212]。FCC（$L1_2$）相富 Co、Cr、Fe 这 3 种元素，而 BCC（B2）相以 Ni、Al 元素为主，二者以片层状结构交替排列，与珠光体中的铁素体与渗碳体类似。除此之外，BCC 相中存在一定量的纳米级富 Cr 析出相。室温下该合金的屈服强度约为 545MPa，抗拉强度约为 1.1GPa，延伸率可达 18%左右，比较好地实现了强度与塑性的兼顾。在材料变形的初始阶段，应变主要集中在相对较软的 FCC 组织中，而较硬的 BCC 组织较少参与变形。随着变形加剧，FCC 组织中增殖的位错开始在两相界面处聚集，造成应力集中。当局部应力超过 BCC 组织的临界应力时，微裂纹形核并快速扩展，最终材料失稳。从其宏观变形来看，材料断裂模式主要为解理断裂。尽管 $AlCoCrFeNi_{2.1}$ 合金的延伸率接近 20%，但未出现明显的颈缩现象。

此外，近年来，$CoCrFeNiNb_{0.45}$ 和 $CoCrFeNiTa_{0.4}$ 等一系列具有相似结构的共晶高熵合金被设计出来，共晶高熵合金的研究及应用前景值得期待。

7.2.6 TRIP 韧塑化高熵合金

高强高韧材料的开发一直是材料研究的热点，然而，大多数传统强化方式在提高强度的同时会造成塑性的降低。具有稳定单一固溶体组织的高熵合金也不能避免这种趋势。针对此挑战，近年来“亚稳工程”的概念也被尝试应用于高熵合金，通过调整高熵合金的成分降低固溶体相的稳定性和堆垛层错能，在变形过程中发生应力诱导相转变，从而提高其宏观塑性变形能力，实现韧塑化的目的。

在传统 FeCoNiCrMn 高熵合金的基础上，Li 等[170] 利用这一“亚稳工程”概念设计相变诱导双相高熵合金。按照调整双相微观结构降低高温相热力学稳定性实现界面强化和降低室温相稳定性实现相变诱导强化的思路设计了 $Fe_{80-x}Mn_xCo_{10}Cr_{10}$(原子分数)高熵合金。通过改变 Mn 含量，冷却过程中产生 FCC 到 HCP 结构的马氏体相变，从而得到双相微观结构和具有较低堆垛层错能的单相合金。实验表明，相比 Mn 含量为 45%的单相 HCP 高熵合金和传统的 FeCoNiCrMn 高熵合金，Mn 含量为 30%的 $Fe_{50}Mn_{30}Co_{10}Cr_{10}$ 双相高熵合金在强度和塑性上均有明显提升，当晶粒尺寸为 4.5μm 时，其强度提升近 100MPa，延伸率提升约 30%。与此同时，双相高熵合金的加工硬化率也有明显的升高。

除此之外，对于缺乏塑性的难熔高熵合金，“亚稳工程”的设计思路亦行之有效。Huang 等[213] 在脆性难熔高熵合金中通过调控相的热力学和机械稳定性，通过形变、相变的动态协同耦合，在保持高强度的同时，实现了塑性的大幅增加，获得了高韧塑性的难熔高熵合金。

7.3 高熵合金的强韧化

7.3.1 细晶强化

在材料变形过程中，晶界能有效地阻碍位错运动，从而提高材料的屈服强度。材料的屈服强度与晶粒尺寸之间具有霍尔-佩奇关系，即屈服强度随着晶粒尺寸的减小而提高。在传统金属材料中已经证实，通过细化晶粒，可以达到非常高的强化效果，甚至可以同时提高强度和塑性。细晶强化在高熵合金中同样可以起到显著的强韧化效果，同时由于高熵合金独特的化学和结构特征，细晶强化也具有其独特的特征。

Liu 等[214] 系统研究了 FCC 结构 FeCrNiCoMn 高熵合金中的晶粒长大过程，用霍尔-佩奇关系计算出其霍尔-佩奇系数为 $677\mathrm{MPa}/\mu\mathrm{m}^{1/2}$。根据 Wu 等[215] 的统计，传统 FCC 合金的霍尔-佩奇系数一般不超过 $600\mathrm{MPa}/\mu\mathrm{m}^{1/2}$。由此可见，与传统材料相比，高熵合金具有严重的晶格畸变，使得位错运动时需要克服更大的晶格阻力，从而导致高熵合金具有更好的细晶强化效应。

奥托(Otto)等[216] 研究了不同晶粒尺寸 FeCrNiCoMn 在不同温度下的力学性能，发现在同等温度下，晶粒尺寸为 4.4μm 样品的力学表现总是优于更大晶粒的样品。随着温度降低，细化晶粒带来的强化效果更加明显。Sun 等[217] 进一步细化了 FeCrNiCoMn 的晶粒，当晶粒尺寸降至 500nm 左右时，材料的屈服强度接近 900MPa，抗拉强度达到 1250MPa 左右，但塑性变形能力有较大减弱。Juan 等[218] 通过控制退火温度和时间从而细化晶粒，在 BCC 结构难熔高熵合金 TaNbHfZrTi 中实现了强度和塑性的同时提高。

上述结果表明，在高熵合金中合理控制晶粒尺寸是十分有效的强韧化手段。大量研究都采用控制材料的退火温度和时间从而调控晶粒尺寸。索尔（Seol）等[219] 独辟蹊径，通过在 FeCoNiCrMn 和 $Fe_{40}Mn_{40}Cr_{10}Co_{10}$ 中添加微量 B 元素，有效地修饰了其晶界结构并减小晶粒尺寸，在保持材料优异塑性的情况下使材料的屈服强度提高了超过 100%，拉伸强度也提高了 40%左右。一方面，B 元素倾向于在多晶材料的界面（晶界与相界等）处偏析，增加了晶界的凝聚力，降低了界面能和晶界在受力情况下灾难性失效的概率；另一方面，B元素在晶界处的修饰能有效增强晶界拖曳效应并降低再结晶过程中吉布斯-汤姆斯(Gibbs-Thomson)力，与未添加B的高熵合金相比，显著细化了晶粒，同时提升了材料的塑性和强度。利用机械合金化制得高熵合金粉末，经压制烧结也可制得晶粒十分细小（达纳米级）的块体高熵合金，但在球磨和烧结过程中极易引入杂质或气孔，在此不做赘述。

7.3.2 固溶强化

固溶强化的原理是将不同于基体材料的金属或非金属原子融入基体材料点阵间隙或结点上，使基体的局部点阵发生变化产生晶格畸变，从而产生应力场，增大位错的阻力，阻碍其运动，进而使基体金属的变形抗力随之提高[220]。与传统金属相同，高熵合金的固溶强化有置换固溶强化和间隙固溶强化两种途径。

为了提高高熵合金的综合力学性能，在保证合金晶体结构不变的前提下，研究人员尝试了添加不同金属元素对高熵合金进行置换固溶强化，能够起到一定程度的强化效果。如前所述，He等[221] 在典型高熵合金FeCoNiCrMn中加入了不同含量的Al元素，当Al含量小于8%(原子分数)时，合金形成单相固溶体，随着Al含量的增加，合金硬度几乎没有变化，合金抗拉强度有略微提升，但塑性降低了10%左右。斯特潘诺夫(Stepanov)等[222] 在FeCoNiCrMn中添加少量V元素，发现与初始合金相比，$FeCoNiCrMnV_{0.5}$ 的强度和塑性并没有明显的变化。Liu等[223] 调控FeCoNiCrMn中的Mn含量，发现随着Mn含量的改变，$(FeCoNiCr)_{100-x}Mn_x$ 在保持单相FCC结构及层错能没有明显变化的情况下，其拉伸强度和塑性相差不大。传统合金中的固溶强化大多是针对稀固溶体的，在稀固溶体中位错穿过溶剂晶格与离散的溶质原子交互作用。而在高熵合金中没有传统的溶质与溶剂之分，即没有溶剂晶格，它类似于一种具有固定原子比例的无序定比化合物[224]。因此，现有实验结果表明，置换固溶强化对高熵合金的强化效果十分有限。

间隙固溶强化是指在基体中添加与基体原子半径差大于41%的元素，使其进入基体晶格间隙中从而达到强化效果。常见的间隙固溶强化元素有H、C、B、N、O五种。由于间隙原子尺寸较小，在高熵合金中可以产生较大的晶格畸变，对高熵合金的强化效果显著大于置换固溶强化。Wang等[225] 在 $Fe_{40.4}Ni_{11.3}Mn_{34.8}Al_{7.5}Cr_6$ 高熵合金中添加了不同含量的C对合金进行间隙固溶强化，随着C含量的增加，合金的强度显著提高，并且塑性也随之提升。C 的加入降低了合金的层错能，提高了晶格摩擦力，使位错滑移方式从波浪滑移转变为平面滑移，并且 C 的加入细化了合金中的位错结构，形成泰勒(Taylor)点阵，显微变形带与晶界的交互作用松弛了塑性应变集中，使合金呈现较高的强度及塑性。斯特潘诺夫(Stepanov)等[226]在 FeCoNiCrMn 中加入 0.1%（原子分数）的 C 元素，在提高基体合金间隙固溶强化的同时降低了孪晶动力学，提高了位错的活跃性，促进了位错交滑移，与相同处理条件的 FeCoNiCrMn 相比，强度显著提升，并且保留了较高的塑性。Xie 等[227] 利用真空热压烧结法在 FeCoNiCrMn 中加入 0.1%（原子分数）的 N 元素，屈服强度提高了 200MPa，并且塑性仅降低了 3.4%，小原子半径的 N 元素很容易溶入固溶体晶格中，明显增加了晶格畸变能，促进了固溶强化。Chen 等[228] 将少量 O 元素加入 $ZrTiHfNb_{0.5}Ta_{0.5}$ 中，提高了难熔高熵合金的高温与室温强度。因此，相比置换固溶强化，间隙固溶强化为高熵合金提供了一条更有效的强化途径。并且相对置换固溶元素，小原子元素具有廉价的优势，因此间隙固溶强化受到了越来越多的高熵合金科研工作者的关注。

7.3.3 共晶组织强韧化

高熵合金具有优异的综合性能，但是常见的单相固溶体高熵合金很难实现强度和韧性的平衡。如前所述，单相 FCC 高熵合金具有良好的塑性，但其强度一般较低，比如最典型的 FCC 高熵合金 FeCoNiCrMn 断裂延伸率可达 50%，而屈服强度只有约 410MPa[229]；单相 BCC 高熵合金具有较高的强度，但其塑性较低，比如 TaHfZrTi 具有 1.5GPa 的高拉伸强度，但其塑性只有大约 4%[230]。另外，由于包含多种高浓度的元素，高熵合金具有较差的流动性和可铸性，从而带来较大的成分偏析，严重限制了其在工业上的应用。为了解决这些问题，Lu 等[231] 提出了“共晶”高熵的合金设计理念，为简化高熵合金的工业化生产带来机遇。

Lu 等[232] 设计出高强度 BCC 相和高韧性 FCC 相相结合的 $AlCoCrFeNi_{2.1}$“共晶”高熵合金，并成功制备出具有工业尺寸的 $AlCoCrFeNi_{2.1}$ 共晶高熵合金铸锭。与其他块体高熵合金不同，其铸造性能优异，铸锭中含有较少的铸造缺陷；另外，该共晶高熵合金具有细小薄片状 FCC/B2 的微观组织结构，合金呈现良好的强度和塑性结合，其良好的力学性能可以维持到 700℃。这种新的设计思路有望提高高熵合金较差的铸造性能，解决宏观成分偏析等技术问题。Gao 等[233] 详细研究了 $AlCoCrFeNi_{2.1}$ 共晶高熵合金的微观组织结构，发现其优异的综合力学性能归因于FCC相和B2相的协同变形作用，FCC（$L1_2$）相通过位错平面滑移和层错变形充当软性相，而B2相通过纳米析出强化充当强化相。在$AlCoCrFeNi_{2.1}$共晶高熵合金中，FCC相具有较低的层错能，与B2相之间的相界面为半共格结构，这种界面可以承受较高的应力；B2相中分布着直径为20nm左右的富Cr纳米析出相，这些析出相通过Orowan机制阻止位错滑移进而提高B2相的强度。Jiang等[234]研究了由FCC固溶相和Fe_2Nb型Laves相组成的$CoFeNi_2V_{0.5}Nb_{0.75}$共晶高熵合金经过不同温度退火后的组织与性能变化发现；当退火温度高于600℃时，合金中产生$NbNi_4$型金属间化合物，随着退火温度的升高，该金属间化合物的体积分数增加而共晶区域随之减少；当退火温度为800℃时，在Fe_2Nb型Laves相中尤其是在共晶胞界处产生纤维状组织结构，使得共晶组织中两相连接更为紧密，因此呈现优异的压缩性能。He等[235]利用二元相图设计了共晶高熵合金$CoCrFeNiNb_x$，大原子尺寸Nb元素的添加引起剧烈的晶格畸变，进一步增强了FCC基体的强度，随着Nb含量的增加，合金的硬度也随之升高，其中$CoCrFeNiNb_{0.25}$具有“亚共晶”组织结构，压缩强度高达2GPa，并且具有接近40%的压缩塑性，具有良好的强韧平衡性。

7.3.4 TWIP效应强韧化

开发同时具备高强度和高塑性的金属材料一直以来都是一个挑战，很多强化方式，如析出强化和固溶强化在提高材料强度的同时往往会牺牲一部分塑性。在传统金属材料中，孪晶诱导塑性变形（TWIP）和TRIP则较好地克服了这一问题。TWIP效应是指材料在外力作用下变形时诱发产生形变孪晶，导致材料在保持较高强度的同时，仍能保持很高的延伸率。TWIP效应受材料的层错能影响，当层错能较低时，变形过程中合金的扩展位错的宽度较大，滑移过程中很难束集，因此阻碍了位错交滑移，在这种情况下，合金中诱发第二变形机制，即孪晶变形。因此，降低合金的层错能可以促使合金变形方式由位错滑移变形转变为孪晶变形，进而提高合金的力学性能。因此，近年来科研工作者不断设计开发新型高熵合金，试图将TWIP效应引入高熵合金中，以此提高其强度及塑性。

典型FCC系高熵合金FeCoNiCrMn室温变形过程中的低强度严重影响了其工业应用，但其在低温变形时会诱发TWIP效应，生成大量的纳米孪晶，产生动态霍尔-佩奇效应并阻碍位错滑移，因此呈现优异的断裂韧性[236]。Huang等[237]利用第一性原理从成分、磁性和应力3个方面综合分析了FeCoNiCrMn层错能随温度的变化，发现随着温度的降低，其层错能也随之降低，在室温下其层错能约为

$21mJ/m^2$，0K 时其层错能低至 $3.4mJ/m^2$，显著低于室温时的层错能；另外，随着温度的降低，其变形机制由位错滑移转变为 TWIP 与位错滑移协同变形，温度低至一定程度时更有可能发生 TRIP 效应。Deng 等[238] 去除了 FeCoNiCrMn 中具有高层错能的元素 Ni，并且降低了 Co 和 Cr 的含量，以避免富 Cr 金属间化合物的生成，设计出具有低层错能四元高熵合金 $Fe_{40}Mn_{40}Co_{10}Cr_{10}$，该合金在室温变形过程中在〈112〉//TD 和〈111〉//TD（TD 为拉伸方向）取向附近晶粒产生大量纳米孪晶，因此合金呈现出良好的力学性能。

格鲁瓦特兹(Gludovatz)等[239] 报道了具有优异力学性能的中熵合金 NiCoCr，该合金在室温下抗拉强度可达将近 1GPa，断裂延伸率约为 70%，断裂韧性高达 $275MPa \cdot m^{1/2}$，各项性能均明显优于五元高熵合金 FeCoNiCrMn，这是因为 NiCoCr 变形方式以孪晶变形为主导，在变形过程中为合金提供了稳定的加工硬化率，因此克服了高强度与高韧性的竞争关系，推迟了颈缩，提高了合金的塑性，为合金提供了除位错塑性变形之外的变形模式来适应外加应力。拉普朗什(Laplanche)等[240] 通过透射电镜测量扩展位错宽度的方法，发现 NiCoCr 的层错能为 $(22\pm4)mJ/m^2$，比通过相同方法得到的 FeCoNiCrMn 的层错能[241] $(30\pm5)mJ/m^2$ 低将近 25%，其相对较宽的扩展位错在塑性变形初期会阻碍位错交滑移并促进平面滑移。另外，NiCoCr 的孪晶临界剪切应力与 FeCoNiCrMn 接近，但其较高的屈服强度及加工硬化率使 NiCoCr 在较低应变水平下即可达到此应力状态，因此孪晶可以在较大的应变区域内通过动态霍尔-佩奇效应为合金提供稳定的加工硬化，进而获得优异的综合力学性能。

7.3.5 TRIP 效应强韧化

在传统材料譬如钢铁材料和钛合金中，TRIP 效应已被证明可以显著提高材料的韧塑性[242]。Wu 等[243] 在非晶合金中引入 TRIP 效应，大幅度提高了非晶合金的韧塑性，获得了具有大的拉伸塑性和加工硬化能力的非晶复合材料。TRIP 效应也被尝试用于设计具有优异综合力学性能的高熵合金。在 FCC 高熵合金体系中，随着层错能的降低，合金的塑性变形机制由位错滑移转变为孪晶变形，层错能继续降低则转变为马氏体相变变形。马氏体板条与孪晶相同，可以充当平面障碍减少位错滑移的平均自由通道，位错堆积在这些平面缺陷与基体的界面处会产生显著的背应力[244]，进而阻碍其他位错的滑移，促进加工硬化率。

Li 等[245] 设计了具有优异综合力学性能的 TRIP 双相高熵合金，在 $Fe_{80-x}Mn_xCo_{10}Cr_{10}$($x=45, 40, 35, 30$)高熵合金中，随着 x 的降低，FCC 相稳

定性逐渐降低，合金变形机制由位错主导塑性转变为孪晶诱导塑性再到相变诱导塑性变形，当 $x=30$ 时，实现双相 TRIP 高熵合金 $Fe_{50}Mn_{30}Co_{10}Cr_{10}$；变形前 FCC 组织中存在大量由于 1/6 〈112〉肖克莱不全位错滑移所形成的层错，这些层错在后续加载过程中成为 ε 马氏体相的形核位点，而在变形过程中由于相变产生的高密度相界阻碍了位错滑移，因此促进了合金的加工硬化，推迟了颈缩。基于这种思路，Li 等[246]发现通过 Ab initio 计算模拟不同 x 时 $Co_{20}Cr_{20}Fe_{40-x}Mn_{20}Ni_x$（$x=0\sim20$）高熵合金体系中 HCP 和 FCC 的相稳定性，可建立有效设计具有 TRIP 效应的双相高性能高熵合金准则，根据模拟结果筛选出的 $Co_{20}Cr_{20}Fe_{34}Mn_{20}Ni_6$ 合金表现出了优异的拉伸强度和加工硬化能力。

已开发的 FCC 结构高熵合金通常具有优异的塑性，TRIP 效应更提高了其综合强度和加工硬化能力。BCC 结构高熵合金通常表现出极高的强度和硬度，但塑性和加工硬化能力较差，这严重限制了其实际应用前景，因此利用 TRIP 效应提升 BCC 高熵合金的塑性更具有实际意义。Huang 等[247]以脆性 BCC 高熵合金 TaHfZrTi 为模型材料，通过亚稳工程降低高温相热稳定性并降低室温相机械稳定性，在该合金中减少 Ta 的含量，降低了 BCC 相的稳定性，得到 BCC 和 HCP 的双相组织，受到外力时 BCC 相发生马氏体相变转变成 HCP 相。如图 7.1(a)所示，降低 Ta 含量，虽然合金的强度有所下降，但 TRIP 效应的引入使材料的塑性大幅度增大，同时产生了大的加工硬化效应。与其他先进材料在强度-塑性图上对比［图 7.1(b)］，TRIP 效应使 BCC 高熵合金在保持较高强度的同时大幅度提高了塑性。

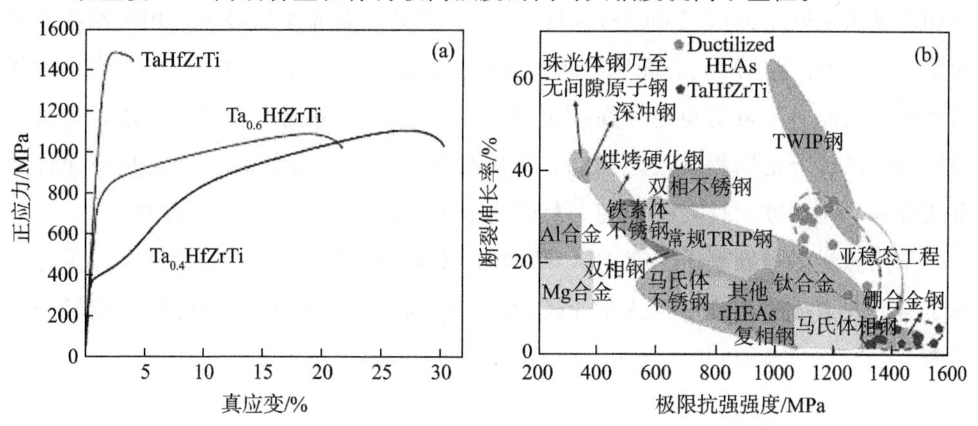

图 7.1　不同 Ta 含量高熵合金的拉伸真应力－真应变曲线以及韧塑化高熵合金与其他合金材料的强度－塑性对比

第 8 章　激光熔敷 $FeCoNiCrAl_2Si$ 对 H13 热轧辊的再制造

激光熔敷是利用高能激光束在金属基体上熔化被熔覆材料而形成一层厚度很小的金属熔覆层，该熔覆层具有低的稀释率、较少的气孔和裂纹缺陷，以及与基体形成优异的冶金结合，因此其硬度高，具备良好的耐磨、耐蚀性且质量稳定，已经成为装备表面制造与再制造的关键技术之一。由于激光熔覆过程中可以实现粉末材料的冶金化，且熔覆粉末具有合金成分容易调节的优点，因此激光熔覆技术具有制备高熵合金涂层的优势条件，而截至目前，尚未见采用激光熔覆技术制备高熵合金涂层的研究报道，在涂层成形机理与性能等方面有大量工作需要深入开展。

激光熔覆具有快速加热和快速凝固（10^4～10^6℃/s）特点，所能制备的涂层厚度可达毫米以上[248]，已有激光熔覆技术在制备耐高温涂层方面主要集中于开发钴基和镍基高温合金材料，但是 Co 和 Ni 都为价格较高的金属，且制备获得的钴基和镍基涂层硬度偏低（500～700HV）[249]。此外，激光熔覆技术还用于制备非晶涂层[250]，但非晶涂层成分配比要求极为严格，而激光作用下的熔池中会产生熔体的对流，因此，不可避免地存在一定程度的成分不均匀现象，与之相比，高熵合金可选择的成分范围更宽泛。因此，采用激光熔覆制备高熵合金涂层具有允许局部成分在一定程度上存在不均匀、凝固速率快和涂层厚度厚等显著优势。

采用激光熔覆制备了具有 BCC 结构的 $FeCoNiCrAl_2Si$ 高熵合金涂层，重点讨论了激光快速凝固和高温退火对 $FeCoNiCrAl_2Si$ 涂层相结构、组织和性能转变的影响。

8.1　实验方法

激光熔覆设备为 TJ-HL-T500 横流式 CO_2 激光成套加工机床，实验所用熔覆基体材料为 H13 钢，熔覆涂层材料为按 $FeCoNiCrAl_2Si$ 配比要求采用纯度高于

99%的Fe、Co、Ni、Cr和Al粉及硅铁粉末混合而成。考虑到Si在高温熔池中易氧化，且与其他金属元素之间存在较大的热物理性能差异和明显不同的密度，为了避免Si在熔池凝固过程中氧化烧损和形成宏观偏析，造成涂层的分层，采用Si含量为77%（质量分数）的硅铁作为Si的来源，将混合粉末研磨均匀后涂覆在基材表面，厚度为1.5～1.8mm，熔覆过程用Ar作保护气体，熔覆参数为：激光功率2.0kW，扫描速率40mm/min，光斑直径4.5mm，将熔覆后的涂层在Ar保护下分别于600℃、800℃和1000℃退火5h。

采用JSM-6490扫描电镜(SEM)和HKL Chal-nels电子背散射衍射(EBSD)系统对试样截面(取样方向垂直于激光扫描方向)进行观察，用SEM所附带的能谱仪(EDS)进行微区成分分析。将抛光后的试样继续在纳米硅溶胶抛光剂下抛光1～2h，以去除试样表面的应力层，获得EBSD观察用试样。采用D/max－rB型X射线衍射仪对涂层相结构进行分析，采用NETZSCHSTA449C示差扫描量热仪（DSC）对涂层进行分析，在高纯Ar的保护下，以5℃/min的速率升温至1500℃。用HV1000显微硬度计测量涂层硬度，测量在横截面上进行，依次从基体向涂层表层等间距测量，由于激光熔覆后的涂层厚度约为1.2mm，因此，每测量点间隔约为0.2mm，载荷为4.9N，保载30s。

8.2 实验结果与分析

8.2.1 相结构与高温热稳定性能

图8.1是熔覆态和经600～1000℃退火的$FeCoNiCrAl_2Si$高熵合金涂层的XRD图谱。可见，熔覆态和退火处理后的涂层的3个衍射峰2θ分别为44.5°、65.0°和82.0°，与BCC结构的α-Fe衍射峰相似，而在2θ为31°的位置出现的衍射峰表明，固溶体是有序BCC固溶体，是由于高熵合金中原子尺寸固溶体原子差异较大的固溶元素占据了固溶体点阵的固定位置形成的，经600～1000℃高温退火后的XRD图谱中未见新相析出表明，涂层凝固后获得的多主元BCC结构有序固溶体具有良好的高温稳定性，固溶体的形成吉布斯自由能ΔG_{mix}可按式（8.1）计算：

$$\Delta G_{mix} = \Delta H_{mix} - T\Delta S_{mix} \tag{8.1}$$

式中，ΔH_{mix}是混合焓；ΔS_{mix}是混合熵；T是温度。由式（8.1）可以看出，高熵合金较高的混合熵使固溶体的形成ΔG_{mix}降低，从而有利于涂层中的固溶体优先形核，一般认为随着温度的升高，过饱和固溶体的 ΔH_{mix} 增加会引起固溶体热稳定性下降，从而析出第二相粒子和发生相变，但由于高熵合金具有较大的 ΔS_{mix}，因此，高熵合金涂层中固溶体相结构具有较高的热力学稳定性［式（8.1）］。

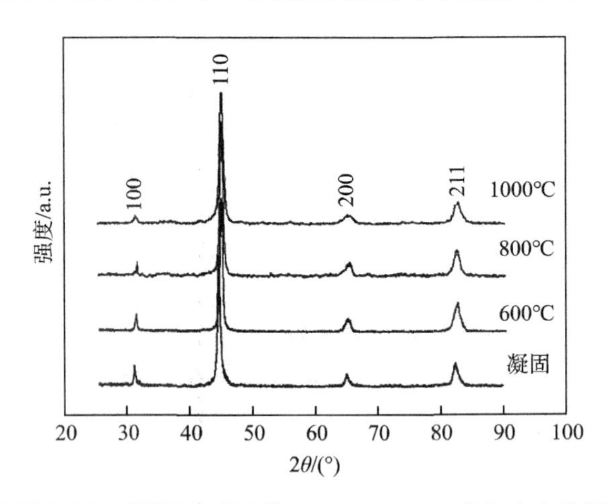

图 8.1　熔覆态和经不同温度退火的 $FeCoNiCrAl_2Si$ 高熵合金涂层 XRD 图谱

图 8.2 示出了熔覆态 $FeCoNiCrAl_2Si$ 高熵合金涂层的 DSC 曲线，可以看出，DSC 曲线在 700℃以下基本能保持水平，超过 700℃转变为连续的吸热过程，且随着温度的升高吸热有所加强，在 1200℃左右出现吸热峰，表明合金发生相变。虽然激光熔覆 $FeCoNiCrAl_2Si$ 高熵合金涂层与其他高熵合金一样，都具有良好的热稳定性，但快速凝固后固溶体中固溶原子的较大过饱和度导致其随着温度的升高不可避免发生扩散，而高熵合金固有的原子扩散缓慢的特性使原子扩散需要较大的激活能，因此涂层在 700℃以上高温区出现了连续并逐渐加快的吸热过程。

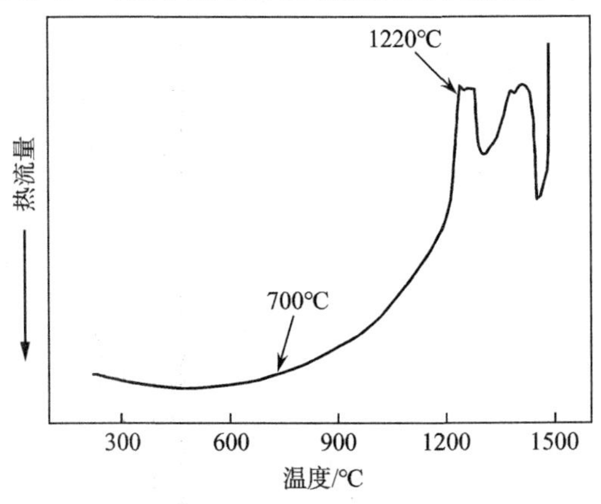

图 8.2　熔覆态 $FeCoNiCrAl_2Si$ 高熵合金涂层的 DSC 曲线

8.2.2 组织观察和成分分析

图 8.3 示出了熔覆态和经不同温度退火的 $FeCoNiCrAl_2Si$ 高熵合金涂层横截面的 SEM 像，熔覆态涂层具有典型的树枝晶特征［图 8.3（a）］；在 600℃退火后转变为较规则的多边形枝晶，如图 8.3(b)中圆圈所示；在 1000℃退火后枝晶间组织逐渐出现断续的生长形态。对不同状态 $FeCoNiCrAl_2Si$ 高熵合金涂层中的枝晶和枝晶间区域进行 EDS 分析，结果见表 8.1。由表 8.1 可以看出，涂层中存在一定程度的成分偏析，其中，Fe、Cr 和 Si 在枝晶间富集，而 Ni、Co 和 Al 在枝晶中富集。在退火过程中，Al 和 Si 的偏析程度随退火温度升高而加剧，而其余元素分布状况变化不大，可以推断，元素偏析程度的变化（即原子扩散）引起了枝晶和枝晶间组织形貌的变化。

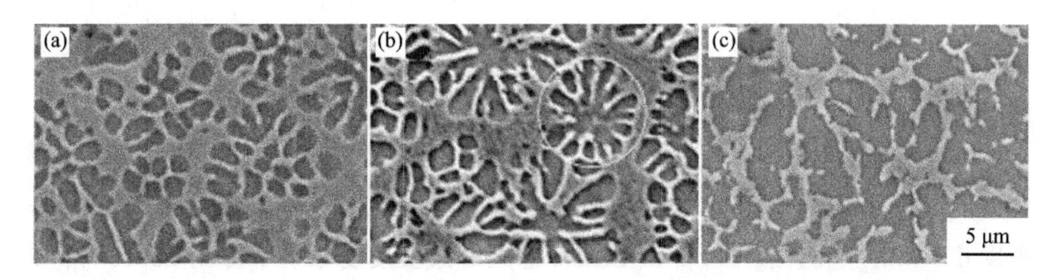

图 8.3 熔覆态和经 600℃和 1000℃退火的 $FeCoNiCrAl_2Si$ 高熵合金涂层横截面 SEM 像

表 8.1 熔覆态和经不同温度退火的 $FeCoNiCrAl_2Si$ 高熵合金涂层枝晶和枝晶间成分的 EDS 结果

样品	区域	Fe	Ni	Co	Cr	Al	Si
金属包裹	树枝状的	12.4	16.2	16.2	10.4	34.5	10.3
	枝晶间的	15.7	13.2	13.1	17.5	21.3	19.2
在 600℃退火	树枝状的	11.5	16.5	15.9	10.2	38.5	7.4
	枝晶间的	15.9	13.1	13.2	17.4	17.2	23.2
在 1000℃退火	树枝状的	10.3	17.2	15.8	8.9	42.2	5.6
	枝晶间的	16.6	12.9	13.1	18.2	13.3	25.9

图 8.4 示出了熔覆态和经 600℃退火的 $FeCoNiCrAl_2Si$ 高熵合金涂层截面的 EBSD 像（图中标记的黑色晶界为大于 5°的晶界）。可见，以大于 5°的晶界区分晶粒时，熔覆态涂层由大多数超过 50μm 的大晶粒组成［图 8.4(a)］；600℃退火后，组织则转变为尺寸小于 10μm 的细小等轴晶［图 8.4(b)］，这是由于退火过程中，

大量原来小于 3°的晶界转变成了大于 5°的晶界，因此，从 EBSD 像判断，晶粒被细化了。

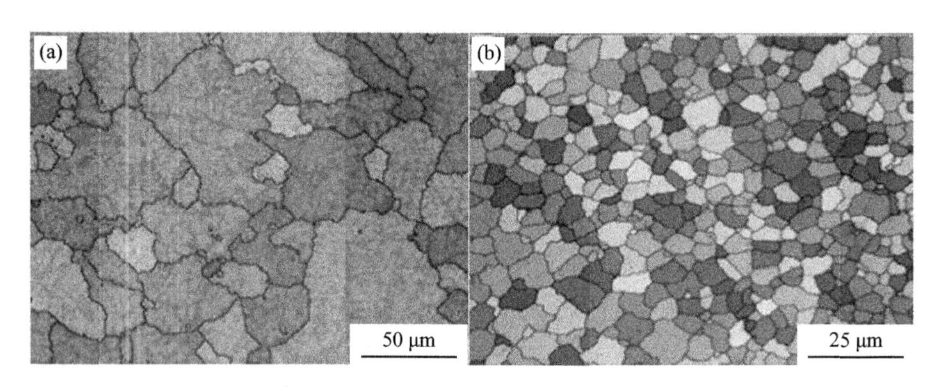

图 8.4　熔覆态和经 600℃退火的 $FeCoNiCrAl_2Si$ 高熵合金涂层截面的 EBSD 像

8.2.3　涂层的硬度

图 8.5 示出了熔覆态和经不同温度退火的 $FeCoNiCrAl_2Si$ 高熵合金涂层截面硬度分布曲线，在熔覆态涂层的平均硬度达到约 $90HV_{0.5}$；在 600℃退火处理后，硬度几乎没有变化，在 800℃和 1000℃退火后涂层硬度分别下降到 $830HV_{0.5}$ 和 $790HV_{0.5}$；仅下降约 8%和 12%，说明激光熔覆 $FeCoNiCrAl_2Si$ 高熵合金涂层具有良好的抗高温软化性能。Tong 等[184] 采用真空电弧炉制备了 BCC 结构的 $FeCoNiCrAl_xCu$ 高熵合金，发现 x 从 0 变化到 3，高熵合金的硬度从 133HV 增加到了 655HV，并认为是具有大原子尺寸的 Al 增加了固溶体的晶格畸变所致。

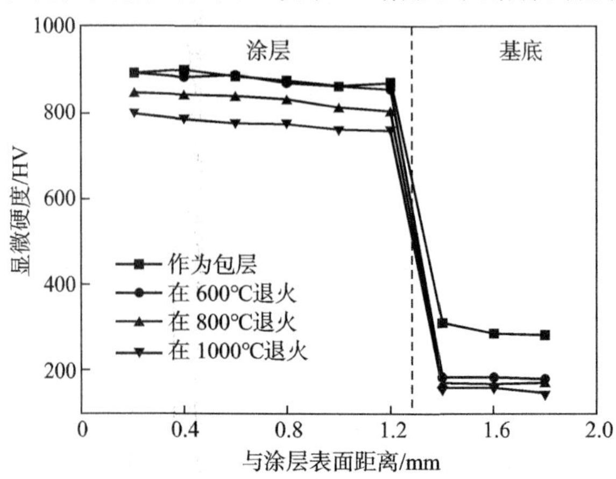

图 8.5　熔覆态和经不同温度退火的 $FeCoNiCrAl_2Si$ 高熵合金涂层硬度分布

8.3 再制造后涂层性能分析

8.3.1 快速凝固对高熵合金涂层成分偏析和固溶体形核能力的影响

研究发现，采用真空电弧炉熔炼制备的高熵合金即使能够获得简单固溶体结构，但合金中往往存在较严重的成分偏析，造成成分过冷而形成典型的树枝晶组织。一般认为非平衡快速凝固是抑制多元合金成分偏析的有效办法，当凝固界面前沿的凝固速率超过溶质原子在固/液界面的扩散速率时可极大减轻成分偏析，提高固溶体的固溶度。前期工作采用激光熔覆方法获得了几乎无偏析的柱状晶和等轴晶组织的 FeCoNiCrCu 高熵合金涂层。但项目所制备的 FeCoNiCrAl$_2$Si 涂层树枝晶组织中仍然存在明显的成分偏析，这主要是由于 Si 和 Al 与其他合金元素之间的原子半径差异较大，且具有较高的电负性，导致它们在凝固和退火过程中相对其他元素更容易发生偏聚，不同合金元素之间的混合焓见表 8.2。

表 8.2　不同合金元素的原子半径和化学混合焓　　单位：kJ/mol

元素（原子半径，nm）	Fe	Co	Ni	Cr	Al	Si
Fe（0.124）	—	−1	−2	−1	−11	−18
Co（0.125）		—	0	−7	−19	−21
Ni（0.124）			—	−7	−22	−23
Cr（0.121）				—	−10	−20
Al（0.143）					—	−2
Si（0.117）						—

此外，尽管高熵合金具有的高熵效应有利于凝固后形成简单固溶体，但研究发现，采用真空电弧炉熔炼方法制备的高熵合金中总会存在少量金属间化合物，特别是当合金中含有原子半径与金属元素差异较大的 Si 和 C 等非金属元素时。而本书的激光熔覆 FeCoNiCrAl$_2$Si 涂层中尽管 Si 和 Al 存在明显的偏析，但并没有导致金属间化合物的大量析出。因此，可以认为高熵合金涂层凝固过程中固溶体和金属间化合物形核和生长的竞争不仅与热力学相关，而且与凝固动力学条件密切相关。由于高熵合金较慢的原子扩散速率，如果凝固速率大于原子在金属间化合物超晶格中的扩散速率，则金属间化合物的生长速率将受到扩散速率的限制，

有利于固溶体的生成。其次，根据多元合金凝固过程中经典的稳态形核理论，形核速率与频率因子 υ 和有效扩散系数 D 相关，其中 υ 可由 Stokes-Einstein 方程表示：

$$\upsilon = \frac{kT}{3\pi a_0 \eta} \tag{8.2}$$

式中，k 为比例常数；a_0 为平均原子间距；η 为熔体黏度。由于不同原子半径组成的多组元高熵合金具有高的熔体黏度，υ 的降低会降低金属间化合物的形核速率。特别是随着合金中主要组成元素种类的增多，高熵合金固有的缓慢扩散效应引起 D 值下降，使二元金属间化合物原子难以从多组元合金元素中脱离，跳跃在一起成键并作为金属间化合物析出。因此，在高熵合金中的固溶体和金属间化合物竞争形核过程中，快速凝固动力学效应已经不再是一个可以忽略的因素。冷却速率和合金主要元素含量增加越快，越有利于高熵合金中简单固溶体在与金属间化合物竞争形核过程中占优势。

8.3.2 高熵合金涂层组织中小角度晶界的形成与转变

通过 EBSD 观察发现，$FeCoNiCrAl_2Si$ 涂层凝固后，枝晶和枝晶间组织界面存在大量的小角度晶界，这主要是由于高熵合金过饱和固溶体具有较高的晶格畸变和内应力，快速凝固后由于凝固前沿界面的收缩，高密度位错和空位等缺陷极易在高熵合金涂层中形成。又由于涂层存在局部 Si 和 Al 成分偏析，导致树枝晶和枝晶间组织两区域内固溶体相结构膨胀系数和生长应力略有差别，从而使两区域在界面处的内应力相对较大，因此，具有小角度晶界特征的位错和晶格缺陷在界面区域分布更为密集。高温退火后，溶质原子的扩散造成枝晶和枝晶间组织界面的小角度晶界转变为大角度晶界，从 EBSD 取向成像观察结果看，涂层组织出现显著的细化。

综上所述，本研究最终形成如下结论。

(1) 采用激光熔覆技术制备了具有简单 BCC 固溶体结构的 $FeCoNiCrAl_2Si$ 高熵合金涂层，激光快速凝固有利于抑制多组元高熵合金涂层中金属间化合物的析出，促进固溶体相结构的形核。

(2) 激光熔覆 $FeCoNiCrAl_2Si$ 高熵合金涂层平均硬度达到约 $900HV_{0.5}$，同时具有良好的相结构和硬度高温稳定性能，在 600℃退火 5h 后硬度基本未发生变化，1000℃退火 5h 后硬度仅下降约 12%。

（3）涂层凝固组织含较多小角度晶界，600℃退火使小角度晶界转变为大角度晶界，EBSD取向观察显示组织出现细化。

综上所述，高熵非晶合金是在传统非晶合金的基础上制备得到的，从其内部原子排列，即长程无序、短程有序的结构特征来看，高熵非晶合金似乎与传统非晶合金并无差异，但是其等原子比或近等原子比的化学成分特征使高熵非晶合金具有一些独特的性能。高熵非晶合金与传统非晶合金相比，具有更高的热稳定性，即由于其内部结构原子分布的混乱度更高，原子扩散更加困难，从而导致其在加热过程中具有较高的热稳定性。如果从能量势能图谱方面去理解，是否表明高熵非晶合金处于势能图谱中能量较低的位置，那么具有高混乱度的高熵非晶合金的原子堆垛结构和传统非晶合金相比又有何不同？

高熵非晶合金在加热过程中的过冷液相区较大的黏度值，表明高混合熵使体系原子扩散缓慢，原子较难发生长程扩散和重排，从而导致高熵非晶合金的高热稳定性。具有高黏度特征的高熵非晶合金的玻璃转变过程是如何进行的？其在玻璃转变过程中的热力学特征是否和传统非晶合金相类似，如体积V、热膨胀系数α、比热容c_p等。

高熵非晶合金的原子堆垛结构、固溶体结构及金属间化合物三者的关联与竞争关系如何？比如ZrTiHf-CuNiFe和$Al_{0.5}TiZrPdCuNi$在快冷时可以形成非晶结构，而冷却速率较慢时形成单相固溶体结构；而$Al_{0.5}TiZrHfCuNi$在快冷时可以形成非晶结构，而冷却速率较慢时却形成了复杂的金属间化合物相。高熵非晶合金中这种复杂的相竞争关系仍然需要进一步的实验和计算方面的深入研究。

自非晶合金被开发制备以来，目前超过80种具有一种或者两种主要元素的传统非晶合金体系，总共约有2000种非晶合金成分被制备得到。而高熵非晶合金成分总共只有40多种，因此，仍存在大量的高熵非晶合金成分有待开发和制备。材料基因组是材料研发的一种新理念，其目的是提高材料探索效率，缩短材料从研发到最终应用的时间。通过高通量制备和结构表征及性能筛选有望加快新型非晶合金材料的探索。因此大量的高熵非晶合金成分及结构表征和性能开发有望通过高通量的方法得到。

由于高熵非晶合金在生物医用材料方面已经表现出优于传统非晶合金的某些性能，如$Ca_{20}Mg_{20}Sr_{20}Yb_{20}Zn_{20}$高熵非晶合金具有适合人体骨骼的力学性能，并且其具有较好的抗腐蚀性能，在刺激造骨细胞繁殖和生长方面也优于传统Mg基非晶合金。此外，高熵非晶合金表现出具有高的热稳定性，纳米晶粒析出后极不容易长大，因此可以通过部分晶化制备得到大块纳米结构的高熵非晶合金。也可以利用高熵非晶合金的高强度/高热稳定性的特征使其在涂层材料方面得到潜在应用。

在磁制冷方面，$Gd_{20}Tb_{20}Dy_{20}Al_{20}M_{20}$（M＝Fe,Co,Ni）高熵非晶合金相比传统稀土基非晶合金显现出了更优异的性能。由于高熵非晶合金本身具备的自旋玻璃行为以及其高混合熵的复杂成分特征，其与传统非晶合金相比表现出较大的磁熵变（ΔS_M）和较宽的磁熵变峰，从而拥有好的磁制冷性能。因此，研究者可继续尝试拓展高熵非晶合金在工程应用方面，如在生物医学和磁热效应等功能领域方面的应用。

有关 HECs 的研究较晚，各种制备工艺目前尚不成熟，而且有很多基于其某些特殊性能的应用尚未被开发，这些制约着 HECs 的应用。目前 HECs 的应用研究主要存在以下几个问题。

（1）生产成本高，现阶段主要用在一些小型昂贵器件上。降低生产成本，不断开发满足用户需求的 HECs，以及建立相关标准是非常迫切的。

（2）生产工艺及成分设计不成熟，合金成分的设计仍主要采用类似调制鸡尾酒的方式。由于高熵效应机理比较复杂，HECs 的性能并非各元素性质的简单叠加，因此研究多局限于某些特定元素含量对合金涂层性能的影响，有关元素组分与合金性能之间联系的研究较少，也缺乏科学的成分设计理论指导。

（3）研究主要集中在组织结构方面，关于耐腐蚀、耐磨性及高温稳定性的研究较少。

（4）研究缺乏更为科学的理论体系指导，有关 HECs 塑性变形、断裂、蠕变、疲劳和磨损行为机理的系统研究尚不深入。

作为日趋饱和的传统合金领域的一个突破方向，HECs 种类丰富、性能优异，具有非常广阔的应用前景。解决 HECs 在工业生产上的技术瓶颈，开发低成本、高性能、高附加值的 HECs 产品是目前亟待解决的关键问题。

第9章　高熵合金应用举例

9.1　高熵陶瓷

9.1.1　简介

熵是一个热力学参数，表示材料的无序程度。熵受不同配置的影响，如磁矩、原子振动和原子排列，而后者通常是熵变化最有效的配置。直到最近几年，当高熵合金（HEAs）的概念被引入时，熵才被认为与材料设计的焓一样有效。2004年，在一些早期的研究之后，Yeh 等[1] 的平行研究引入了 HEA 的概念。Cantor 介绍了一个新型的多组分合金系列。HEA 通常被定义为具有高构型熵的多主元素合金（MPEA），它由五种或更多具有相等或接近相等原子分数的元素形成。这些合金具有独特的成分、微观结构和性能组合。与 HEAs 类似，高熵陶瓷被定义为具有高构型熵的五个或更多阳离子或阴离子亚晶格的固溶体。高熵陶瓷涵盖多种材料，包括高熵氧化物（HEO）、高熵氮化物（HESis）、高熵硫化物（HES）、高熵氟化物（HEF）、高熵磷化物（HEP）、高熵磷酸盐（$HEPO_4s$）、高熵氮氧化物（HEON）、高熵碳氮化物（HECN）和高熵硼碳氮化物（HEBCN）。

本节主要介绍高熵陶瓷这一新领域的发展，特别关注了其原理、晶体结构、理论计算、经验设计、生产方法、性能和潜在应用。

9.1.2　原理

固溶体形式的元素混合物的稳定性与吉布斯自由能变化（ΔG_{mix}）相关。

$$\Delta G_{mix} = \Delta H_{mix} - T\Delta S_{mix} \tag{9.1}$$

式中，ΔH_{mix} 是混合物的焓；T 是热力学温度；ΔS_{mix} 是混合物的熵。当混合熵增加时，吉布斯自由能降低，固溶体变得更稳定。熵受温度、元素数量和成分中每种元素的原子分数的影响。元素的原子分数与混合熵之间的关系由式（9.2）表示：

$$\Delta S_{\text{mix}} = -R\sum_{i=1}^{N} x_i \ln x_i \tag{9.2}$$

式中，R 是气体常数；x_i 是第 i 个元素的原子分数；N 是元素的总数。根据这个公式，当元素数量多且原子分数相等时，特定数量元素的混合熵达到最大值。对于等原子组成的混合物，混合熵可以简单地由式（9.3）计算。

$$\Delta S_{\text{mix}} = R\ln N \tag{9.3}$$

图 9.1 展示了混合熵与使用式（9.3）计算的等原子元素混合物的元素数量之间的关系。该图提出了一种通过增加元素数量来增强熵并稳定中熵和高熵单相材料的实用方法。这种熵稳定不仅产生高相稳定性，而且由于元素通过多种现象的共同贡献而产生有趣的性质，如“鸡尾酒”效应（每个元素为系统提供特定的性质导致）、价电子分布、晶格失真（由于元素原子直径的差异导致）和缓慢扩散。

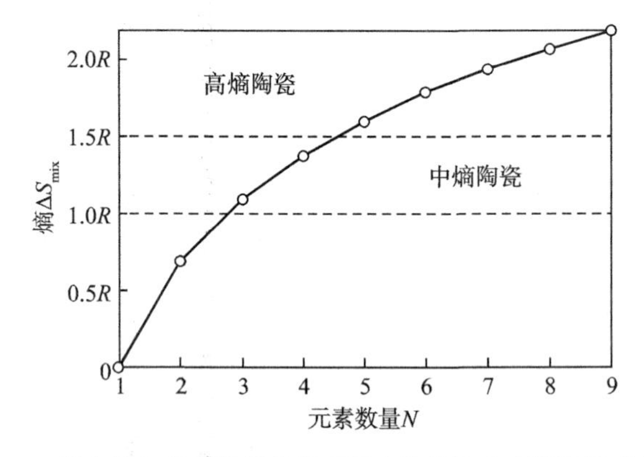

图 9.1　混合熵与元素数量的关系及中熵陶瓷和高熵陶瓷的定义

高熵材料有不同的定义：①至少存在五种元素，其组成中的原子分数为 5%～35%；②混合熵高于 5R；③混合熵高于 1.61R。有人建议，当 $\Delta S_{\text{mix}} \geqslant 1.5R$ 时，可以使式（9.1）中 $T\Delta S_{\text{mix}}$ 大于 ΔH_{mix}，并使吉布斯自由能为负，以产生单相。虽然这个概念在高温下是完全正确的，但许多 $\Delta S_{\text{mix}} \geqslant 1.5R$ 的多组分合金是亚稳态的，或者由于焓效应在室温下具有多相。

关于高熵陶瓷的术语，应考虑几个问题。第一，高熵陶瓷应该主要是单相，但双相高熵陶瓷近年来被划入高熵陶瓷材料家族中。第二，“高熵”一词对于陶瓷来说是相当矛盾的，因为这些材料中的大多数都具有有序结构（与传统的有序陶瓷相比，它们仍然具有更高的熵）。第三，在大多数多分量系统的研究中，术语

“高熵”用于提示存在大量的主元素。第四，熵稳定不仅可以发生在高熵陶瓷($\Delta S_{mix} \geqslant 1.5R$，如图9.1中定义)中，也可以发生在中熵陶瓷（由3种或4种阳离子组成，$R \leqslant S_{mix} < 1.5R$，如图9.1中定义）和其他一些多组分陶瓷中。

为了解决所有这些术语上的不一致，瑞特(Wright)等[251]认为使用成分复杂的陶瓷或多主阳离子陶瓷的概念可以更恰当地涵盖所有这些陶瓷。他们认为，成分复杂的陶瓷包括等原子或接近等原子成分的高熵陶瓷、熵稳定陶瓷、中熵陶瓷和非等原子成分（图9.2)。

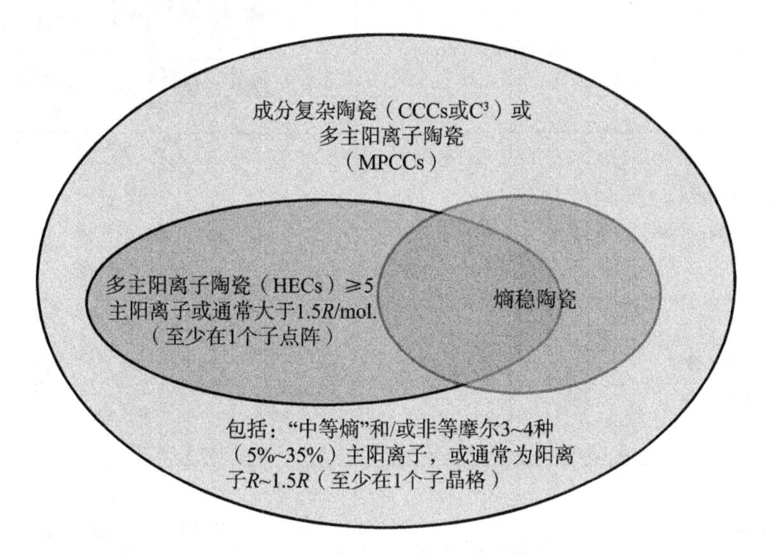

图9.2　成分复杂陶瓷或多主阳离子陶瓷的术语

熵稳定陶瓷是指通过增加主要元素的数量来提高熵并提高稳定性的陶瓷。当前研究的主要焦点是具有五个或更多阳离子的高熵陶瓷，但也包括其他一些多主阳离子陶瓷。

9.1.3　晶体结构

高熵陶瓷的晶体结构对其性能有显着影响。在本节中首先讨论HEO的晶体结构，表9.1总结了高熵陶瓷的主要晶体结构。

表 9.1　高熵陶瓷的主要晶体结构

结构	晶体	外观
高熵碳化物（HECs）	立方体	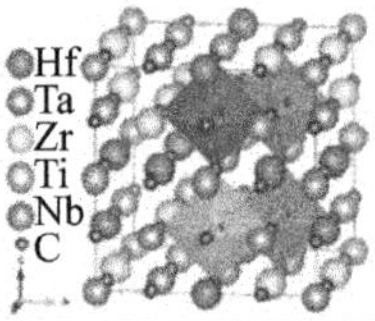 Hf Ta Zr Ti Nb C
高熵硼（HEBs）	六边形（P6/mmm）	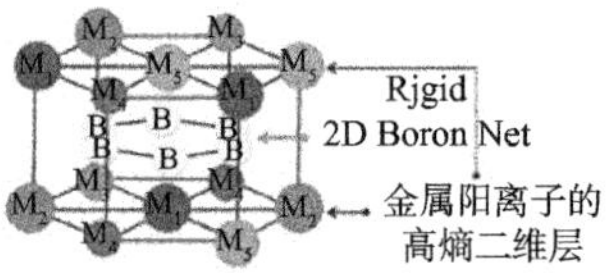 Rjgid 2D Boron Net 金属阳离子的高熵二维层
高熵 slllcldes（HESls）$CrSi_2$ 原型	六边形（P6222）	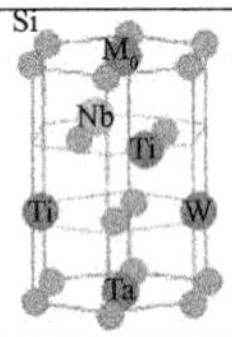 Si Nb Ti W Ta
高熵氟化物钙钛矿（HEFs）	ABF_3 立方（Pm3m）	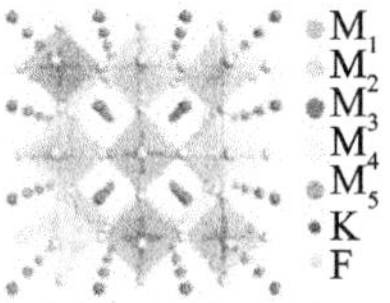 M_1 M_2 M_3 M_4 M_5 K F
高熵磷酸盐（$HEPO_4$）独居石型	单结晶（P21/n）	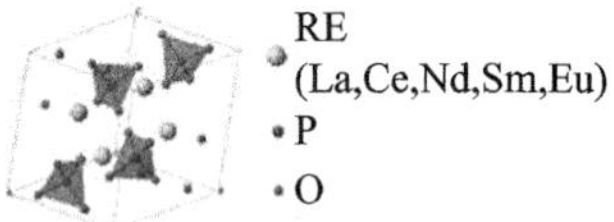 RE (La,Ce,Nd,Sm,Eu) P O

9.1.3.1　高熵氧化物的晶体结构

岩盐、萤石、钙钛矿、烧绿石和尖晶石相是 HEO 最典型的晶体结构。在过去几年里，HEOs 的组成、合成方法、性质和晶体结构之间建立了一些合理的相关性。这里主要关注每种晶体结构的组成特征，每种结构的合成方法和主要性质简要提及。合成方法和性能的细节在本章中单独介绍。

(1) 岩盐结构。立方岩盐结构可以在包括 HEO 在内的各种氧化物中观察到。大多数具有岩盐结构的 HEO 基于 Mg-Co-Ni-Cu-Zn。这些氧化物可以通过各种合成方法制造，例如固态反应、雾化喷雾热解、闪蒸辅助合成、反应辅助闪蒸烧结、聚合物合成、共沉淀和水热合成、溶液燃烧和脉冲激光沉积。岩盐 Mg-Co-Ni-Cu-Zn-O 陶瓷在锂电导率、结构特征催化、磁性能、电性能、热性能和力学性能等方面具有优势。具有岩盐结构的 HEO 表现出高介电常数和超离子电导率，这使得这些材料在未来作为大 κ 介电材料和电池固态电解质的应用中具有吸引力。

罗期特（Rost）等[252] 介绍了$(Mg_{0.2}Co_{0.2}Ni_{0.2}Cu_{0.2}Zn_{0.2})O$ 并研究了这种最早的岩盐结构的 HEO 熵稳定的概念。选择该系统的原因是单氧化物的结构、配位和原子半径具有多样性。罗斯特等通过 X 射线吸收精细结构方法研究了这些 HEO 中岩盐结构的均匀性和局部结构。结果表明，每个阳离子周围的局部金属—氧键长度不同，但阳离子-阳离子对的原子间距离是均匀的。此外，研究表明晶体模型与岩盐结构的实验散射数据相符。阳离子随机分布在 Fm-3m 亚晶格上，具有轻微的局部无序。他们还发现了一个交错的 Fm-3m 阴离子亚晶格，其中氧离子从理想位置错位，使阳离子呈多面体变形。

萨卡尔(Sakar)等[253] 通过两种不同的合成路线（雾化喷雾热解、火焰喷雾热解）制备了具有岩盐结构的(Co,Mg,Ni,Zn)O 和(Co,Cu,Mg,Ni,Zn)O 熵稳定氧化物和反向共沉淀，并证明这些材料的晶体结构不依赖于合成方法。雾化喷雾热解后直接获得岩盐相，而通过火焰喷雾热解和反向共沉淀合成后需要进行热处理以稳定岩盐相。布拉丹(Bradan)等[254] 研究了合成条件、化学计量和退火对岩盐 MgCoNiCuZnO 基 HEO 结构的影响。他们证实了铜在晶体结构中的重要作用。他们发现，通过提高 Cu 浓度，布拉格峰的形状、宽度和强度偏离了岩盐结构的理想模式。他们将这些行为归因于 Cu^{2+} 的局部环境从贫铜材料中的八面体演变为富铜样品中的菱形。

杜普伊(Dupuy)等[255] 研究了晶粒尺寸对(Co,Cu,Mg,Ni,Zn)O 岩盐氧化物相变的影响。他们发现，小晶粒尺寸会导致富铜次生钙钛矿相的数量增加并降低相变温度。

格勒西克(Grzesik)等研究了岩盐(Co,Cu,Mg,Ni,Zn)O 在 1173K 温度下，在氧气压力为 $10\sim10^5$ Pa 时的相变、缺陷结构和化学扩散。在研究的温度和氧气压力范围内没有发生相变，但在岩盐相中检测到大部分阴离子空位。他们发现扩散率对压力的非对数依赖性，表明与传统的岩盐相相比，相互作用的缺陷具有复杂的结构。

Chen 等[256] 研究了 Li 和 Mn 掺杂对高压和高温下 $MgCoNiCuZnO_5$ 中岩盐相稳定性的影响。他们的研究结果表明，岩盐相在高达 723K 的温度和高达 50GPa 的压力下是稳定的。由于存在弱的 Li—O 键和 Mn—O 键，Li 和 Mn 掺杂使 HEO 更具可压缩性，证实了掺杂对岩盐 HEO 的力学性能和离子电导率的重要性。卡多佐

(Cardoso)等[257] 的研究还表明，Gd掺杂可有效控制岩盐相的晶格膨胀和不对称性。

（2）萤石结构。表9.2显示了具有立方萤石晶体结构的HEO的化学成分。这些HEO是通过不同的合成途径制造的，如雾化喷雾热解、球磨和放电等离子体烧结共沉淀和水热处理。这些材料的结构特征、热行为和力学性能是它们的主要研究特征。

表9.2 具有萤石晶体结构的高熵氧化物的化学成分

$(Ce_{0.2}La_{0.2}Pr_{0.2}Sm_{0.2}Y_{0.2})O_{2-\delta}$，$(Hf_{0.25}Zr_{0.25}Ce_{0.25}Y_{0.25})O_{2-\delta}$，$(Hf_{0.25}Zr_{0.25}Ce_{0.25})(Y_{0.125}Yb_{0.125})O_{2-\delta}$，$(Hf_{0.2}Zr_{0.2}Ce_{0.2})(Y_{0.2}Yb_{0.2})O_{2-\delta}$，$(Hf_{0.25}Zr_{0.25}Ce_{0.25})(Y_{0.125}Ca_{0.125})O_{2-\delta}$，$(Hf_{0.25}Zr_{0.2}Ce_{0.2})(Y_{0.2}Gd_{0.2})O_{2-\delta}$，$(Hf_{0.25}Zr_{0.25}Ce_{0.25})(Y_{0.125}Gd_{0.125})O_{2-\delta}$，$(Hf_{0.25}Zr_{0.25}Ce_{0.25})(Yb_{0.125}Gd_{0.125})O_{2-\delta}$，$(Hf_{0.2}Zr_{0.2}Ce_{0.2}(Yb_{0.2}Gd_{0.2})O_{2-\delta}$，$Ce_{0.2}Zr_{0.2}Y_{0.2}Gd_{0.2}La_{0.2}O_{2-\delta}$ $(Y_{0.25}Yb_{0.25}Er_{0.25}Lu_{0.25})_2(Zr_{0.5}Hf_{0.5})_2O_7$，$(Hf_{1/3}Zr_{1/3}Ce_{1/3})_{1-x}(Y_{1/2}X_{1/2})_xO_{2-\delta}$（X=Yb，Ca，Gd；$x$=0.4，0.148，0.058），$(Sc_{0.2}Ce_{0.2}Pr_{0.2}Gd_{0.2}Ho_{0.2})_2O_{3\pm\delta}$，$(Ce,Gd,Nd,Sm,Pr,Mo_x)O_{2-\delta}$，$(Ce,Gd,La,Nd,Pr,Mo_x)O_{2-\delta}$

随着熵稳定岩盐氧化物的引入，许多研究人员试图将这一理论概念扩展到其他氧化物。例如，具有不同晶体结构的稀土和过渡金属氧化物，包括立方萤石结构。对于具有萤石结构的稀土氧化物的功能特性，它们具有高熵特征的合成是主要尝试之一。现在有一些制造具有萤石结构的稀土基HEO的规则：①所有阳离子的半径应该相似；②至少一种阳离子氧化物应该具有不同的晶体类型，以及③至少一种阳离子在二元相图上没有任何混溶性。萨卡尔(Sakar)等[258] 的研究表明，Ce^{4+}的存在对于稳定具有萤石结构的稀土基HEO是必要的。

还有一些高熵萤石氧化物的通用配方。最著名的是$(CeRE)O_{2-\delta}$和$(HfZrCeM)O_{2-\delta}$，其中RE代表稀土元素，如La、Ce、Y、Yb等，M代表其他金属，δ取决于阳离子价数。还有另一种形式的$RE_2TM_2O_7$，其中TM代表过渡金属，特别是Ti、Zr和Hf。这些成分的结构由RE阳离子半径与TM阳离子半径的比率决定。如果比率在1.46～1.78范围内，则该组分显示出烧绿石结构；当比率为1.46时，该组件显示出萤石结构。$RE_2TM_2O_7$高熵氧化物由于其低热导率、高热稳定性和可调热膨胀系数，可用作环境/热障涂层。瑞特(Wright)等[259] 的研究表明，将 Ca^{2+} 添加到萤石中可以产生 O^{2-} 氧空位，其浓度是3价阳离子产生的氧空位的两倍。他们评论说，由于氧空位对萤石相形成的积极影响，具有 Ca^{2+} 的 HEO 中萤石的稳定性应该是源于额外氧空位的形成。

(3) 钙钛矿结构。具有钙钛矿结构的 HEO 是另一类流行的高熵陶瓷，其合成方法包括雾化喷雾热解、固相反应和烧结、反应放电等离子体烧结、熔盐法、快速烧结、脉冲激光沉积和共沉淀。研究了这些高熵钙钛矿氧化物的性能和应用，如介电和电性能、磁性能、热性能、离子电导率、烧结行为和催化。

表9.3总结了具有钙钛矿晶体结构的 HEO 的化学成分。这些钙钛矿具有立方、斜方或六方晶体结构，应包含至少两个 ABO_3 形式的阳离子亚晶格，其中 A 和 B 显示两种不同的阳离子基团。ABO_3 型钙钛矿结构由6倍配位的 B 型阳离子、12倍配位的 A 型阳离子和八面体氧阴离子组成。钙钛矿之所以能够显示出一些有趣的特性，是由于它们的化学和结构特征，它们可以将具有不同特性的阳离子置于两个阳离子亚群中。钙钛矿结构的稳定性可以通过 Goldschmid 容差因子 t_G 来预测。其中 RA、RB 和 RO 分别是指 A 阳离子、B 阳离子和氧阴离子。

当 $0.75 \leqslant t_G \leqslant 1.00$ 时钙钛矿结构稳定：当 $t_G \approx 1.00$ 时形成立方相；当 $t_G < 1.00$ 时，会形成其他钙钛矿结构。高熵钙钛矿有两个通用公式，第一个公式是 (SrBa) (M) O_3，其中 M 指的是金属；第二个公式是(RE)(TM)O_3，其中 RE 和 TM 分别指的是稀土元素和过渡金属（表9.3）。

萨卡尔(Sakar)等[258] 在钙钛矿相稳定性方面研究了11种(RE)(TM)O_3 型 HEO（10种具有6个阳离子，一种具有10个阳离子）。他们的研究结果表明，包括10个阳离子氧化物在内的7个 HEO 具有单相钙钛矿结构，由于高熵效应，阳离子均匀且随机分布。其他4个系统中钙钛矿相不稳定归因于可以克服熵稳定的焓效应。

切拉利(Cellari)等[260] 通过原子探针断层扫描在原子尺度上元素的均匀分布方面研究了三种类型的 HEO。他们通过雾化喷雾热解合成了 HEO，并在 6GPa 下将它们压实。他们的研究表明，即使在压缩之后，钙钛矿相也是稳定的并且具有均匀的元素分布。

表 9.3　具有钙钛矿晶体结构的高熵氧化物的化学成分

$(Gd_{0.2}La_{0.2}Nd_{0.2}Sm_{0.2}Y_{0.2})CoO_3$，$(Gd_{0.2}La_{0.2}Nd_{0.2}Sm_{0.2}Y_{0.2})CrO_3$，
$(Gd_{0.2}La_{0.2}Nd_{0.2}Sm_{0.2}Y_{0.2})FeO_3$，$(Gd_{0.2}La_{0.2}Nd_{0.2}Sm_{0.2}Y_{0.2})MnO_3$
$(Gd_{0.2}La_{0.2}Nd_{0.2}Sm_{0.2}Y_{0.2})NiO_3$，$Gd(Co_{0.2}Cr_{0.2}Fe_{0.2}Mn_{0.2}Ni_{0.2})O_3$，
$La(Co_{0.2}Cr_{0.2}Fe_{0.2}Mn_{0.2}Ni_{0.2})O_3$，$Nd(Co_{0.2}Cr_{0.2}Fe_{0.2}Mn_{0.2}Ni_{0.2})$
O_3，$Sm(Co_{0.2}Cr_{0.2}Fe_{0.2}Mn_{0.2}Ni_{0.2})O_3$，Y
$(Co_{0.2}Cr_{0.2}Fe_{0.2}Mn_{0.2}Ni_{0.2})O_3$，$(Gd_{0.2}La_{0.2}Nd_{0.2}Sm_{0.2}Y_{0.2})$
$(Co_{0.2}Cr_{0.2}Fe_{0.2}Mn_{0.2}Ni_{0.2})O_3$，BaO-rO-CaO-MgO-PbO-$TiO_2$，
BaO-SrO-CaO-MgO-PbO-Fe_2O_3，Na_2O-K_2O-CaO-La_2O_3-Ce_2O_3-TiO_2，Pb
$(Zr_{0.4}9Ti_{0.51})_{0.94}Mn_{0.014}Sb_{0.02}W_{0.014}Ni_{0.02}O_3$，$Sr(Zr_{0.2}Sn_{0.2}Ti_{0.2}Hf_{0.2}Mn_{0.2})O_3$
$Sr(Zr_{0.2}Sn_{0.2}Ti_{0.2}Hf_{0.2}Nb_{0.2})O_3$，$Ba(Zr_{0.2}Sn_{0.2}Ti_{0.2}Hf_{0.2}Ce_{0.2})O_3$，
$Ba(Zr_{0.2}Sn_{0.2}Ti_{0.2}Hf_{0.2}Y_{0.2})O_3$，$Ba(Zr_{0.2}Sn_{0.2}Ti_{0.2}Hf_{0.2}Nb_{0.2})O_3$，
$(Sr_{0.5}Ba_{0.5})(Zr_{0.2}Sn_{0.2}Ti_{0.2}Hf_{0.2}Nb_{0.2})O_3$，
$(Bi_{1-x-y}Na_{0.925-x-y}Li_{0.075})_{0.5}Ba_xSr_yTiO_3$，$Sr((Zr_{0.94}Y_{0.06})_{0.2}Sn_{0.2}Ti_{0.2}Hf_{0.2}Mn_{0.2})$
O_{3-x}，$Na_{0.30}K_{0.07}Ca_{0.24}La_{0.18}Ce_{0.21}TiO_3$，$BaSr(ZrHfTi)O_3$，BaSrBi
$(ZrHfTiFe)O_3$[80]，Ru/BaSrBi$(ZrHfTiFe)O_3$，
$Pb_{0.94}Sr_{0.06}(Zr_{0.50}Ti_{0.50})_{0.99}Cr_{0.01}O_3$，$(Li_{0.06}Na_{0.47}K_{0.47})(Nb_{0.94}Sb_{0.06})O_3$
$Ba(Zr_{0.2}Ti_{0.2}Sn_{0.2}Hf_{0.2}Ta_{0.2})O_3$，$Sr(Ti_{0.2}Y_{0.2}Zr_{0.2}Sn_{0.2}Hf_{0.2})O_{3-x}$，
$(Na_{0.2}Bi_{0.2}Ba_{0.2}Sr_{0.2}Ca_{0.2})TiO_3$，$(La_{0.2}Pr_{0.2}Nd_{0.2}Sm_{0.2}Eu_{0.2})NiO_3$，[(Bi,
Na)$_{1/5}$(La,Li)$_{1/5}$(Ce,K)$_{1/5}$Ca$_{1/5}$Sr$_{1/5}$]TiO_3，$(Y_{0.2}Nd_{0.2}Sm_{0.2}Eu_{0.2}Er_{0.2})AlO_3$
$(Bi_{0.2}Na_{0.2}K_{0.2}Ba_{0.2}Ca_{0.2})TiO_3$

文尼克(Vinnick)等[261] 研究了使用烧结形成单相高熵钙钛矿氧化物。他们合成了BaO-SrO-CaO-MgO-PbO-TiO_2、BaO-SrO-CaO-MgO-PbO-Fe_2O_3和Na_2O-K_2O-CaO-La_2O_3-Ce_2O_3-TiO_2氧化物，并研究了烧结温度对晶体结构的重要性。他们的研究表明，实现单相钙钛矿结构的最佳烧结温度在1423～1673K之间。

(4) 尖晶石结构。具有Fd-3m立方结构的尖晶石是另一类主要的HEO，它们通过不同的途径合成，包括固态反应、溶剂热合成、溶液燃烧合成、溶胶-凝胶自动燃烧和反应溅射。学界对具有尖晶石结构的HEO进行了广泛的性能和应用研究，包括离子电导率、催化性能、结构性能及热、电和力学性能，尤其是磁性属性。尖晶石型磁性氧化物或铁氧体的一般公式为AB_2O_4，其中A阳离子为二价，如Mg、Zn、Mn和Co，B阳离子为三价，如Fe、Cr和Al。在尖晶石铁氧体中添加Al^{3+}是控制磁性的有效策略。

单相尖晶石的生产一直是一个具有挑战性的问题，但现在有重要的报道导致选择最佳成分和工艺来生产尖晶石结构。在第一次尝试中，Rost 等没有成功地生产出单相尖晶石；然而，有研究者[262] 后来成功合成了具有单一尖晶石相的(Co,Cr,Fe,Mn,Ni)$_3$O$_4$。斯蒂加(Stygar)等[263] 研究了成分对 Co-Cr-Fe-Mg-Mn-Ni-O 体系中尖晶石相形成的影响，并表明 Co-Cr-Fe-Mg-Mn-Ni-O、Co-Fe-Mg-Mn-Ni-O、Co-Cr-Fe-Mg-Ni-O 和 Co-Cr-Mg-Mn-Ni-O 是由双岩盐和尖晶石相组成的，以及 Co-Cr-Fe-Mn-Ni-O、Cr-Fe-Mg-Mn-Ni-O 和 Co-Cr-Fe-Mg-Mn-O 由单一尖晶石相组成。他们还报告说，应谨慎选择烧结温度，因为在 1173～1373K 下烧结，存在从尖晶石相到岩盐相的相变趋势。他们证明存在不希望的分离趋势。Mg 和 Ni 来自尖晶石 HEO，但 Fe 和 Cr 的这种趋势较小。弗拉基亚(Flacchia)等[264] 成功地在四面体和八面体 A 和 B 阳离子位点上产生具有高熵的八阳离子尖晶石(Co,Mg,Mn,Ni,Zn)(Al,Co,Cr,Fe,Mn)$_2$O$_4$，表明新的铁氧体可以由尖晶石 HEO 制成。

(5) 烧绿石结构。研究了固态反应和共沉淀的结构特征、力学性能和热导率。这些氧化物是一类重要的结构/功能陶瓷，具有 $A_2B_2O_7$ 形式的两种类型的 A 和 B 阳离子。由于 A 阳离子通常是稀土（RE）元素，B 阳离子是过渡金属(TM)，因此烧绿石的一般配方可以表示为（RE)$_2$(TM)$_2$O$_7$。原子尺寸较大的 A 型阳离子与两个 8b 氧离子和六个 48f 氧离子配位。较小的 B 型阳离子与位于 48f 的六个氧离子配位。一个氧空位位于 8a，被四个 B 阳离子包围。烧绿石的另一种通用配方是（RE)$_2$Zr$_2$O$_7$，它被称为稀土锆酸盐。由于具有烧绿石结构的稀土锆酸盐具有具有两个阳离子亚晶格的有序萤石型结构，因此它们被认为是用于热障涂层的氧化钇稳定氧化锆的替代品，具有高弹性模量和低热导率。烧绿石 HEO 的一个主要研究目标是在 A 站点或 B 站点使用其他稀土元素降低热导率。

(6) 其他氧化物结构。包括方铁矿、金红石、单斜、磁铅矿、无定形、面心立方（FCC）和 CaF$_2$ 型晶体 HEO 的其他结构。这些结构有时比二元或三元氧化物中的类似结构更扭曲，但它们可以具有更好的相稳定性。例如，由托森(Tsen)等[265] 合成的 HEO 镧系元素倍半氧化物 $Gd_{0.4}Tb_{0.4}Dy_{0.4}Ho_{0.4}Er_{0.4}O_3$。在高达 1923K 的宽温度范围内具有立方铁锰矿结构。这种相稳定性优于单阳离子倍半氧化物，如 Gd_2O_3 和 Tb_2O_3，后者遭受不希望的温度诱导相变和其劣化磁性及介电特性。

9.1.3.2 其他陶瓷的晶体结构

HENs 以无定形或晶体结构形成。当合成过程中的氮活性足够时，可以稳定晶体结构。大多数具有固溶体结晶形式的 HEN 具有 FCC（NaCl 型）结构。HEN 的一般配方是(TM)(PE)N，其中 TM 代表具有过渡金属的能力形成氮化物(Y、Ti、Zr、V、Nb、Cr、Mo、Mn、Fe、Ru、Co、Ni 和 Cu)，PE 代表具有 p 轨道的元素。

碳化物和硼化物大多形成 FCC 岩盐结构或含有二维碳化物/硼化物和阳离子层的 AlB_2 型六方结构。大多数碳化物和硼化物遵循（TM）C 和（TM）B_2（高熵二硼化物）配方，尽管也可以合成具有(RE)B_6(高熵六硼化物)配方的 HEB。

HEA 与其 HEH 之间存在可逆过程。合金通常具有体心立方（BCC）和 C14 型 Laves 相结构。HEH 可以具有不同的结构，包括 FCC、以基为中心的四方（BCT）和 C14 型 Laves 相结构。Laves 相通常显示出最低的氢释放热力学稳定性，而 BCT 显示出高稳定性。

HESi 通常具有六方或立方结构。据报道，hat($Mo_{0.2}W_{0.2}Cr_{0.2}Ta_{0.2}Nb_{0.2}$)$Si_2$ 和($Mo_{0.2}Nb_{0.2}Ta_{0.2}Ti_{0.2}W_{0.2}$)$Si_2$ 具有C40型六方结构，(TiZrNbMoW)Si_2 和($Ti_{0.2}Zr_{0.2}Nb_{0.2}$-$Mo_{0.2}W_{0.2}$)Si_2 具有六方密堆积(HCP)结构，($Mo_{0.25}Nb_{0.25}Ta_{0.25}V_{0.25}$)($Al_{0.5}Si_{0.5}$)$_2$ 铝硅化物具有 CsCl 型 B_2 结构。

对 HES 晶体结构的研究非常有限。据报道，通过球磨和放电等离子烧结生产的 HES、$Cu_5SnMgGeZnS_9$ 和 $Cu_3SnMgInZnS_7$ 具有四方结构。

HEF 有两种主要类型的晶体结构：萤石和钙钛矿。$CeNdCaSrBaF_{12}$ 属于具有萤石结构的 HEF，K(MgMnFeCoNi)F_3、K(MgMnCoNiZn)F_3、(MnFeCoNiZn)F_3 和 K(MgCoNiCuZn)F_3 属于具有钙钛矿结构的 HEF。

HEP(Co,Cr,Fe,Mn,Ni)-P、$HEPO_4$($La_{0.2}Ce_{0.2}Nd_{0.2}Sm_{0.2}Eu_{0.2}$)$PO_4$、HEON (Co,Cr,Fe,Mn,Ni)-ON 和 HEBCN($Ta_{0.2}Nb_{0.2}Zr_{0.2}Hf_{0.2}W_{0.2}$)BCN 具有 FCC、单斜、C40 型六方和 FCC 结构。

9.1.4 理论/经验设计

包括合金和非金属陶瓷在内的高熵材料因其独特的晶体结构而增强了性能，因此很受关注。尽管到目前为止已经引入了各种高熵材料，但由于其复杂的化学性质，关于高熵材料的理论模拟和计算的出版物相当有限。为了预测高熵材料的结构，还使用了基于描述符的经验模型，尽管在这方面的研究仍处于早期阶段。这些理论和经验方法可用于了解具有给定晶体结构的高熵材料的稳定性，以获得所需的特性。在本节中，将回顾计算方法和描述当前进展，重点是 HEO 和 HEC 这两种最常研究的高熵陶瓷类型。

9.1.4.1 理论计算

吉布斯自由能计算提供了关于相稳定性和相图的定量信息。吉布斯自由能是通过密度泛函理论（DFT）、分子动力学模拟或ALPHAD（相图计算）等确定。通过考虑高熵材料的化学复杂性，基于DFT的方法是计算能量的好选择。然而，基于DFT的方法其问题在于，由于计算时间，它们在规模上受到限制。因此，具有随机分布状态和许多元素的高熵材料无法在小范围内通过DFT进行精确分析。相比之下，分子动力学模拟可以在更短的计算时间内实现更大的步长，因此适用于覆盖具有多种元素的材料。然而，分子动力学模拟的主要限制是忽略原子间势来解决多组分陶瓷的复杂化学问题。由于人工智能和机器学习的最新发展，近年来新模型引起了人们的关注。在这些新模型中，人工智能和机器学习被用于分析原子间势的DFT结果，因此模型可以填补DFT和分子动力学计算之间的空白。机器学习潜力的使用导致能量计算类似于分子动力学模拟，其精度可与DFT计算相媲美。在本节中，回顾了使用计算方法来预测高熵陶瓷的稳定性和性能的一些重要研究。其中一些计算得到了实验结果的验证，表明计算方法对未来高熵陶瓷设计的潜力。

（1）高熵氧化物的计算。将每种元素添加到高熵陶瓷中都会显著影响其晶体结构。DFT计算已被有效地用于阐明单个元素对HEO晶体结构的贡献。拉克(Lack)等[266] 进行了Li和Sc的FT加法。他们确定了电子状态和电荷分布对这些岩盐氧化物结构的影响。他们的计算表明，添加Sc会氧化大部分Cu，导致理想原子位点发生较大偏移，而添加Sc对Co和Ni阳离子的影响较小。Li阳离子的加入会氧化一些Co、Ni和Cu并降低晶格常数，这与实验数据非常吻合。在另一项研究中，拉克(Rak)等[267] 通过DFT计算研究了（$(MgCoNiZn)_{1-x}Cu_xO$（$x=0.13，0.20，0.26$）中Cu^{2+}的局部原子构型和电子结构。他们得出结论，几乎10%的CuO_6八面体受到Jahn-Teller压缩的影响。

Zheng等[268] 研究了镍、镁、铜、锌和钴的HEO对锂硫电池中多硫化锂的化学限制。他们利用DFT计算来研究HEO和多硫化物之间的界面结合相互作用。他们的结果表明，HEO中Li-O的模拟键距小于Li_2O中报道的键距，证实了HEO中Li和O原子之间的强相互作用。然而，S-Ni的结合距离非常接近NiS晶体中相应的键长。他们得出的结论是，HEO中Li-O和S-Ni结合相互作用的协同作用应负责限制多硫化物。

巴斯卡(Baska)等[269] 利用分子动力学模拟和实验来表明局部阳离子应力对

(MgNiCoCuZn)O 稳定性的关键影响。他们的研究结果表明，由于 Cu^{2+} 周围的 Jahn-Teller 晶格畸变，出现了局部应力场。Cu^{2+} 周围的局部应力场没有最小化，导致形成这种特定成分的多相材料。

有一些关于应用 CALPHAD 预测熔渣特性的研究。尽管这些研究与 HEO 没有直接关系，但它们表明 CALPHAD 可用于模拟液态或固态 HEO。哈克等报道了通过 CALPHAD 对全液态 SiO_2-Al_2O_3-CaO-MgO-Na_2O-K_2O-FeO-Fe_2O_3 进行炉渣黏度建模。他们的研究结果与实验数据具有良好的一致性，并且利用他们的模型可以预测各种组合物的黏度。Wu 等[270] 对 SiO_2-A-l_2O_3-CaO-MgO-Na_2O-K_2O-FeO-Fe_2O_3-P_2O_5 进行了类似的成功研究。还有其他一些关于其他熔融或炉渣氧化物系统的理论/实验研究。

阿南德(Anand)等[271] 利用经典模拟及随机和遗传算法采样来研究构型熵对多组分氧化物(Mg,Co,Cu,N,Zn)O、(Ca,Co,Cu,Ni,Zn)O、(Mg,Co,Cu,Ni)O、(Mg,Co,Cu,Zn)O、(Mg,Co,Ni,Zn)O 和(Mg,Cu,Ni,Zn)O 的影响。他们报告说，构型熵可以降低自由能并稳定所有氧化物中的岩盐相，但(Mg,Co,Cu,Ni)O 和(Mg,Co,Ni,Zn)O 具有低焓，最高温度在具有高焓的(Ca,Co,Cu,Ni,Zn)O 中得以实现[图 9.3(a)]。如图 9.3(b)所示，他们清楚地表明，混合的焓和熵随着阳离子数量的增加而增加，但是对于具有三个或更多阳离子的系统，与熵增加相比，焓的增加不是很显著。平均焓和熵对自由能的贡献在四到五个阳离子之间重叠，表明平均需要五个阳离子来稳定该系统中的岩盐相。

卡萨尔(Casal)等[272] 使用神经网络预测各种多组分氧化物玻璃的玻璃化转变温度。他们的神经网络可以以 95%的准确率预测公布的转变温度，并且对于 90%的数据，相关偏差小于±6%。尽管这项研究不直接涉及 HEO，但它表明神经网络具有预测包括 HEO 在内的多组件系统特性的潜力。

(2) 高熵碳化物的计算。DFT 对 HECs 的第一性原理计算与实验数据显示出良好的一致性，表明 DFT 方法能够预测 HECs 的相稳定性。Ye 等[273] 通过第一性原理计算理论研究了$(Zr_{0.25}Nb_{0.25}Ti_{0.25}V_{0.25})C$ 中单相的形成，其与实验数据具有良好的一致性。在另一项研究中，Zhang 等[274] 通过 DFT 计算研究了脆性(TiZrHfNbTa)C 的热力学、电子结构和力学性能，并报告了与实验数据的良好一致性。他们的计算表明，溶液中金属-碳键的长度在不同位置略有不同，这会导致晶格畸变并对高熵碳化物的机械强度产生积极影响。Zhang 等[275] 通过实验制备了 $B_4(HfMo_2TaTi)C$-SiC，并通过 DFT 计算从理论上检查了其原子结构。计算成功预测了单相 HCP 结构的产生，其中 Hf、Mo、Ta 和 Ti 原子分布在（0001）平面上，而 C 和 B 原子分布在（0002）平面上。

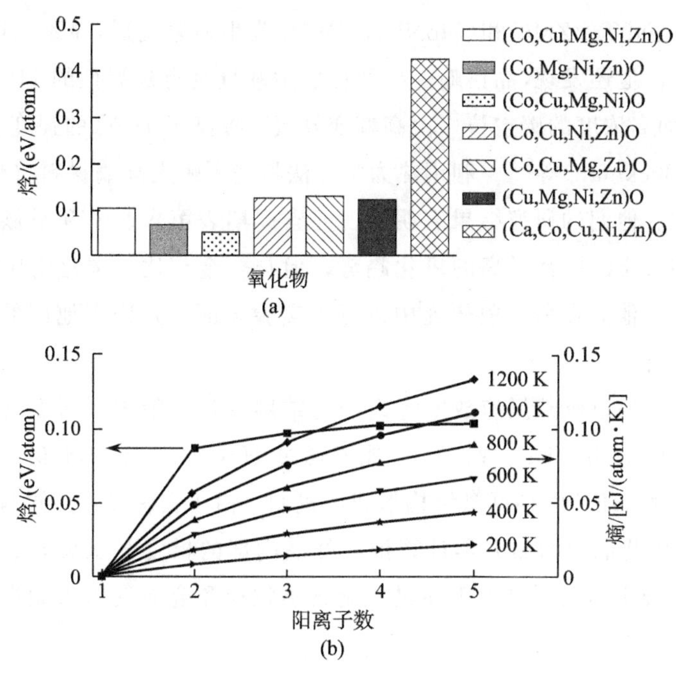

图 9.3　利用经典模拟及随机和遗传算法采样来预测高熵氧化物的焓、熵和相稳定性

（a）具有四个和五个阳离子的不同高熵氧化物系统的混合焓变化；

（b）不同温度下混合焓和熵随阳离子数量的变化

Jiang 等[276] 通过 DFT 研究两种中熵碳化物(HfTaZrTi)C 和(HfTaZrNb)C 的电子结构和热力学特征。两种碳化物都是热力学稳定的，形成焓为负。经 Debye-Grüneisen 模型证实，两种碳化物通过升高温度显示出相似的趋势。这些 DFT 计算表明，(HfTaZrTi)C 具有更高的热膨胀系数，因此更适用于热应力不匹配的涂层；hile(HfTaZrNb)C 具有更高的强度，更适用于结构应用。

Yang 等[277] 通过 DFT 计算研究了在不同压力下(TaNbHfTiZr)C 的结构、机械和电子特性。热力学和弹性刚度标准证实了单相(TaNbHfTiZr)C 的稳定性。他们发现 HEC 具有共价离子特性，但共价成分在压力下变得比离子成分弱。他们还报告说，HEC 在 20GPa 压强下表现出脆性到韧性的转变。

Yang 等[278] 还研究了(HfTaZrTi)C 和(HfTaZrNb)C 在 DFT 框架内高压下的机械行为。他们的研究表明，随着压力的增加，碳-金属键变得更共价，晶格常数降低，单位体积收缩，弹性模量降低，硬度降低，德拜温度降低。(HfTaZrNb)C 的维氏硬度在所有压力下均大于(HfTaZrTi)C，表明其在高压下的潜在应用。

Zhao 等[279] 使用 DFT 计算检查了一些具有岩盐结构的 HEC 的晶格畸变。他的研究表明，(NbTiVZr)C 和(MoNbTaVW)C 发生显著变形,导致 HEC 的形成焓和稳定性降低。他还发现,晶格畸变导致形成柔软且具有延展性的 HEC(由于电子电荷离域)，而高浓度的碳空位（由高畸变导致）提高了 HEC 的强度。

巴克曼(Buckman)等[280] 利用热力学方法检查了耐火高熵材料（包括碳化物）中的优先氧化。他们的研究结果表明，由元素周期表第Ⅳ、Ⅴ和Ⅵ族元素组成的难熔 HEAs 和 HEC 具有很高的氧化趋势，但与合金相比，碳化物中的这种氧化作用仍然较小。他们在另一项研究中进行了实验验证，并证实他们的热力学预测与实验非常吻合。

Wei 等[281] 通过碳热反应放电等离子烧结用氧化物粉末和石墨合成了单相高熵陶瓷$(Ti_{0.2}Hf_{0.2}Nb_{0.2}Ta_{0.2}W_{0.2})C$。他们通过 HSC Chemistry6 软件进行了热力学计算，以阐明 HEC 中梯度微结构形成的机制。由于在碳热还原过程中也会形成 CO 和 CO_2，因此他们的热力学计算证实样品内部的梯度气压会导致形成梯度微结构。这一发现实际上可以用于通过控制石墨粒径和合成气压来制造具有梯度结构的 HEC。

考夫曼(Kaufman)等[282] 利用机器学习方法预测合成由 TiC、ZrC、HfC、VC、NbC、TaC、Mo_2C、W_2C、WC 和 Cr_3C_2 制成的 70 种不同碳化物的能力，并将他们的发现与 DFT 计算得出的结果进行了比较。对于此类预测，他们计算了包含和不包含 CALPHAD 方法特征的熵形成能力。通过评估能量分布来确定单相形成趋势的熵形成能力是在零温度下基态以上能谱的标准偏差（σ）的倒数。

$$\mathrm{EFA}(N)=\sigma[\mathrm{spectrum}(H_i(N))]_{T=0}^{-1} \tag{9.5}$$

$$\sigma\{H_i(N)\}=\sqrt{\frac{\sum_{i=1}^{n}g_i(H_i-H_{\mathrm{mix}})^2}{(\sum_{i=1}^{n}g_i)-l}} \tag{9.6}$$

式中，EFA 是熵形成能力；N 是元素数量；n 是采样几何图形的总数；g_i 是组件的简并性；H_{mix} 是通过平均焓 H_i 获得的混合物的焓采样配置。

如图 9.4 所示，考夫曼(Kaufman)等[282] 发现机器学习和 DFT 方法之间具有极好的一致性。他们通过实验合成了几种具有岩盐结构的 HEC，表明机器学习在 HEC 设计方面的巨大潜力。Dai 等[283] 还利用$(Zr_{0.2}Hf_{0.2}Ti_{0.2}Nb_{0.2}Ta_{0.2})C$ 的机器学习过行了研究，结果表明，与分子动力学模拟相关的机器学习不仅适用于预测晶体结构，也适用于预测晶格常数、弹性常数和热。

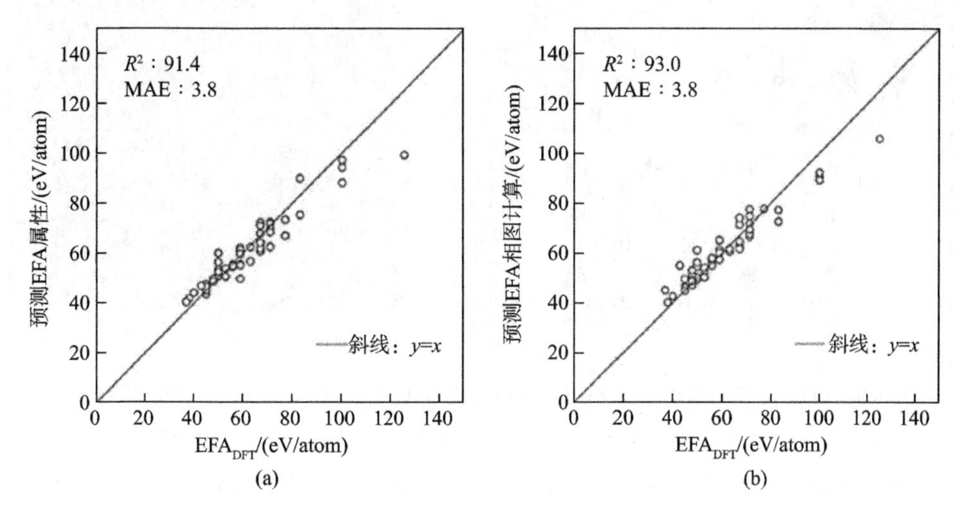

图 9.4　利用机器学习和 DFT 计算 Nb-Hf-Ti-Zr-V-Ta-Mo-W-C 高熵碳化物系统中的熵形成能力（EFA）；

(a) 通过机器学习使用 108 个化学属性的随机森林拟合与 DFT 数据计算的 EFA；(b) 通过机器学习使用 108 个化学属性的随机森林拟合加上 CALPHAD 的 8 个特征与 DFT 数据计算的 EFA

（3）其他高热陶瓷的计算。理论计算不仅限于 HEO 和 HEC，还有其他高熵陶瓷的研究。柯恩·鲍尔(Kornbauer)等[284] 使用 DFT 计算来比较 HEN(Hf,Ta,Ti,V,Zr)N 的吉布斯自由能与 FCC-(Hf,Zr)N+FCC-(Ta,V)N 的吉布斯自由能，FCC-TiN 和 FCC-(Hf,Zr)N+FCC-(Ta,Ti,V)N 可能是该 HEN 的分解产物。温度高达 1302K 的能量计算表明，HEN 在能量上比两种混合物更稳定，但高温下的氮损失会导致 HEN 分解。

Wang 等[285] 通过 DFT 计算研究了$(Hf_{0.2}Zr_{0.2}Ta_{0.2}M_{0.2}Ti_{0.2})B_2$ 的晶体结构、电子特征和力学性能。他们报告说，HEB 本质上很脆，并且具有高德拜温度和良好的导热性。电子结构研究表明，硼层内存在共价键，金属层内存在金属键，金属和硼夹层之间存在离子键和共价键。

图 9.5(a)～(c)显示了这些层和夹层内的电荷密度分布。Dai 等[283] 使用分子动力学模拟研究$(Ti_{0.2}Hf_{0.2}Zr_{0.2}Nb_{0.2}Ta_{0.2})B_2$ 的热和弹性特性的温度依赖性。如图 9.5(d)所示，模拟结构显示出与实验数据非常吻合的微不足道的晶格畸变。模拟表明，随着温度的升高，晶格常数和各向异性热膨胀增加，各向异性声子热导率降低。

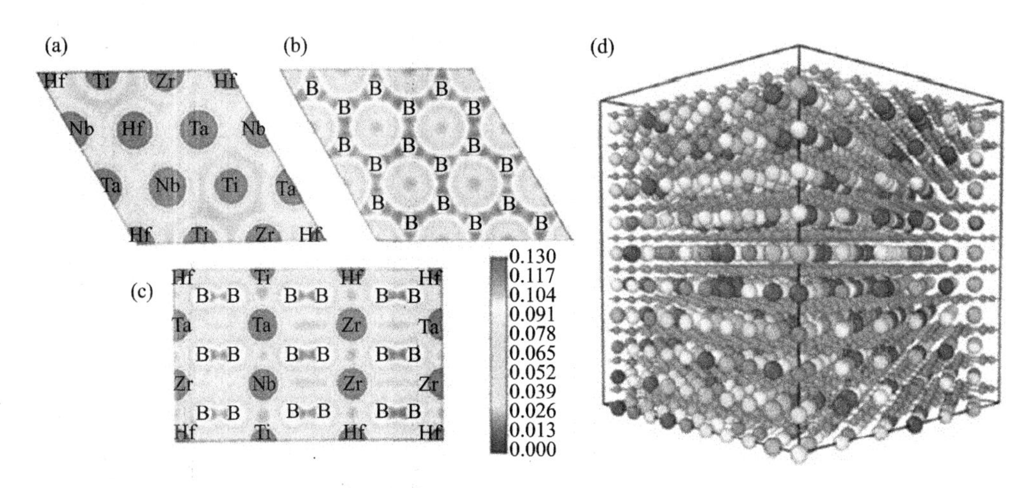

图 9.5 通过 DFT 计算和分子动力学模拟检查($Hf_{0.2}Zr_{0.2}Ta_{0.2}Nb_{0.2}Ti_{0.2}$)$B_2$ 的结构：

(a)通过 DFT 计算硼（100）层；(b)通过 DFT 计算金属（100）层；

(c)硼金属（110）夹层的电荷密度分布；(d)通过分子动力学模拟构建硼化物的一般结构

注：图(d)中的浅灰色小球是分布类似石墨烯层的硼原子，大小球分别是 Hf、Zr、Ta、Nb 和 Ti

Qin 等[286] 用等离子烧结合成（$Ti_{0.2}Zr_{0.2}Nb_{0.2}Mo_{0.2}W_{0.2}$）$Si_2$，并用 DFT 方法模拟。能量和 X 射线衍射模拟均与实验测量结果一致，表明 HCP 晶体结构的形成具有五种阳离子的随机分布。

埃德拉蒂(Edelati)等[287] 使用 CALPHAD 方法设计了具有 C14 型 Laves 相结构的新型 HEA 和 HEH，用于储氢应用。设计的合金是通过电弧熔化然后高压吸氢生产的。CALPHAD 方法表明在 HEATiZrMnCrFeNi 中形成了 C14 Laves 相，实验数据证实了 HEA 和具有 Laves 相结构的相应 HEH $TiZrMnCrFeNiH_6$ 的形成。Laves 相氢化物具有较低的热力学稳定性，并且可以在室温下可逆地吸收和解吸氢气。这些结果如图 9.6 所示，表明 CALPHAD 方法可用于设计用来储氢的新 HEH。

Zhang 等[288] 使用数据驱动的方法设计具有适当元素的 HES，以降低焓并增加单相形成的可能性。他们还使用键价模型来计算阳离子-硫的键长度并选择最佳元素来生产具有低局部应变能的 HES。他们可以设计出两种热电 HESs，即 $Cu_5SnMgGeZnS_9$ 和 $Cu_3SnMgInZnS_7$。硫化物成功合成单相，特别是在过量 Sn 时表现出良好的热电性能。

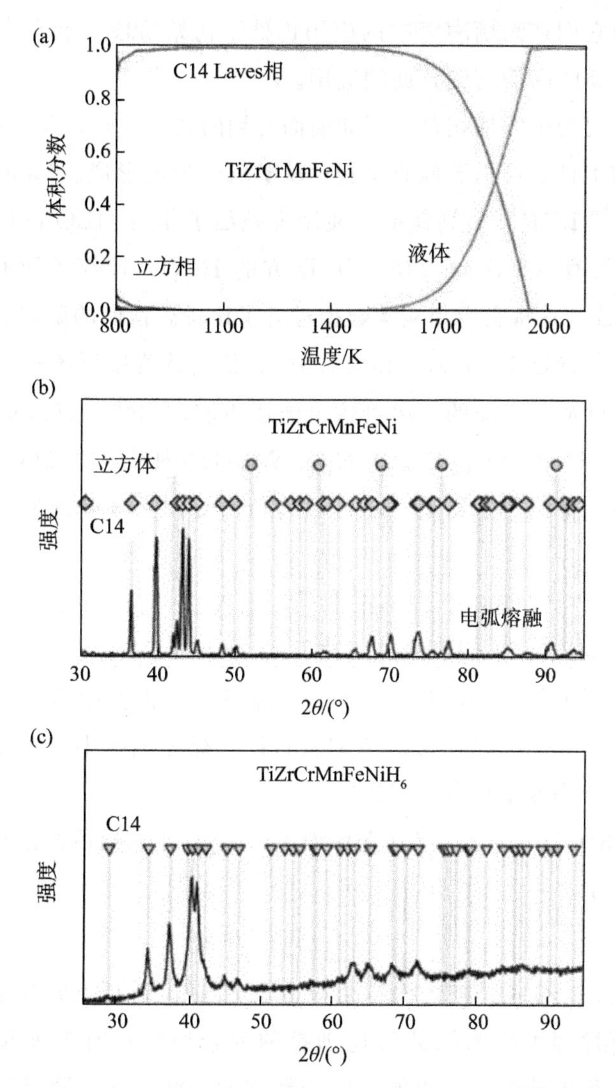

图 9.6　应用 CALPHAD 方法设计用于储氢的 C14 Laves 相结构高熵合金和相应的高熵氢化物
(a) 通过 CAL-PHAD 方法计算的 TiZrCrMnFeNi 相图；(b)TiZrCrMnFeNi 的大部分 C14 Laves 相的实验 X 射线衍射曲线；(c)C14TiZrCrMnFeNiH_6 的大部分 Laves 相的实验 X 射线衍射曲线

9.1.4.2　经验描述

描述符是可以根据系统的一些简单特征来描述单相固溶体的共同属性或稳定性的工具。由于描述符的选择会影响预测的准确性，因此选择合适的描述符很重要。通常，描述符按分子和亚埃尺度进行分类。选择最佳描述符是基于物理、化学知识以及基于数据驱动的统计数据。尽管描述符在材料科学的各个领域取得了良好的进展，但它们在高熵陶瓷中的应用仍处于初始阶段。现在介绍一些已审查的描述符在设计新的高熵陶瓷方面的应用。

（1）高熵氧化物中的描述符。正如前面提到的式（9.4），Goldschmidt 容差因子是一种合适的工具，可用于检查单相钙钛矿氧化物的形成。Jiang 等[289] 制造了具有高构型熵（$\geqslant 1.5R$）的钙钛矿，使用容差因子作为 HEO 设计的描述符。他们考虑了 12 个具有（SrBa）（M）O_3 配方的 HEO，计算了所有成分的 Goldschmidt 耐受系数，并将它们与实验数据进行了比较。他们的研究表明，所有单相钙钛矿的耐受系数接近 1（$0.97\leqslant t_G\leqslant 1.03$）。他们认为接近统一的容差因子对于形成单相高熵钙钛矿是必要的，尽管这可能还不够。帕特尔(Patel)等[290] 还研究了钙钛矿 $La_{0.2}Pr_{0.2}Nd_{0.2}Sm_{0.2}Eu_{0.2}$）$NiO_3$ 薄膜的相图和以绝缘体—金属行为作为容差因子的函数。他们得出结论，晶体结构和钙钛矿的电子行为都可以通过容差因子来控制。

斯皮里迪格利奥齐(Spiridigliozzi)等[291] 引入了一个简单的描述符来设计具有萤石晶体结构的 HEO。他们系统地研究了 18 个等原子五组分稀土基氧化物样品，并表明元素阳离子半径的分散是一个重要的描述符。他们报道，当阳离子半径分布的标准偏差大于 0.095 时，形成单相萤石；当标准偏差小于 0.095 时，形成萤石和方铁矿的混合物或单相方方锰矿。

瑞特(Wright)等[292] 使用尺寸无序因子（δ^*_{size}）作为描述符预测具有烧绿石结构的 HEO 的热导率：

$$\delta^*_{\text{size}}=\sqrt{\delta_A^2+\delta_B^2} \tag{9.7}$$

式中，δ_A 和 δ_B 分别是与烧绿石结构中 A 和 B 位点相关的晶格尺寸差异。他们认为，尺寸无序因子作为描述符比理想的混合熵能更有效地预测热导率。如图 9.7 所示，他们的研究结果表明，由于严重的晶格畸变对降低热导率的显著影响，可以通过增加尺寸无序因子来降低热导率。

（2）高熵碳化物中的描述符。HECs 是第二个研究较多的高熵陶瓷，并且已经有一些尝试定义描述符来预测这些陶瓷的特性。萨克(Sark)等[293] 利用熵形成能力作为描述符来表征合成硬质合金碳化物的能力。熵形成能力，如式（9.5）中的 EFA 所述，通过评估构型随机化计算的能谱，确定材料创建单相高熵相的相对趋势，以创建单位细胞。高 EFA 或薄光谱表明具有随机性的低能垒配置促进高熵和无序进入系统。同样，式（9.5）中的低 EFA 或宽光谱表示引入随机构型的高能量势垒，促进有序相的形成。他们使用这种方法研究了 56 种阳离子成分，其中金属为 Hf、Nb、Mo、Ta、Ti、V、W 和 Zr。他们的研究表明，较高的熵形成能力值可以形成具有较低晶格畸变的单相，如图 9.8 所示。

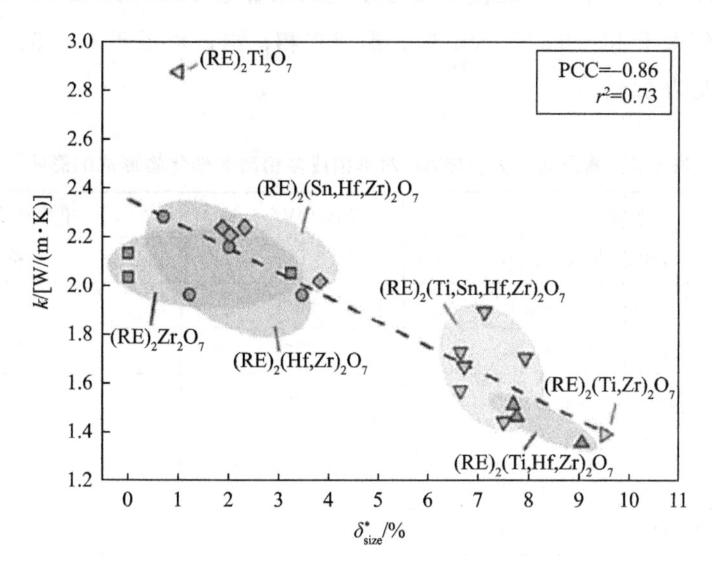

图 9.7　尺寸无序因子作为预测具有烧绿石结构的高熵氧化物的导热性的描述符的意义

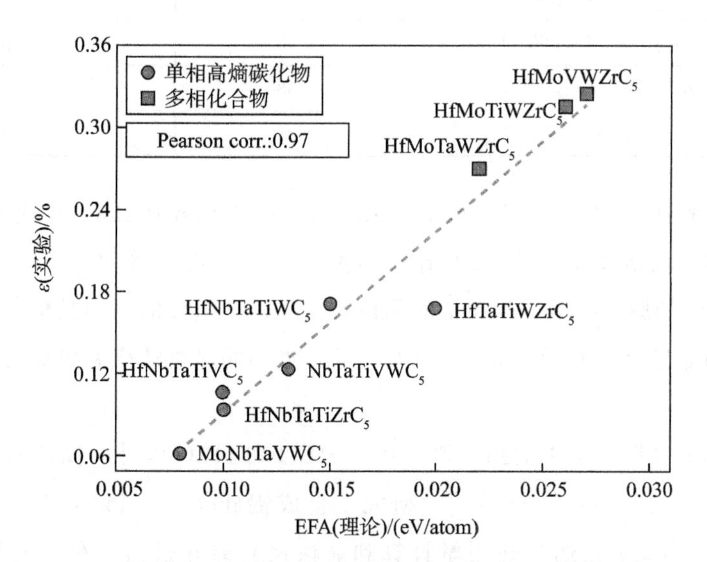

图 9.8　熵形成能力作为确定单相高熵碳化物形成的描述符，
晶格畸变（ε）与熵形成能力的倒数之间的相关性（EFA1）

他们还得出结论，由于无序改善了力学性能，熵形成能力可用于设计超硬单相碳化物，如 $NbTaVWC_5$、$HfNbTaTiZrC_5$ 和 $HfTaTiWZrC_5$，强度为 32～33GPa。哈灵顿(Harrington)等[294] 还使用熵形成能力来显示 HECs 形成单相的趋势。他们发现当该值大于 45～50eV/atom 时，形成单相；当该值低于 45～50eV/atom 时，形成多相，见表 9.4。

表 9.4　熵形成能力（EFA）对单相或多相高熵碳化物形成的影响

成分	EFA/(eV/atom)	单相或多相
$(Ti_{0.2}Zr_{0.2}Hf_{0.2}Nb_{0.2}Ta_{0.2})C$	100	单相
$(Ti_{0.2}Hf_{0.2}V_{0.2}Nb_{0.2}Ta_{0.2})C$	100	单相
$(Ti_{0.2}V_{0.2}Nb_{0.2}Ta_{0.2}W_{0.2})C$	77	单相
$(Ti_{0.2}Zr_{0.2}Hf_{0.2}Ta_{0.2}W_{0.2})C$	50	单相
$(Ti_{0.2}Hf_{0.2}Nb_{0.2}Ta_{0.2}W_{0.2})C$	67	单相
$(Ti_{0.2}V_{0.2}Nb_{0.2}Ta_{0.2}Mo_{0.2})C$	100	单相
$(Ti_{0.2}Zr_{0.2}Hf_{0.2}Ta_{0.2}Mo_{0.2})C$	63	单相
$(Ti_{0.2}Hf_{0.2}Nb_{0.2}Ta_{0.2}Mo_{0.2})C$	83	单相
$(V_{0.2}Nb_{0.2}Ta_{0.2}Mo_{0.2}W_{0.2})C$	125	单相
$(Zr_{0.2}Hf_{0.2}Ta_{0.2}Mo_{0.2}W_{0.2})C$	45	多相
$(Ti_{0.2}Zr_{0.2}Hf_{0.2}Mo_{0.2}W_{0.2})C$	38	多相
$(Zr_{0.2}Hf_{0.2}V_{0.2}Mo_{0.2}W_{0.2})C$	37	多相

有研究者使用 VASP（Vienna Ab-Initio Simulation Package）代码进行 DFT 计算，并引入晶格尺寸差异（δ）作为研究合成能力的描述符，其中 x_i、r_i 和 $\bar{r}$ 分别是组分 i 的原子分数、组分 i 的晶格常数和 n 个组分的平均晶格常数。他们评论，更小的晶格尺寸差异，如 3.041%，导致更小的晶格畸变和更高的固溶体形成可能性。

（3）其他高熵陶瓷中的描述符。在为 HEO 和 HEC 以外的高熵陶瓷寻找描述符的有限尝试之一中，Wen 等[295] 研究了合成铝硅化物 $(Mo_{0.25}Nb_{0.25}Ta_{0.25}V_{0.25})(Al_{0.5}Si_{0.5})_2$ 的能力，通过热力学计算和晶格尺寸差异进行评估。两种方法都表明，在这种材料中形成了单相，晶格尺寸差异为 1.893%。

Liu 等[296]通过晶格尺寸差异计算和实验合成研究了 HEB$(Ta_{0.2}Nb_{0.2}Ti_{0.2}W_{0.2}Mo_{0.2})B_2$ 单相形成的可能性。他们发现晶格尺寸差异为 2.763%，小于单相 $(Ti_{0.2}Hf_{0.2}Zr_{0.2}Nb_{0.2}Ta_{0.2})B_2$ 报道的值 3.109%，表明 $(Ta_{0.2}Nb_{0.2}Ti_{0.2}W_{0.2}Mo_{0.2})B_2$

应该有一个与其实验数据非常吻合的单相。

尼加德(Nygard)等[297] 建议价电子浓度可以用作设计具有低热力学稳定性的HEH的描述符。他们建议需要6.4的价电子浓度来设计具有在室温下吸收和解吸氢能力的HEH。弗洛里安娜(Floriana)等[298] 使用此描述符并成功设计了两个用于室温储氢的HEH。

9.1.5 大块高熵陶瓷

9.1.5.1 制造路线

HEA的制造可以通过固态和液态途径实现。由于陶瓷的高熔点，大块HEC的加工首选固态。固态加工包括高能球磨、常规固态烧结、自蔓延高温合成（SHS）及在电流和压力加热联合作用下的火花等离子体烧结（SPS)。SPS是一种快速、简便的方法，可生产接近致密的成分，适用于高熵陶瓷的烧结。通常将前驱体陶瓷粉末混合并填充到石墨模具中，并在高真空、脉冲直流电和单轴压力下快速烧结。

不同类型的陶瓷前驱体已被用于制备HEC。最常用的前驱体是商用陶瓷粉末。陶瓷粉末按所需的化学计量比混合，并使用球磨均匀化，然后火花等离子烧结至目标温度和单轴压力来研究高熵陶瓷粉体的合成。前驱体陶瓷粉末可通过热还原（TR）预合成，其中金属氧化物粉末用作反应物（图9.9)。

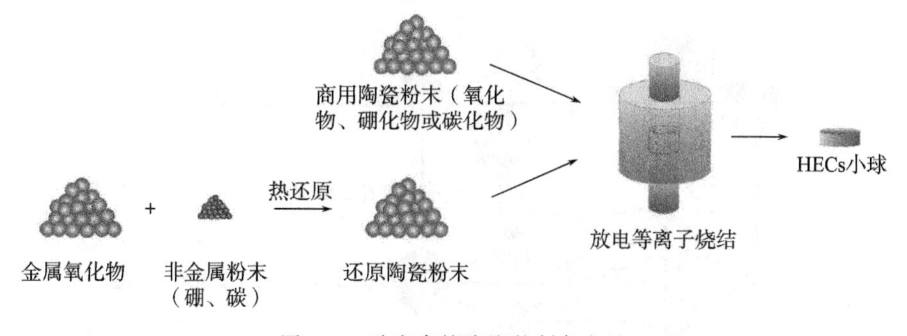

图9.9 致密高熵陶瓷的制备方法

使用氧化物粉末作为原料的优点包括降低起始材料的成本，以及生产具有可控粒度的高纯度陶瓷粉末的可能性。Feng等[299] 以金属氧化物和炭黑粉末为原料，制备高熵(Hf,Zr,Ti,Ta,Nb)C粉末。氧化物陶瓷的碳热还原是在1873K的真空条件下在1h内完成的。随后在2273K的高温下形成固溶体，表明固溶体为单相岩盐结构。Ye等[138] 报道了通过金属氧化物和石墨的碳热还原合成单相岩盐晶体结构的高熵$(Zr_{0.25}Ta_{0.25}Nb_{0.25}Ti_{0.25})C$粉末。

Liu 等[296] 证明了在 1973K、氩气气氛下，通过金属氧化物和非晶态硼粉末的硼热还原合成单相六方结构的高熵($Hf_{0.2}Zr_{0.2}Ta_{0.2}Nb_{0.2}Ti_{0.2}$)$B_2$ 粉末。合成的高熵金属二硼化物粉末的粒度为 310nm。Zhang 等[275] 使用 B_4C、石墨和金属氧化物的组合代替硼，通过硼/碳热还原合成($Hf_{0.2}Zr_{0.2}Ta_{0.2}Nb_{0.2}Ti_{0.2}$)$B_2$、($Hf_{0.2}Zr_{0.2}Mo_{0.2}Nb_{0.2}Ti_{0.2}$)$B_2$ 和($Hf_{0.2}Mo_{0.2}Ta_{0.2}Nb_{0.2}Ti_{0.2}$)$B_2$ 粉末。据报道，该反应比硼热还原更有效，还原温度低至 1873K。

Wei 等[281] 采用不同的方法合成了高熵碳化物($Ti_{0.2}Zr_{0.2}Nb_{0.2}Ta_{0.2}W_{0.2}$)C，使用商用碳化物粉末和热还原碳化物粉末，并采用元素粉末原位制造工艺。根据 XRD 图谱，这三种成分均显示出单相面心立方（FCC）结构。三种方法的比较表明，对于元素粉末和 TR 方法，微观结构不均匀。

9.1.5.2 高熵硼化物（HEBs）

高熵硼化物是以过渡金属二硼化物、HfB_2、ZrB_2、TaB_2 等为原料设计和制备的，旨在开发一类新的超高温金属二硼化物材料，其力学性能优于传统的二硼化物。希尔德(Gild)等[300] 通过 SPS 从五组分等摩尔金属二硼酸盐中烧结 HEB。由($Hf_{0.2}Zr_{0.2}Ta_{0.2}Mo_{0.2}Ti_{0.2}$)$B_2$ 和($Mo_{0.2}Zr_{0.2}Ta_{0.2}Nb_{0.2}Ti_{0.2}$)$B_2$ 等成分制成的 HEB 具有单相六方 AlB_2 结构（图 9.10）。作为母体金属的二硼化物，具有交替的六方金属阳离子网和刚性硼网，具有高熵结构。

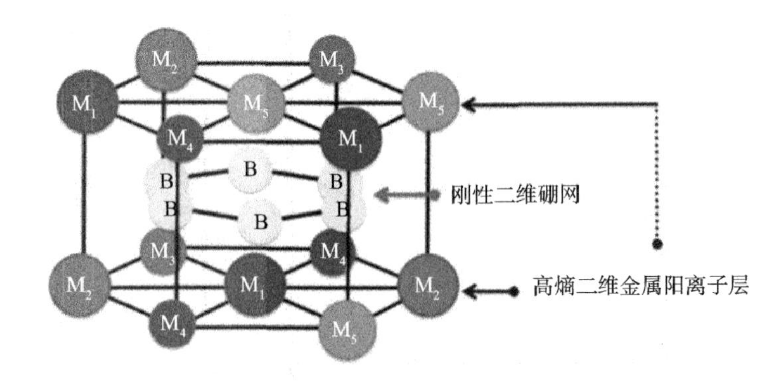

图 9.10　希尔德(Gild)等提出的 HEBs 的六角形 AlB_2 结构

资料来源：https：//doi. org/10.1038/srep37946

如果在起始前体中使用 W_2B_5，则无法成功形成单相固溶体。值得注意的是，W_2B_5 与其他使用的金属硼化物具有不同的晶体结构，并且在其他硼化物中的溶解度有限，这可能是 HEB 系统中单相固溶体可成形性的潜在因素。与组成硼化物的平均性能相比，所制备的 HEB 显示出更高的硬度和抗氧化性。

萨卡尔(Sarkar)等[301] 研究了 HEB($Hf_{0.2}ZrTa_{0.2}M_{0.2}Ti_{0.2}$)$B_2$(M＝Nb，Mo，Cr)的晶体结构、力学和电学性质。独特的层状六角形晶格结构如图 9.10 所示，金属层和二维硼层分别含有金属键和共价键，而两个六角层之间同时存在离子键和共价键。所研究的 HEB 的高稳定性是由强硼键和金属硼键共同作用的结果。密度泛函理论（DFT）计算表明，弹性模量中的固溶体强化效应可以忽略，显示出与根据混合规则计算的弹性模量相似的值。

塔拉利达(Tallarita)等[302] 通过自蔓延高温合成（SHS）从元素金属和硼粉末合成了大块 HEB($Hf_{0.2}Mo_{0.2}Ta_{0.2}Nb_{0.2}Ti_{0.2}$)$B_2$，然后在 2223K 下进行 SPS。在 SHS 过程后，获得了高比例的六方（空间群 P6/mmm）高熵相，以及少量的二硼化物和金属氧化物。SHS 粉末具有良好的烧结性能，在 SPS 产品中的相对密度为 92.5%。烧结 HEB 呈现单相六方晶体结构，与希尔德(Gild)等[300] 报道的六方 AlB_2 结构相似，强度［（22.5±1.7）GPa］和抗氧化性有所提高。当使用相同的反应物进行一步反应 SPS 工艺时，无法获得单相结构。

基于开发的 HEB 系统，Zhang 等[303] 采用硼热还原工艺，以金属氧化物和非晶态硼粉为原料合成高熵硼化物，旨在制备具有改善烧结性能的超细 HEB 粉。获得的 HEB 粉末($Hf_{0.2}Zr_{0.2}Ta_{0.2}Cr_{0.2}Ti_{0.2}$)$B_2$、($Hf_{0.2}Mo_{0.2}Zr_{0.2}Nb_{0.2}Ti_{0.2}$)$B_2$ 和 $Hf_{0.2}Mo_{0.2}Ta_{0.2}Nb_{0.2}Ti_{0.2}$)$B_2$ 的平均粒径小于 1μm，导致 SPS 产品的最终相对密度大于 95%。烧结 HEB 的超高强度值分别为 28.3GPa、26.3GPa 和 25.9GPa。与相同成分的 HEB 相比，希尔德(Gild)等[300] 的 325 目二硼化物粉末（约 22GPa）由于在 SPS 中使用了超细起始颗粒，这些 HEB 具有改进的强度特性。

9.1.5.3 高熵碳化物

卡斯尔(Castle)等[304] 首次报道的高熵碳化物是由过渡金属碳化物 HfC、TaC、ZrC、NbC 和 TiC 合成的。采用高能球磨等原子比混合四组分金属碳化物，在最高烧结温度 2573K 的 SPS 中烧结，形成高熵(Hf-Ta-Zr-Ti)C 和(Hf-Ta-Zr-Nb)C 超高温碳化物，是具有岩盐晶体结构的单相固溶体。与(Hf-Ta-Zr-Ti)C 体系相比，(Hf-Ta-Zr-Nb)C 体系在单相固溶体形成过程中的相互扩散更完全。由于 Ti 的原子半径及 TiC 的晶格参数在五种起始组分中最小，因此突出了起始金属碳化物之间的晶格失配对高熵固溶体形成性的影响。通过考虑碳化物的金属原子半径、熔点和空位形成能，认为具有最低金属空位形成能的 TaC 在扩散过程中充当主晶格，而其他金属原子迁移到 TaC 晶格并占据阳离子位置。所制备的高熵(Hf-Ta-Zr-Nb)C 的纳米压痕显示强度为（36.1±1.6）GPa，比根据混合规则计算的理论值高30%。在已报道的SPS高熵碳化物中观察到低导热性。在已报道的SPS高熵碳化物中观察到低导热性。杜萨克(Duszk)等[305] 报告了对所制备的四组分高熵(Hf-Ta-Zr-Nb)C的微观结构、原子结构和局部化学无序的进一步研究。通过各种实验方法，包括扫描电子显微镜（SEM)、透射电子显微镜（TEM）和电子背散射衍射（EBSD)，证明了化学成分在微米和纳米尺度上的均匀性。

Yan等[306] 在五组分高熵($Hf_{0.2}Zr_{0.2}Ta_{0.2}Nb_{0.2}Ti_{0.2}$)C陶瓷中观察到了低热导率和扩散率行为。高熵碳化物在2273K下在SPS中合成，并显示出石盐晶体结构，金属原子占据晶格中的阳离子位置，而碳占据晶格中的阴离子位置。据报道，测得的热扩散率低于一元碳化物，甚至低于一些二元碳化物。结构中主元素数量的增加导致晶格畸变，主要是通过碳子晶格，从而导致严重的声子散射。同样的高熵碳化物($Hf_{0.2}Zr_{0.2}Ta_{0.2}Nb_{0.2}Ti_{0.2}$)C，Zhou等[307] 在SPS中通过无压烧结合成了粉末状C。

熵形成能力（EFA）是确定多组分（金属碳化物）系统形成高熵单相晶体结构的相对倾向性的第一个系统标准，由萨卡尔(Sarker)等[308] 介绍，发表在2018年11月的《自然通讯》上。通过评估AFLOW-POCC（自动流动部分占据算法）生成的结构的能量分布谱，研究了12种金属碳化物（Hf、Nb、Mo、Ta、Ti、V、W和Zr）共56个五组分系统。窄谱表明，低能垒引入更多构型无序，因此显示较高的EFA值。通过在2473K的SPS中合成56种成分中的9种，并将实验结果与计算结果进行比较，验证了计算结果。图9.11中的相位识别表明，EFA值高于其他三种成分的六种成分 $MoNbTaVWC_5$、$HfNbatiZrC_5$、$HfNbatiVC_5$、$NbTaTiVWC_5$、$HfNbatiWC_5$ 和 $HfTaTiWZrC_5$ 在SPS后显示出单相岩盐晶体结构，而在成分 $HfMoTaWZrC_5$、$HfMoTiWZrC_5$ 和 $HfTaTiWZrC_5$ 中观察到第二相，以及EFA值较低的 $HfMoVWZrC_5$。

萨卡尔(Sarker)等[309] 发明的从头算熵描述符为单相高熵材料的形成提供了新的思路，并为研究人员设计高熵碳化物提供了系统的指导。已知Ⅳ族和Ⅴ族碳化物几乎完全互溶，因此，由于焓稳定，单相固溶体的形成是相对可能的。同时，由于晶格结构的失配，具有不同晶体结构的碳化物的掺入通常会阻碍高熵相的形成。据观察，添加Ⅵ族元素（Cr、Mo和W）可能会降低形成单相的可能性，因为在室温下，Ⅵ族金属单碳化物通常显示为非立方结构。然而，同时含有碳化钨（W_2C）和碳化钼（Mo_2C）的MoNbTaVWC五组分（分别呈现正交和六方结构）在56种分析组分中显示最高的EFA值，并在SPS后显示出单相FCC结构。通过实验测量的力学性能表明，维氏硬度和弹性模量比混合规则的预测值有显著提高，这是由结构中的质量无序和固溶体硬化造成的。一些学者对由Ⅳ族、Ⅴ族和Ⅵ族金属碳化物合成的高熵碳化物的相稳定性和力学性能进行了系统研究。证实了EFA值低于45的碳化物体系不能通过SPS形成单相固溶体。

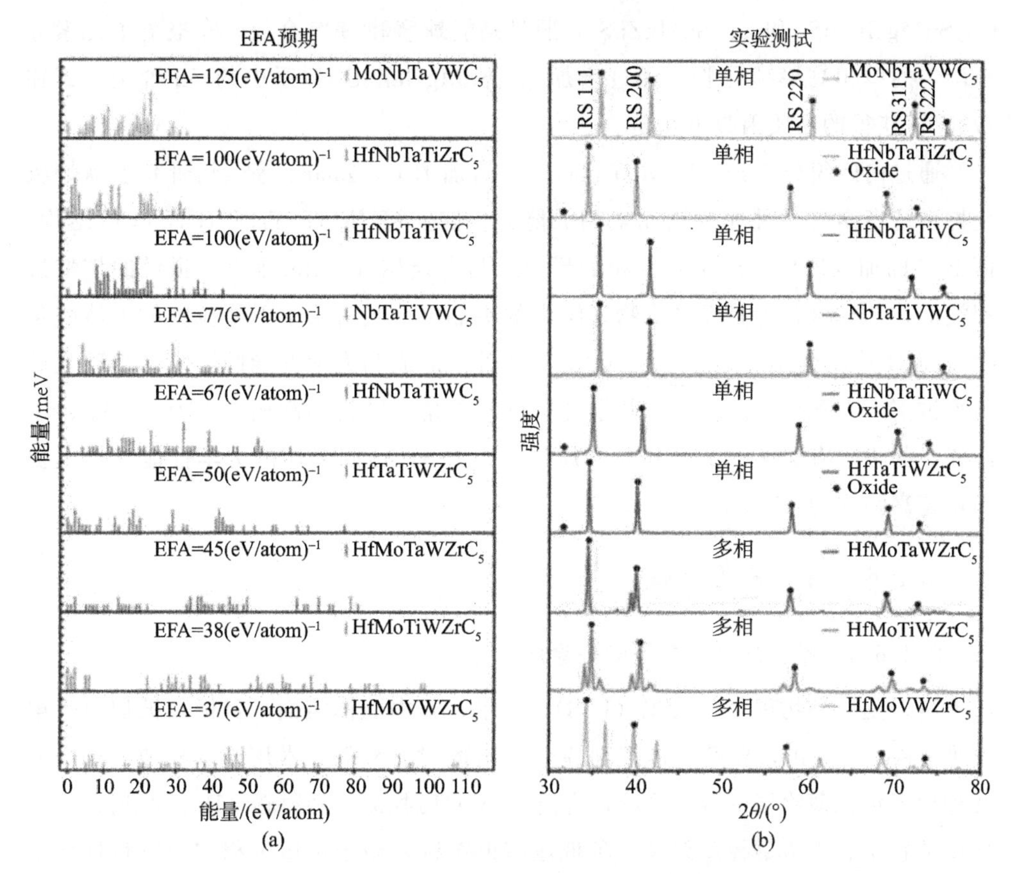

图9.11 (a)九种五组分金属碳化物不同构型的能量分布谱及其对应的EFA值；(b)Sarker等得到的具有相同成分的烧结碳化物的XRD图

资料来源：https：//doi. org/10.1038/s41467-018-07160-7

9.1.5.4 其他高熵陶瓷硅化物、碳化硼、硫化物等

到目前为止，大块高熵陶瓷的研究主要集中在氧化物、硼化物和碳化物上，还报道了其他几类高熵材料，如硅化物、硫化物和硼碳化物。

希尔德(Gild)等[300]和Qin等[286]报道了高熵硅化物的合成。一方面希尔德(Gild)等利用SPS并在1923K下烧结高熵硅化物($(Mo_{0.2}Nb_{0.2}Ta_{0.2}Ti_{0.2}W_{0.2})Si_2$，

形成单一六方C40晶体结构（空间群P6222）。据报道，硅化物组分的硬度提高，热导率低，类似于高熵碳化物。另一方面，Qin等从$(Ti_{0.2}Zr_{0.2}Nb_{0.2}Mo_{0.2}W_{0.2})Si_2$中提取元素粉末，导致形成具有相同空间群P6222的六角结构高熵硅化物。Zhang等[288] 开发了一个数据驱动模型，用于设计热电应用的高熵硫化物。其选择$Cu_5SnMgGeZnS_9$和$Cu_3SnMgZnS_7$，通过高能球磨和SPS合成，并报道了元素分布均匀的单相高熵硫化物。通过增加$Cu_5SnMgGeZnS_9$体系中的Sn含量，其在773K下获得的品质因数为0.58。

通过向四组分HEC(HfMoTaTi)C中添加B_4C，Zhang等[275] 研究了高熵碳化物系统容纳另一种非金属元素硼的能力。四元(HfMoTaTi)C含有FCC结构，而B_4C的加入诱导了少量六方相的形成。与卡斯尔(Castle)等[304] 报道的扩散过程类似，TaC被认为是硼碳化物系统中的主晶格。其讨论了不同粒度的主体碳化物TaC和其他组分碳化物对HEC复合材料相形成和力学性能的影响。当碳化硅晶须被引入硼碳化物系统时，其发现了具有六角形结构的高熵$B_4(HfMo_2TaTi)C$陶瓷，晶格中有交替的金属和非金属层。六方HEC固溶体的力学性能有很大提高，超高强度为35GPa。

9.1.6 高熵陶瓷涂层

9.1.6.1 溅射法制备高熵陶瓷涂层

溅射是一种物理气相沉积（PVD）技术，其中固体表面（目标）被加速带电离子（Ar^+）轰击，导致固体表面原子后向散射。溅射技术用于沉积薄涂层。有几种用于沉积薄涂层的溅射系统，直流（DC）磁控溅射和射频（RF）溅射是广泛使用的技术。直流磁控溅射是一种低压溅射系统，用于金属沉积和导电目标涂层材料。磁控管产生的磁场降低了溅射气压，提高了溅射涂层的沉积速率。当用绝缘体靶代替金属靶时，由于靶上正离子的表面电荷积聚，等离子体放电无法维持，因此，使用射频电源代替直流电压电源来维持绝缘体目标上的辉光放电。使用溅射沉积薄涂层的另一个优点是使用不同的反应气体、衬底偏压和衬底温度改变沉积涂层的组成和性能。在反应溅射中，不同的反应气体，如氧、氮和CH_4，可分别用于沉积氧化物、氮化物和碳化物的陶瓷涂层。此外，通过分别使用CH_4+N_2和O_2+N_2的混合物，可以实现碳氮化物和氮氧化物涂层的沉积。在反应溅射中，使用Ar和反应气体（5%～70%）的混合物进行溅射。靶材和基体之间的偏压增加会影响涂层的化学成分、微观结构和力学性能，从而形成致密的涂层结构。在反应溅射中可以改变基底温度，以提高离子迁移率和沉积离子之间的相互作用，这会影响涂层的微观结构、成分和性能。

9.1.6.2 结构演化

（1）高熵氮化物涂层。基于多主元素的高熵合金使设计各种氮化物涂层成为可能。使用形成氮化物的多种元素可以增强常规二元和三元氮化物涂层无法实现的物理和力学性能。高熵氮化物涂层形成具有面心立方（FCC）的非晶和/或固溶体结构。严重的晶格畸变和固溶体硬化有助于开发高强度氮化物涂层，用于需要耐磨性、耐腐蚀性、扩散屏障、电阻率、生物相容性或光反射率的各种应用。多功能溅射沉积可用于改变氮气流量、衬底温度和衬底偏压，以分别获得具有良好物理、化学和力学性能的氮化物涂层。

（2）氮气流量的影响。Yeh 等[39] 的研究小组报告了通过直流磁控溅射开发的高熵氮化物（HEN）涂层。使用 FeCoNiCrCuAlMn、FeCoNiCrCuAl、Al_x-CoCrCuFeNi（x 为 0.5 和 2.0）和 AlCrNiSiTi。在所有情况下，生成的 HEN 涂层在低 N_2 流量(R_N)下显示 FCC 固溶体的形成，并在较高 N_2 流量(R_N)下由于严重的晶格畸变和弱氮化物形成元素的存在而变得无定形，如 Al 和 Si，其中 $R_N=N_2/(Ar+N_2)$。在这项工作之后，还有研究者开发了(AlCrTizr)N HEN 涂层，随着 N_2 流速的增加，涂层结构从非晶态金属涂层转变为 FCC 固溶体 HEN。随着氮气流量比（R_N）的增加，溅射速率从 35nm/min($R_N=0\%$)降低到 15nm/min($R_N=60\%$)。溅射速率的降低归因于较低的溅射产率，这是由于氮吸收、靶材氮化和/或与氩离子相比，随着 R_N 的增加，反应气体的溅射效率降低。R_N 比率的增加导致强度从 9GPa($R_N=0\%$)增加到 32GPa($R_N=15\%$)。在另一项研究中，Tsai 等[64] 利用磁控溅射技术开发了八元主元素(AlMoNbSiTaTiVZr)N HEN 涂层，氮流量比 R_N 为 0%～70%。随着氮流量比的增加，沉积速率从 31nm/min($R_N=0\%$)下降到 8.3nm/min($R_N=67\%$)。相比之下，强度值从 13.5GPa($R_N=0\%$)增加到 37GPa($R_N=50\%$)。强度的高增长归因于氮和目标元素之间更牢固的结合。(AlMoNbSiTaTiVZr)N HEN 的涂层形态从粗粒状形态($R_N=0\%$,晶粒尺寸为 30～100nm)转变为减少的晶粒形态($R_N=11\%$,晶粒尺寸为 10nm)，然后转变为更粗糙的形态($R_N=33\%$)。同样，随着氮流量比从 $R_N=0\%$～11%增加到 $R_N=33\%$，涂层的横截面从玻璃状无特征形态变为细柱状结构。类似地，Gao 等[47] 利用射频溅射技术开发了(NbTiAlSiZr)N HEN 涂层，并将氮流量比 R_N 从 10%增加到 50%，发现涂层厚度和沉积速率随着氮气流量的增加而减小，如图 9.12 所示。

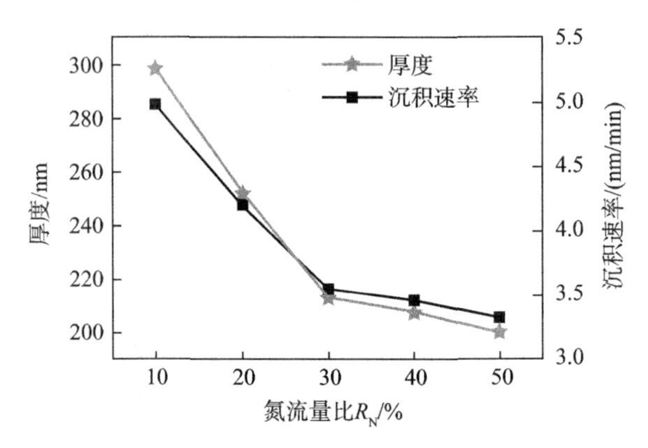

图 9.12　薄膜沉积速率与(NbTiAlSiZr)N HEN 涂层中氮流量比(R_N)的函数关系[47]

(NbTiAlSiZr)N HEN 涂层的横截面如图 9.13 所示。研究发现，随着氮气流量的增加，涂层厚度从 298.8nm 降至 200.0nm。此外，当氮流量比从 $R_N=10\%$ 增加到 $R_N=50\%$时，强度分别从 9.5GPa 增加到 12GPa。

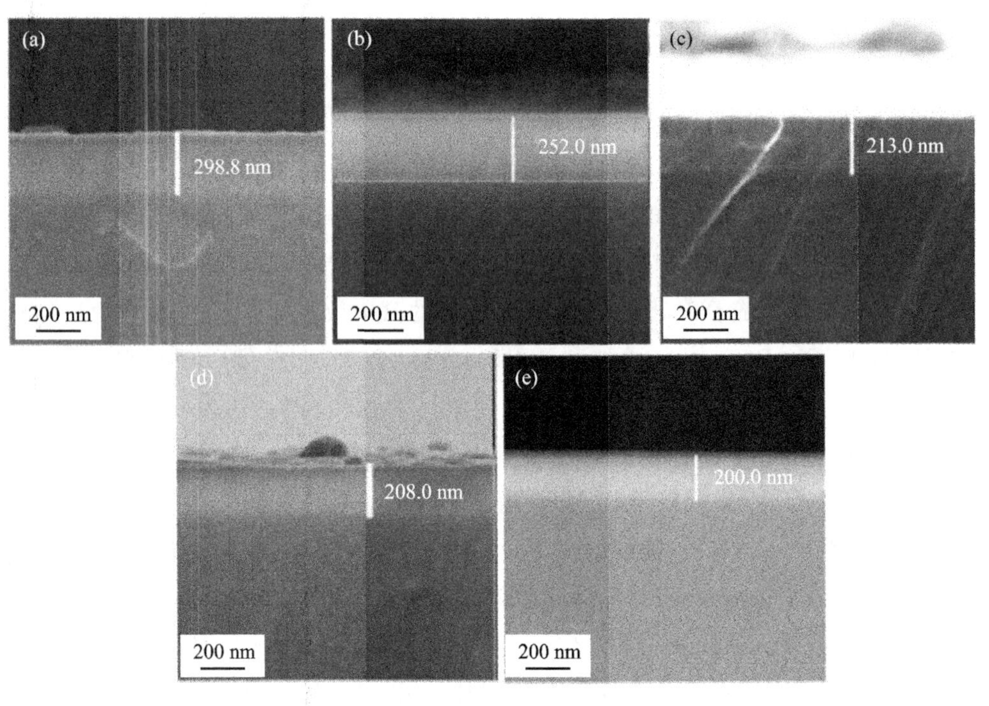

图 9.13　不同 R_N 下(NbTiAlSiZr)N HEN 涂层的表面和横截面 SEM 显微照片：(a) $R_N=10\%$；(b) $R_N=20\%$；(c) $R_N=30\%$；(d) $R_N=40\%$和 (e) $R_N=50\%$

在另一项工作中，Chang 等[24] 利用直流磁控溅射技术开发了一种 R_N 含量为 0%～50%的十二面体(TiVCrZrNbMoHfTaWAlSi)N HEN 涂层，并且随着 R_N 的增加，观察到了类似的结构从非晶态到 FCC 固溶体的演变。反应溅射后的强度从 13GPa(R_N=0%)增加到 34.8GPa(R_N=50%)。

(3) 衬底偏压效应。涂层沉积过程中基体偏压的变化会影响涂层的化学成分、微观结构和力学性能。Chang 等[24] 研究了衬底偏压对涂层的影响——在 R_N=50%下通过直流磁控溅射开发的 200V (AlCrMoSiTi) N HEN 涂层。尽管涂层中含有 AlN、TiN 和 Si_3N_4 等不互溶氮化物，但仍显示 FCC 固溶体结构。然而，随着衬底偏压的增加，晶格参数从 4.15Å (1Å=0.1nm) 增加到 4.25Å，晶粒尺寸从 16.8nm 减小到 3.3nm。晶格参数的这种变化归因于吸附原子迁移率的增加，而晶粒的减少是由于随着衬底偏压的变化，离子诱导的表面缺陷的成核速率增加。基板偏压的增加对强度特性的影响很小，从 25GPa 到 32GPa 的最高强度没有大的偏压(-100V 偏压)。根据这些发现，Huang 等[164] 研究了利用射频磁控溅射法在(AlCrNbSiTiV)N HEN 涂层上将衬底偏压从 0V 增加到 160V 时对 R_N 的影响，衬底温度分别保持在 28%和 300℃的恒定温度。HEN 涂层的 XRD 分析显示 FCC 固溶体具有相似的增加和减少趋势。然而，在这项工作中，强度从 22GPa (无偏压) 增加到了 42GPa (无偏压) 的最高强度(-100V 偏压)。(AlCrNbSiTiV)N HEN 涂层即使在 800℃(5h)下退火后仍表现出优异的热稳定性，并保持 40GPa 的强度。强度的这种增加趋势归因于晶粒尺寸和残余应力随基体偏压的增加而变化。基底偏压对涂层的类似影响在(TiVCrZrHf)N、(AlCrTiZr)N、(TiHfZrVNb)N 和 (TiZrHfNbTaY)N HEN 涂层中也观察到了。

(4) 衬底温度的影响。溅射沉积过程中薄膜的生长取决于离子在衬底上的迁移率。基体温度对离子迁移率和沉积离子之间的扩散起着关键作用，沉积离子影响涂层的微观结构、组成和性能。Liang 等[181] 研究了衬底温度对(TiVCrZrHf)N HEN 涂层沉积的影响，该涂层使用射频磁控溅射，从室温 (RT，25℃) 到 450℃，R_N=4%和-100V 衬底偏压。XRD 分析表明，在所有衬底温度下，FCC 固溶体的形成没有任何明显的相分离。然而，晶粒尺寸从室温下的 10.7nm 减小到 250℃ 下的 8.0nm，然后在 450℃ 下增加到 9.7nm。随着基体温度的升高，(TiVCrZrHf)N HEN 涂层的表面形貌变得更加光滑和致密。横截面形貌从涂层-基体界面处的非晶态相转变为朝向涂层表面的 FCC 相。据报道，这种现象是由于初始涂层沉积中产生的更高应力以及 HEN 涂层和硅衬底之间 19%的更大晶格失配所致。随着衬底温度从 RT 增加到 450℃，涂层的强度从 30GPa 增加到 48GPa。随着衬底温度的增加，涂层的强度增加是因为沉积原子的迁移率更高，生长空洞减少，导致涂层更致密。在沉积(AlCrNbSiTiV)N 和(TiVCrAlZr)N HEN 涂层的过程中，学者也对基底温度对结构和力学性能增强的影响进行了类似的研究。

9.1.6.3 高熵碳化物涂层

与高熵氮化物涂层类似，高熵碳化物涂层已被开发用于获得摩擦学和生物医学应用的涂层。

(1) CH_4 流量比的影响。布雷卡(Braic)等[310] 对摩擦学和生物医学应用中高熵碳化物涂层的开发进行了初步研究。他们的研究小组在恒定的衬底温度和 400℃的衬底偏压下，用直流磁控溅射法在不同 CH_4 流量比(R_C)的情况下，从元素靶的共溅射中沉积(TiAlCrNbY)C 高熵碳化物涂层，其中 CH_4 流量比由公式 $R_C = CH_4/(CH_4 + Ar)$得出。XRD 结果显示，在较高的碳浓度(R_C=26%和 R_C=33%)下，结构从纳米结构的宽 FCC 相(R_C=0%)转变为单一 FCC 碳化物相(R_C=10%和 R_C=17%)，然后转变为非晶相。随着 CH_4 流量比的增加，涂层形貌从略高的表面粗糙度 7nm(R_C=0%)变为细粒度的表面粗糙度 2nm(R_C=33%)。强度值从 8.2GPa(R_C=0%)增加到 22.6GPa (R_C=26%)。类似地，布雷卡(Braic)等[310] 还研究了 CH_4 流量比对在 Ti_6Al_4V 合金衬底上使用直流磁控溅射的元素靶共溅射(TiZrNbHfTa)C 高熵碳化物涂层的影响。然而，在这项工作中，仅观察到 FCC 固溶体的形成，R_C 为 13%和 35%，强度值分别为 22.4GPa 和 32.1GPa。与之前的工作类似，随着 CH_4 流量比的增加，表面粗糙度和晶粒尺寸减小，而硬度增加。在另一项工作中，Braic 等使用原子半径差异较大的元素沉积(CuSiTiYZr)C 高熵碳化物涂层，并报告了不同 CH_4 流量比对结构和力学性能的影响。在所有沉积的高熵碳化物涂层中，XRD 结果显示无定形相的形成与碳的数量无关。高熵碳化物涂层中较高的晶格畸变导致强度值为 20.7GPa (R_C=25%)、27.2GPa (R_C=35%) 和 29.5GPa (R_C=50%)。因此，在高熵合金的情况下，当组成元素具有接近的原子半径时，就会形成固溶体。类似地，Jhong 等[191] 开发了 (CrNbSiTiZr) C 高熵碳化物涂层，并研究了增加 CH_4 流量比对结构演变和力学性能的影响。在该体系中，高熵碳化物涂层的结构从低 R_C (3%～10%) 时的 FCC 固溶体相转变为高 R_C (15%～20%) 时的非晶态相。这种从 FCC 固溶体到非晶态的结构变化导致强度从 32.8GPa 降低到 22.3GPa。

(2) 衬底温度的影响。布雷卡(Braic)等[310] 研究了衬底温度对(CrCuNbTiY)

C高熵碳化物涂层沉积的影响，该涂层采用直流磁控溅射法，在恒定衬底偏压和两种不同CH_4流量比的情况下沉积元素靶。衬底温度从80℃提高到650℃，并报告了其对结构演变和力学性能的影响。在所有沉积温度下，碳浓度较低的高熵碳化物涂层显示FCC结构的形成，而碳浓度较高的涂层显示较差的结晶度，并接近非晶相。两种涂层的晶粒尺寸和表面粗糙度均随基体温度的升高而增大。相比之下，强度值随着基板温度从13GPa（基板温度为80℃）增加到30GPa（基板温度为650℃）。

9.1.6.4 高熵氧化物涂层

高熵陶瓷涂层的研究主要集中在高熵氮化物和碳化物涂层上。关于高熵氧化物（HEO）涂层的研究报道很少。Chen等[35] 报告了HEO涂层的初步工作，其中通过使用不同氧流量比（O_2/Ar）的射频磁控溅射开发了(Al_xCoCuFeNi)O（x=0.5,1,2)HEO涂层，并对由此产生的结构演变进行了表征。随着氧流量比的增加，观察到结构演变从FCC、FCC+BCC或BCC（取决于铝含量）转变为立方脊状氧化物。随着氧气流量比的增加，强度从5.0～8.0GPa增加到13.0～22.6GPa。在随后的工作中，Liu等[214] 使用强氧化物形成元素，通过直流磁控溅射，将氧气流量比［$R_O=O_2/(O_2+Ar)$］从0%增加到50%，形成(AlCrTiZr)O HEO涂层。XRD分析显示，无论氧气流量比如何，均为亚稳非晶结构[178]。在不同的氧气流量比下形成非晶相的趋势被归因于来自Al、Cr、Ta、Ti和Zr的每个组成元素的氧化物的晶格参数的巨大差异。据报道，强度值为8～13GPa。然而，在900℃下退火后，强度值在20～22GPa范围内增加。HEO涂层的强度值相对高于大多数已报告的氧化膜，如Al_2O_3(10GPa)、TiO_2(18GPa)、V_2O_5(3～7GPa)和ZrO_2(15GPa)。

9.1.7 高熵陶瓷涂层的性能

9.1.7.1 力学性能

根据文献中报道的高熵氮化物（HEN）涂层可以看出，HEN涂层的强度取决于多组分合金中强氮化物形成元素的选择。在(FeCoNiCrCuAlMn)N和(FeCoNiCrCu$Al_{0.5}$)N HEN涂层的早期研究中，在较高的N_2流量比下观察到最高强度为10.4～11.8GPa。因此，开发了含有强氮化物形成元素的HEN涂层，如(AlCrNbSiTiV)N、(TiVCrZrHf)N和(TiZrNbAlYCr)N，导致强度随着N_2流量比的增加而增加40～48GPa。此外，发现力学性能随着衬底偏压和温度的升高而增加。表9.5总结了文献中报道的一些具有优异力学性能的高熵氮化物涂层。

表9.5　高熵氮化物涂层的力学性能

HEN涂层	最大强度/GPa	HEN涂层最大杨氏模量/GPa
(AlCrTaTiZr)N	32.0	368
(AlCrMoSiTi)N	35.0	325
(AlMoNbSiTaTiVZr)N	37.0	360
(AlCrNbSiTiV)N	42.0	350
(TiVCrZrHf)N	48.0	316
(TiZrNbHfTa)N	32.9	—
(TiVCrZrHf)N	33.0	276
(AlCrNbSiTi)N	36.7	425
(TiHfZrVNb)N	44.3	—
(AlCrMoTaTi)N	30.6	280
(AlCrMoTaTiSi)N	36.0	250
(TiVCrZrNbMoHfTa-WAlSi)N	34.8	276.5
(TiZrNbAlYCr)N	47.0	—
(TiZrHfNbTaY)N	40.2	—

9.1.7.2　摩擦学性能

高熵氮化物和高熵碳化物涂层优越的力学性能和高温稳定性使其适用于摩擦领域。关于HEN和高熵碳化物涂层在N_2/CH_4气体流量比和基体偏压作用下的摩擦学研究报道较少。Cheng等[205]研究了基底偏压对(AlCrTiZr)N HEN涂层与钢制反球摩擦性能的影响。相关的磨损试验表明，随着衬底偏压的增加，COF高达0.7，而磨损率从$6.4\times10^{-6}mm^3/Nm$降低至$3.6\times10^{-6}mm^3/Nm$。在滑动距离为70m的磨损试验后，发现(AlcrTiZr)N HEN涂层稳定。在另一项工作中，Cheng等[205]研究了氮气流量比对(AlCrMoTaTiZr)N HEN涂层在滑动距离为90m的钢制平衡球上的摩擦学性能的影响。由此进行的摩擦学试验表明，磨损率较低，为$2.8\times10^{-6}mm^3/Nm$；然而，发现COF仍处于0.7左右的高位。类似地，布雷卡(Braic)等[167]研究了M2钢基体上的(TiZrNbHfTa)N HEN涂层和(TiZrNbHfTa)C高熵碳化物涂层在环境条件下滑动距离为400m时对蓝宝石平衡球的摩擦学行为。磨损试验表明，平均COF为0.9，(TiZrNbHfTa)N HEN涂层的平均磨损率为 2.9×10^{-6}mm^3/Nm；(TiZrNbHfTa)C 高熵碳化物涂层平均 COF 为 0.15，平均磨损率为 8×10^{-7}mm^3/Nm。在这项工作之后，在模拟体液（SBF）中对蓝宝石计数器球进行了（TiZrNbHfTa）N HEN 涂层和(TiZrNbHfTa)C 高熵碳化物涂层的磨损试验，滑动距离为 400m。结果表明，(TiZrNbHfTa)N HEN 涂层磨损试验的平均 COF 和磨损率分别为 0.17 和 2.9×10^{-7}mm^3/Nm，(TiZrN-bHfTa)C 高熵碳化物涂层平均 COF 和磨损率分别为 0.12～0.32 和(2～9)×10^{-7}mm^3/Nm。此外，Braic 等和 Jhong 等研究了(TiAlCrNbY)C、(CuSiTiYZr)C、(CrCuNbTiY)C 和(CrNbSiTiZr)C 高熵碳化物涂层的摩擦学性能，发现高熵碳化物涂层具有优异的摩擦学性能，平均磨损率和平均 COF 分别为（0.12～12）×10^{-6}mm^3/Nm 和 0.07～0.40。

在 HEN 涂层的球－盘滑动磨损试验的初始工作之后，对刀具应用进行了模拟试验。Shen 等[72] 研究了(AlCrNbSiTi)N HEN 涂层 WC-Co 基底在 900m 覆盖距离下对 SKD11 钢的铣削性能，并将其性能与商业 TiN 和 TiAlN 涂层进行了比较。铣削试验表明，(AlCrNbSiTi)N HEN 涂层的下侧面磨损为 200μm/min，而 TiN 涂层的下侧面磨损为 255μm/min，TiAlN 涂层的下侧面磨损为 270μm/min，如图 9.14 所示。类似地，(TiZrHfVNbTa)N、(AlCrNbSiTiV)N 和纳米层压板(TiAlCrSiY)N/(TiAlCr)N HEN 涂层的机械加工性能显示出比商用氮化物涂层更好的摩擦学性能。

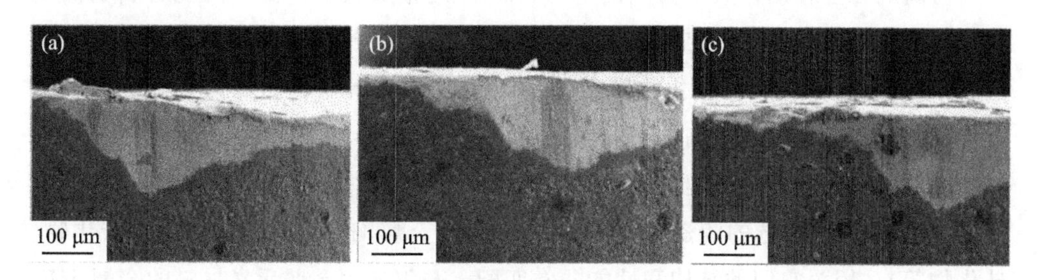

图 9.14　涂有不同 HEN 涂层的切削刀片侧面磨损形态的 SEM 显微照片

(a) TiN；(b) TiAlN；(c) AlCrNbSiTi HEN 涂层

9.1.7.3　腐蚀性能

随着主元素数量的增加，晶格畸变的增加导致高熵合金中非晶相的形成，从而提供更好的力学和电化学性能。通过选择合适的化学成分，非晶态 HEA 涂层可以提高常规合金的耐腐蚀性。Li 等[11] 在低碳钢基体上以不同的 R_N 流量比沉积了(TiAlCrSiV)N HEN 涂层，并在室温（RT，22℃）下研究了其在 3.5%（质量分数）NaCl 溶液中的电化学性能。在较低的 R_N 流量比下，涂层结构由非晶态转变为较高的 R_N 流量比下的 FCC 固溶体。在金属 TiAlCrSiV HEA 涂层中观察到最高的极化电阻为 11.36kΩ/cm^2，而在其氮化物涂层中，极化电阻略微降低到 8.03～8.55kΩ/cm^2。此外，通过开发金属 TiAlCrSiV HEA 涂层的中间层，HEN 涂层的极化电阻得到了增强。在另一项工作中，有研究者使用直流磁控溅射法在 6061 铝合金和低碳钢基体上沉积(AlCrSiTiZr)N HEN 涂层，在不同的 R_N 流量比下，研究了 R_N 流量比和沉积过程中基体偏压对 0.1mol/L H_2SO_4 水溶液在室温下耐蚀性能的影响。在较高的 R_N 流量比下，(AlCrSiTiZr)N HEN 涂层从非晶态结构转变为部分晶态结构。6061 铝合金基体的腐蚀电流密度(Icorr)从 29.1μA/cm^2（未涂层）降低到 3.1μA/cm^2［(Alcrsizizer)N HEN 涂层］；而对于低碳钢基体，则从 90.4μA/cm^2（未涂层）降低至 7.7μA/cm^2。在(TiZrNbHfTa)N 和(TiZrNbHfTa)C、(AlCrNbSiTi)N、纳米层压 AlCrMoNBZr/(AlCrMoNBZr)N 和(NbTiAlSiZr)N 的 HEN 涂层中，观察到 HEN 涂层在常规基材上的耐腐蚀/氧化性能有类似的提高。

9.1.8 未来的可能性和商业化

与高熵合金相比，关于高熵陶瓷（HEC）的报道较少。由于陶瓷材料的高熔点、高硬度、良好的热稳定性和化学稳定性，以及优异的耐磨性和抗氧化性，大多数大块 HEC（如高熵硼化物和碳化物）被设计为新型超高温陶瓷（UHTC），与传统陶瓷相比，具有更高的高温稳定性和优异的力学性能。目前对大块 HEC 的加工和性能演变的理解是建立在 HEA 知识的基础上并从 HEA 知识发展而来的。对于大块 HEC，首选的陶瓷组件是Ⅳ、Ⅴ和Ⅵ族金属陶瓷（金属硼化物、碳化物、硅化物等），因为它们的结构和性能非常匹配。与仅使用金属元素材料的金属 HEAs 系统相比，HECs 成分的组合非常有限。为了探索 HECs 的潜力，需要对不同成分的 HECs 进行更多的筛选和研究。此外，大多数已报道的散装 HECs 基于实验观察，而少数 HECs 结合建模结果进行了系统讨论。为了给未来的研究人员提供设计 HECs 的明确指导，需要进一步发展计算方法，包括相应的热力学陶瓷数据库，以便更有效、更准确地预测 HECs 的结构和性能。

HECs 加工的研究正在进行中，行业内已经在 HECs 涂层方面开展了大量工作，以开发下一代氮化物和碳化物涂层。高熵碳化物和高熵氮化物涂层由于其优越的力学性能、耐腐蚀性能和抗氧化性能，在生物医学工业、切削工具和硬面模具涂层中具有潜在的应用。具有高热稳定性的氮化物 HECs 涂层可以用作集成电路中的扩散阻挡涂层，以抑制相邻材料（如铜和硅）的扩散。此外，高熵氧化物涂层可被视为未来铜氧化物超导体、可见光催化剂和透明场效应晶体管（TFET）的潜在材料。

大块高熵陶瓷的研究主要集中在金属氧化物、难熔碳化物、硼化物和硅化物上。具有均匀单相结构的 HECs 显示出优越的力学性能和其他性能，如高熵氧化物的热电性能。大多数科学研究致力于探索各种制备方法，表征高熵结构和显著的物理/化学性质。然而，要完全理解涉及复杂多组分陶瓷系统的 HECs，问题仍然存在：HECs 材料中最重要的相形成规则是什么？如何实现 HECs 的潜在应用？为了优化材料设计和加工工作，陶瓷系统迫切需要对金属高熵系统中已经存在的材料选择规则进行更系统的研究。

在过去 10 年中，对高熵陶瓷涂层的研究表明，涂层具有优异的力学、电气、耐高温、耐腐蚀和耐磨性能。高熵陶瓷涂层在不同的应用领域有着巨大的潜力，如耐磨和耐腐蚀涂层、热障涂层以及电气和生物医学应用。控制沉积参数的变化有利于获得具有极高强度值和高度致密结构的涂层，该涂层具有耐腐蚀性和生物相容性。未来纳米复合材料和多层高熵陶瓷涂层的开发工作可以研究其超硬度特性。此外，需要解决高熵陶瓷涂层的耐高温腐蚀、力学和摩擦学性能。

9.2 Ni-Cr-Si-Al-Ta 高熵合金制备薄膜电阻

用直流磁控溅射法在玻璃和 Al_2O_3 衬底上制备了 Ni-Cr-Si-Al-Ta 电阻薄膜、$Ni_{0.35}$-$Cr_{0.25}$-$Si_{0.20}$-$Al_{0.2}$ 铸造合金和钽金属。在不同温度下采用 Ni-Cr-Si-Al-Ta 薄膜的电学性能和微观结构研究了溅射功率和退火温度。镍的相演变、显微结构和成分可利用 X 射线衍射、透射电子显微镜和扫描电子显微镜对 Cr-Si-Al-Ta 薄膜进行光谱学表征（AES）。当退火温度设定为 300℃时，观察到具有非晶态结构的 Ni-Cr-Si-Al-Ta 薄膜；当退火温度为 500℃ 时，Ni-Cr-Si-Al-Ta 薄膜结晶为 $Al_{0.9}Ni_{4.22}$、Cr_2Ta 和 Ta_5Si_3 相。在 100℃下沉积的 Ni-Cr-Si-Al-Ta 薄膜在 300℃下退火表现出较高的电阻率（2215$\mu\Omega$）-共模（10ppm/℃）-电阻温度系数（TCR）。

9.2.1 简介

电子行业（电信和信息、航空航天和工业精密测量行业）许多技术的快速进步需要不断开发电子元件，以实现更高的精度、可靠性和集成度。在这些元件中，电阻器是基本元件之一，主要用于电子电路。在这方面，近年来对具有低 TCR 和高精度的薄膜电阻器的需求急剧增加。TCR 是薄膜电阻器的一个重要技术参数。一个高电阻温度系数会导致电阻值漂移，并随着温度的变化影响电阻器的精度。影响 TCR 的主要因素包括溅射工艺、退火温度和薄膜成分，而薄膜成分在这三个因素中起着决定性的作用。因此，采用合适的方法沉积合适的薄膜成分是获得低 TCR、高电阻电阻器的关键。

近年来，Yeh 等对高熵合金进行了广泛而快速的开发。这些合金被定义为含有五种或五种以上的主要金属元素，每种元素的浓度在5%～35%之间变化。人们普遍发现，由于混合熵较大，高熵合金在高温下形成简单的固溶体结构（而不是许多复杂相）。简单的晶体结构具有许多优异的性能，如易于纳米沉淀、高硬度和优异的抗回火软化、磨损、氧化和耐腐蚀性能。近年来，许多新的面心立方（FCC）和体心立方（BCC）HEA 及一些高熵块体金属玻璃得到了发展。它们在低温和高温下表现出优异的机械响应和良好的耐磨性，以及良好的塑性行为。

镍铬薄膜用于集成电路中，低噪声、良好的功耗和接近零的电阻温度系数是重要的要求。一些研究报告了通过热蒸发和射频溅射沉积 Ni-Cr 电阻膜，主要用作混合电阻器。据报道，在控制薄膜电阻 R_s 方面进行了大量工作，并且通过掺杂不同杂质的薄膜制备镍铬电阻的 TCR。如果向合金中添加硅，则 Ni-Cr-Si 薄膜电阻器具有非常高的电阻，获得了低温电阻率系数，但合金电阻率没有显著提高。在之前的研究中，已经报道了添加铝和退火对 Ni-Cr-Si 薄膜的微观结构和电学性能的影响。Ni-Cr-Si-Al 薄膜的电阻率高于 400℃以下退火的 Ni-Cr-Si 薄膜的电阻率，退火后的 Ni-Cr-Si-Al 薄膜的 TCR 接近零。然而，铝元素的熔点较低（660℃），这不利于其热稳定性。高熔点钽的熔点为 3020℃，这将有利于电阻薄膜的热稳定性。

为了获得高电阻率、低 TCR 的电阻薄膜，在前人对 Ni-Cr-Si-Al 薄膜电阻研究的基础上，学者研究了 Ni-Cr-Si-Al-Ta 作为薄膜电阻的组成，研究了溅射功率和退火温度对 Ni-Cr-Si-Al-Ta 薄膜的物相、显微结构和电学性能的影响。

9.2.2 溅射薄膜的成分、相变和微观结构

电子探针微分析（EPMA）用于确定薄膜成分。在溅射薄膜的三个点上分别测量了镍、铬、硅、铝和钽的相对浓度，平均值如图 9.15 所示。结果表明，不同溅射功率的 Ni-Cr-Si-Al-Ta 薄膜在 100W 时的成分分别为 23.5%Ni、14.6%Cr、23.6%Si、16.8%Al 和 21.5%Ta，在 200W 时的成分分别为 24.5%Ni、13.8%Cr、23.6%Si、17.6%Al 和 20.5%Ta。结果表明，Ta 含量约为 20%。然而，这些薄膜符合高熵合金的规则，高熵合金含有五种或五种以上的主要金属元素，每种元素的浓度在 5%～35%之间变化。

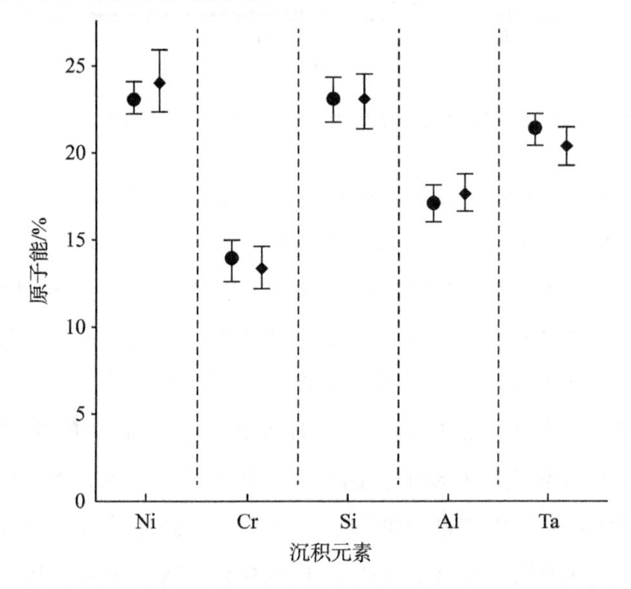

图 9.15 铜片上溅射不同直流溅射功率的 Ni-Cr-Si-Al-Ta 薄膜的成分

图 9.16 显示了沉积样品和在不同温度下退火 240min 的样品在 200W 下的 Ni-Cr-Si-Al-Ta 薄膜的 X 射线衍射图。所有的 Ni-Cr-Si-Al-Ta 薄膜都在室温下退火（≤400℃）呈现无定形结构，表明所有元素均未结晶或氧化。“非晶态”是一个通用术语，指在材料科学和工程方面具有非周期原子进展的固态。与晶体材料相比，非晶态材料在原子水平上的一个特殊特征是原子中没有长程有序。然而，原子尺度上的原子排列（几个原子直径的距离）是周期性的。晶体材料的结构可以很容易地通过描述晶体的单胞来确定。由于 X 射线研究中衍射图案的展宽和反射的缺乏，非晶结构的表征更加困难。利用透射电子显微镜进行晶体分析还需要进一步研究。有趣的是，有学者指出在空气中 Ni-Cr-Si-Al-Ta 薄膜退火（500℃）后不会

氧化，Ni-Cr-Si-Al-Ta 薄膜中只形成合金相。Yeh 等[32] 报道，HEA 可以提高高温强度、耐腐蚀性、抗氧化性等。

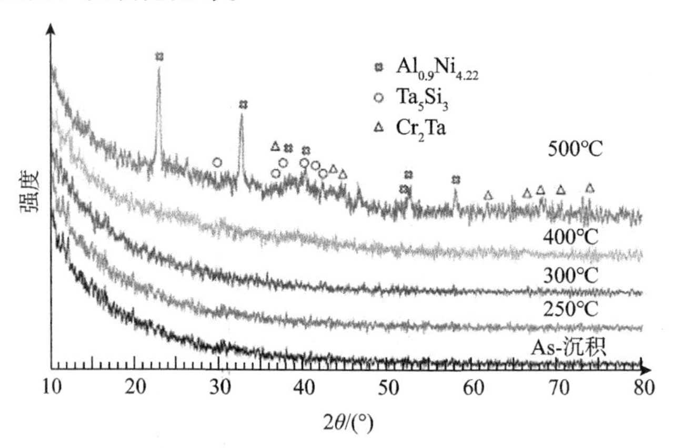

图 9.16　200W、不同退火温度下溅射的 Ni-Cr-Si-Al-Ta 薄膜的 XRD 图谱

图 9.17 显示了在玻璃衬底上具有不同溅射功率的 Ni-Cr-Si-Al-Ta 薄膜的 XRD 图谱，用于沉积样品和在 500℃退火的样品持续 240min。该图显示沉积态薄膜具有非晶态结构。当退火温度设定为 500℃时，$Al_{0.9}Ni_{4.22}$、Ta_5Si_3 和 Cr_2Ta 的结晶清晰可见。在图 9.17(b)中，也显示了不同溅射功率下的结果，XRD 峰的强度随着溅射功率的增加而明显增加，达到 200W。结果表明，当薄膜在高温下退火时，溅射功率对晶体薄膜有很大的影响。这可能是因为，在高溅射功率下，喷射的金属原子到达基底时具有更高的动能。因此，这些 Ni、Cr、Si、Al 和 Ta 原子具有足够的动能重新排列以形成更紧密的堆积层，从而形成高度纳米晶薄膜结构。在使用金属靶的情况下，辉光放电等离子体中电子和离子的数量或能量将随着溅射功率的增加而增加。也就是说，正离子与靶碰撞产生的溅射原子的能量会随着溅射功率的增加而增加。随着溅射功率的增加，高能电子也可能轰击衬底上生长薄膜的表面，以热能的形式提供能量。这种能量可以作为额外的能量促进晶体的生长。因此，可以得出结论，随着溅射功率的增加，溅射粒子的数量和动量也会增加。原子在薄膜表面上的流动性会随着原子轰击率的增加而增加。

图 9.18 显示了在不同溅射功率和退火温度下的 Ni-Cr-Si-Al-Ta 薄膜的 SEM 显微照片。200W 沉积的 Ni-Cr-Si-Al-Ta 薄膜在 400℃退火后出现了一些异相，如图 9.18(b)所示，在 500℃退火后明显出现异相［图 9.18(c)］，这与 XRD 图谱分析一致（图 9.16）。这些晶相应属于 $Al_{0.9}Ni_{4.22}$、Ta_5Si_3 和 Cr_2Ta。对于以 100W 沉积并在 500℃下退火的 Ni-Cr-Si-Al-Ta 薄膜，也观察到了异相，如图 9.18(d)所示。

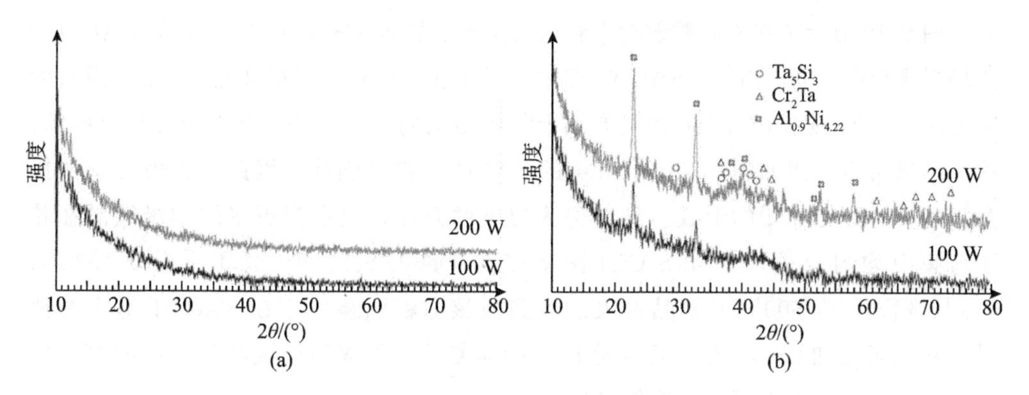

图 9.17 不同溅射功率的 Ni-Cr-Si-Al-Ta 薄膜的 X 射线衍射图

(a)、(b) 在 500℃下沉积和退火

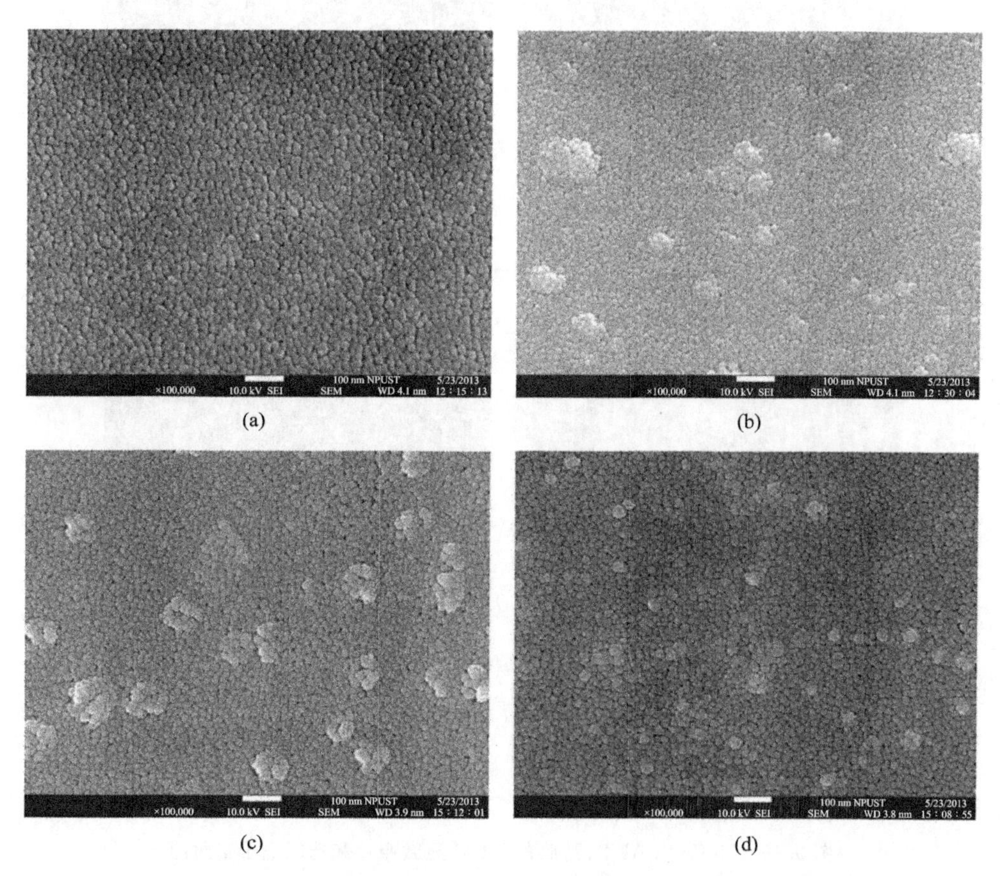

图 9.18 在不同溅射功率和退火温度下的 Ni-Cr-Si-Al-Ta 薄膜的 SEM 显微照片：

(a) 200W/300℃；(b) 200W/400℃；(c) 200 W/500℃；(d) 100W/500℃

图 9.19 显示了在不同溅射功率和退火温度下的 Ni-Cr-Si-Al-Ta 薄膜的典型 TEM 明场图像和选区电子衍射（SAED）图案。对于在 200W 下沉积并在 300℃下退火的 Ni-Cr-Si-Al-Ta 薄膜，可以看到具有纳米晶体结构的薄膜出现，如图 9.19(a)所示。这个结果可以使用如图 9.19(b)所示的 SAED 模式来确认。因此，溅射功率的提高显然会导致结晶相的形成。随着退火温度的升高，观察到更多的纳米微晶在整个薄膜中均匀成核，并且 SAED 图案变为 Debye-Scherrer 型环［图 9.19(c)、(d)］。然而，在 500℃下微晶退火的薄膜成核面积明显大于在 300℃下退火的薄膜。从电子相和 Cr_2Ta 相进行相分析。峰强度的增加表明薄膜结晶度的提高，因为通常提高退火温度可以提高结晶度。

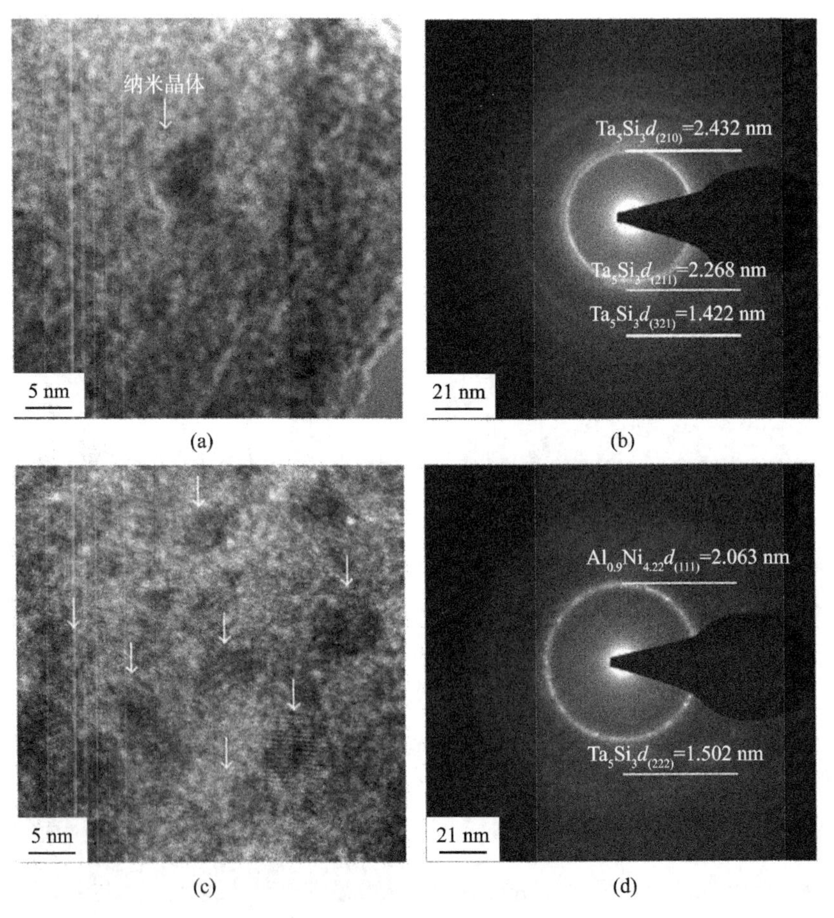

图 9.19 Ni-Cr-Si-Al-Ta 薄膜的 TEM 显微照片和选区电子衍射图

(a) 和 (b) 在 200W/300℃下溅射和退火；(c) 和 (d) 在 200W/500℃下溅射和退火

在考虑固溶体相和潜在化合物（金属间化合物）之间的相竞争时，它仍然很有趣。换句话说，重要的是了解 Ni-Cr-Si-Al-Ta 薄膜中固溶体在高温下的相稳定性。当混合晶体的自由能低于交替构建两种不同成分的晶体或构建其中外来原子位于有序位置的新结构时，固溶体是稳定的。自由 G 能由以下关系给出：

$$G = E + PV - TS \tag{9.8}$$

式中，E 主要由结构能决定，熵是结构随机性的度量。如果随机加入的原子大大增加了结构能，则固溶体不稳定，形成两种晶体结构。如果外来原子的加入大大降低了结构能，则系统倾向于形成有序的新相。如果能量变化不大，则通过随机相加使熵增加，使固溶体的能量最低，形成稳定构型。

9.2.3 Ni-Cr-Si-Al-Ta 薄膜的电学特性

要在薄膜电阻器中应用材料，以下两点非常重要：

（1）可以获得接近零 TCR 的电阻率范围。

（2）在工作温度范围内（通常为－55～125℃）。

图 9.20 显示了退火温度和溅射功率对 Ni-Cr-Si-Al-Ta 薄膜电性能的影响。Ni-Cr-Si-Al-Ta 薄膜的电阻率随着退火温度的升高而明显降低。该结果表明在 Ni-Cr-Si-Al-Ta 薄膜中发生了原子构型变化。Ni-Cr-Si-Al-Ta 薄膜的电阻率在 300℃ 退火时在 100～200W 的溅射功率之间是不同的。对于 100W 和 200W，Ni-Cr-Si-Al-Ta 薄膜的电阻率分别为 2200μΩ·cm 和 1600μΩ·cm。它们之间的电阻率相差 35％以上。这是由于 Ni-Cr-Si-Al-Ta 薄膜在 300℃下具有不同溅射功率的不同晶体结构；一种是 100W 的非晶态，另一种是 200W 的纳米晶态。随着退火温度的升高，Ni-Cr-Si-Al-Ta 薄膜的电阻率降低。从上述 XRD 和 TEM 结果可以看出，Ni-Cr-Si-Al-Ta 薄膜的结晶度随着退火温度的升高而提高。

一般来说，通过提高退火温度，Ni-Cr-Si-Al-Ta 薄膜的电阻率增大，因为产生的薄膜晶界、晶体缺陷和氧化物增加了。电阻率降低可归因于合金相（$Al_{0.9}Ni_{4.22}$、Ta_5Si_3 和 Cr_2Ta）随着退火温度的升高而增加，如图 9.16 和图 9.19 所示。根据马蒂森法则，连续膜的电阻率是薄膜中各种电子散射过程的累积效应。薄膜的电阻率 ρ_T 由式（9.9）所示关系给出：

$$\rho_T = \rho_B + \rho_S + \rho_I \tag{9.9}$$

式中，ρ_B、ρ_S 和 ρ_I 分别是理想晶格散射（与本体相同）、薄膜表面散射（取决于薄膜厚度）和缺陷散射（晶界和杂质）对薄膜总电阻率的贡献。

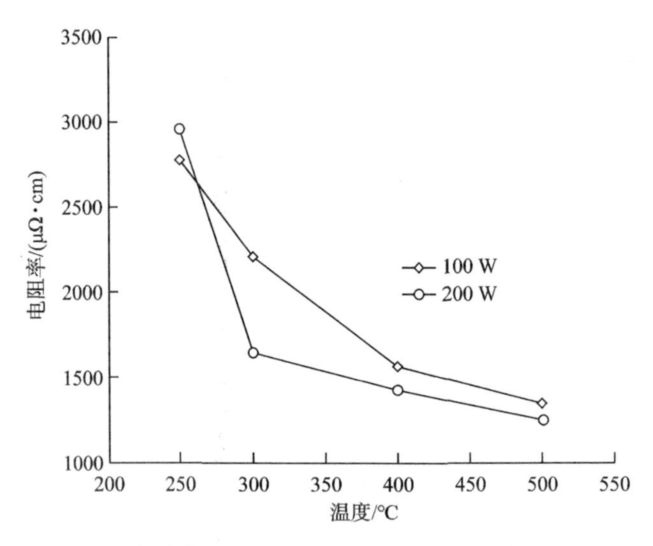

图 9.20　不同溅射功率和退火温度下 Ni-Cr-Si-Al-Ta 薄膜的室温电阻率

图 9.21 显示了退火温度和溅射功率对 Ni-Cr-Si-Al-Ta 薄膜的电阻率-温度系数（TCR）的影响。TCR 值随着退火温度的升高而增加。TCR 值约为 200ppm/℃，在 200W 下在 300℃以下退火。此外，在 100W 下沉积的 Ni-Cr-Si-Al-Ta 薄膜在 300℃下退火，TCR 接近零，因为薄膜保持非晶结构退火。然而，在 500℃下退火的薄膜的 TCR 值约为 1000ppm/℃。当退火温度升高时，TCR 值变小。这可以解释为 TCR 的退火响应是非晶区弱定域效应的负贡献与结晶相晶粒的正贡献之间竞争的结果。出于实用目的，具有小 TCR 的薄膜具有高电阻率是很重要的。

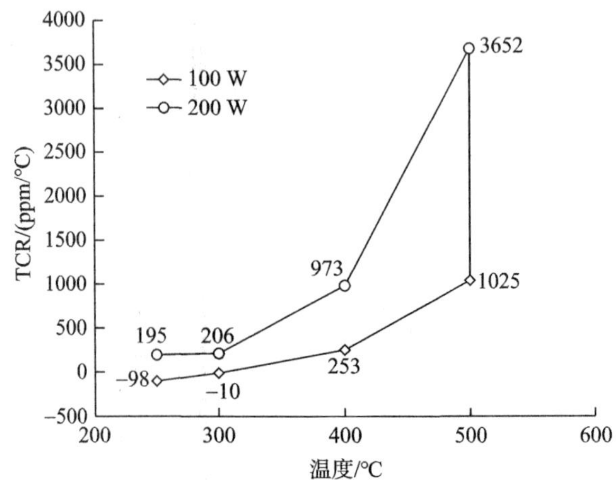

图 9.21　不同溅射功率和退火温度下 Ni-Cr-Si-Al-Ta 薄膜 TCR 的温度依赖性

Ni-Cr-Si-Al（30%/20%/20%/30%，原子分数）合金和 Ta 靶材通过共溅射方法沉积在玻璃和 Al_2O_3 衬底上作为薄膜电阻材料。薄膜的组成符合高熵合金的规则，该合金有五种元素，每种元素的浓度在5%～35%之间变化。在300℃下溅射功率为100W 的薄膜中观察到非晶结构。然而，退火温度为500℃时，两种薄膜（功率为100W 和200W）都结晶成 $Al_{0.9}Ni_{4.22}$、Cr_2Ta 和 Ta_5Si_3 相。电学性能表明，100W 的 Ni-Cr-Si-Al-Ta 薄膜在空气中、300℃下退火后表现出最小的电阻温度系数（−10ppm/℃）和更高的电阻率（2200μΩ·cm）。出于实用目的，具有小 TCR 的薄膜具有高电阻率是很重要的。HEAs 概念的引入可以有效提高 Ni−Cr 基薄膜的电性能，满足薄膜电阻应用的要求。

9.3 轻质柔性高熵合金

9.3.1 轻质柔性高熵合金简介

材料一直是人类社会发展中必不可少的进步因素；人类社会的进步往往伴随着材料的进步。从石器时代到青铜器时代，再到铁器时代，每一种新材料的出现都给人们的生产力带来了重大变化。如今，一系列材料已被应用于各个领域。传统的结构材料，如钢、铝合金、钛合金、镁合金等仍然是应用最广泛的材料。然而，这些材料不能应用于某些特定领域。人们已经开发出了新材料，如复合材料、纳米结构材料、碳材料、大块金属玻璃、高熵合金等。高熵合金的成分极其复杂，还表现出许多常规合金难以实现的优异性能，如高强度、高硬度、高断裂韧性、良好的耐腐蚀性、高温抗氧化性、良好的低温性能等。近年来，人们开发和研究了 AlCoCrFeNiCu、CoCrFeMnNi、CoCrFeNi（Ti，Al）、NbMoTaW、CoCrNi（AlSi）等高熵合金。由于这些合金中也含有大量过渡金属元素，因此它们的密度很高。然而，轻量化材料在航空航天、汽车（尤其是电动汽车）、消费电子等领域已经成为一个重要的发展方向。设计新型轻质高熵合金材料已成为一个热点问题，这将促进其发展和应用。

鉴于高熵合金的优异性能，我们坚信轻质高熵合金比铝合金、钛合金、镁合金等传统轻质材料具有更优越的性能。轻质材料的一般定义通常使用密度（以钛合金为极限）。现有元素密度低于钛（4.51g/cm³）的主要是锂（0.53g/cm³）、铍（1.85g/cm³）、硼（2.46g/cm³）、钠（0.97g/cm³）、碳（2.26g/cm³）、镁（1.74g/cm³）、铝（2.70g/cm³）、硅（2.33g/cm³）、钾（0.86g/cm³）、钙（1.55g/cm³）、钇

(2.99g/cm³)、铷(1.53g/cm³)、锶(2.64g/cm³)、锶(4.47g/cm³)、钡剂(3.51g/cm³)等，这些元素大多是主族元素，它们往往具有更高的化学活性，原子半径更大，熔点和沸点差异也很大（铷熔点较低，为39.3℃；钛熔点较高，为1668℃)。此外，在设计轻质高熵合金时，一些元素并不完全适用于新的合金系统。因此，轻质高熵合金的开发往往比传统的高熵合金更困难。

此外，与刚性材料相比，柔性材料也被广泛使用，包括箔、纤维、薄膜、带等，通常由有机物制成。无机材料，如二氧化硅、大块金属玻璃和金属材料等，往往表现出刚性材料的特性。然而，在制成纤维或薄膜后，由于尺寸效应，此类材料通常会发生弯曲变形，并且还可以表现出柔性材料的特性。如今，电子领域尤其是可穿戴电子领域对柔性电子材料的需求越来越大。高熵合金作为一种新型合金材料，在刚性材料领域表现出了优异的综合性能。

一些学者也开展了大量的研究工作。下面将简要回顾相关研究工作，并对轻质高熵合金和高熵柔性材料的设计和制备提出笔者的观点。

9.3.2 轻质高熵合金体系

9.3.2.1 Al－Mg－Li 轻质高熵合金体系

目前，最常用的轻质金属材料有铝合金、钛合金、镁合金等。锂合金是已知最轻的结构金属材料，其中镁和铝是常见的轻质金属材料，Yang 等[157] 设计了两种轻质高熵合金系统（AlLiMgZnCu 和 AlLiMgZnSn)。

基于传统高熵合金的设计理念，人们希望通过合金设计形成多元固溶体。近年来，随着高熵合金的设计，一些因素，如 ΔS_{mix}、ΔH_{mix}、δ、Ω、$\Delta\chi$、VEC、T_m 等对固溶体的形成产生了重大影响。因此，为了促进轻质高熵合金中固溶体的形成，首先考虑了这些因素并进行了相关计算，见表 9.6。

表 9.6 现有合金中组成元素的原子半径、标准原子量、晶体结构、电负性、电子浓度、密度和熔化温度

合金设计元素	Al	Li	Mg	Zn	Cu	Sn
原子半径 r/（$\times10^{-10}$m)	1.43	1.56	1.60	1.39	1.28	1.55
标准原子量 A/（g/mol)	26.98	6.94	24.31	65.39	63.55	118.70
晶体结构	FCC	BCC	HCP	HCP	FCC	四边形
电负性 $\Delta\chi$	1.61	0.98	1.31	1.65	1.90	1.96

续表

合金设计元素	Al	Li	Mg	Zn	Cu	Sn
电子浓度 VEC	2	1	2	12	11	4
密度 ρ/ (g/cm^3)	2.70	0.54	1.74	7.13	8.93	7.37
熔化温度 T_m/K	933.5	453.7	922.0	692.7	1358.0	505.1

图 9.22 中显示了六种轻质高熵合金的 SEM 二次电子图像，分别是 AlLiMgZnSn、$AlLi_{0.5}MgZn_{0.5}Sn_{0.2}$、$AlLi_{0.5}MgZn_{0.5}Cu_{0.2}$、$AlLi_{0.5}MgCu_{0.5}Sn_{0.2}$、$Al_{80}Li_5Mg_5Zn_5Sn_5$ 和 $Al_{80}Li_5Mg_5Zn_5Cu_5$，这些合金的密度为 4.23g/cm^3、3.22g/cm^3、3.73g/cm^3、3.69g/cm^3、3.05g/cm^3 和 3.08g/cm^3，这些合金的密度均低于钛。对这些合金的 XRD 图谱分析表明，在高混合熵的条件下，单相固溶体并不是主要相，然而，在冶炼过程中会产生大量的金属间化合物。只有当铝的添加量达到 80%（原子分数）时，与铝合金一样，合金呈单面中心立方（FCC）固溶体。从图 9.22 中可以看到，很多金属间化合物成为这些高熵合金的主相，研究结果表明，在与焓“竞争”时，熵没有获胜，固溶体没有形成，化合物中也发现了大量裂纹，这导致这些合金的塑性差，而且当铝成为这些合金的主要元素时，α-Al（FCC）固溶体成为枝晶中的主要相，一些化合物在枝晶间富含铜或锡。四种合金的压缩试验应力-应变如图 9.23 所示，$Al_{80}Li_5Mg_5Zn_5Sn_5$ 合金和 $Al_{80}Li_5Mg_5Zn_5Cu_5$ 合金的应力大于 800MPa，屈服强度高于 400MPa，压塑性大于 15%。

此外，在这些合金中添加稀土元素镧和铈，以提高合金的固溶体形成能力。布里奇曼定向凝固技术也应用于这些合金中，然而，这在这些合金中不起作用。为了进一步了解这些轻质高熵合金固溶体的形成规律，这些低密度高熵合金的 ΔH_{mix}、Ω、$\Delta\chi$ 和 VEC 如图 9.24 所示。将固溶体和金属间化合物的形成区域与传统的高熵合金进行比较发现，对于混合焓和电负性较高、Ω 和 VEC 较小的轻质高熵合金，合金的 δ 处于中间区域，通常接近形成固溶体相的临界区域。此外，$\delta-\Delta\chi$ 可以更好地预测这些合金的相形成能力。当 $\Delta\chi<0.175$ 时，固溶体将成为这些合金的主相。Al-Mg-Li 系低密度高熵合金具有较高的化学活性，这使它更容易与其他元素形成金属间化合物。通过对多元合金的成分设计、微观结构性能和相形成的研究发现，对于低密度高熵合金，高混合熵不是这些合金固溶体结构形成的关键因素。与传统的高熵合金（主要由过渡金属元素组成）相比，Al-Mg-Li 基轻质高熵合金的固溶体相形成条件更苛刻。这些合金的固溶体形成可以用电负性（$\Delta\chi$）来预测；当 $\Delta\chi<0.175$ 时，更容易形成固溶体；当 $\Delta\chi\geqslant0.175$ 时，倾向于形成金属间化合物。

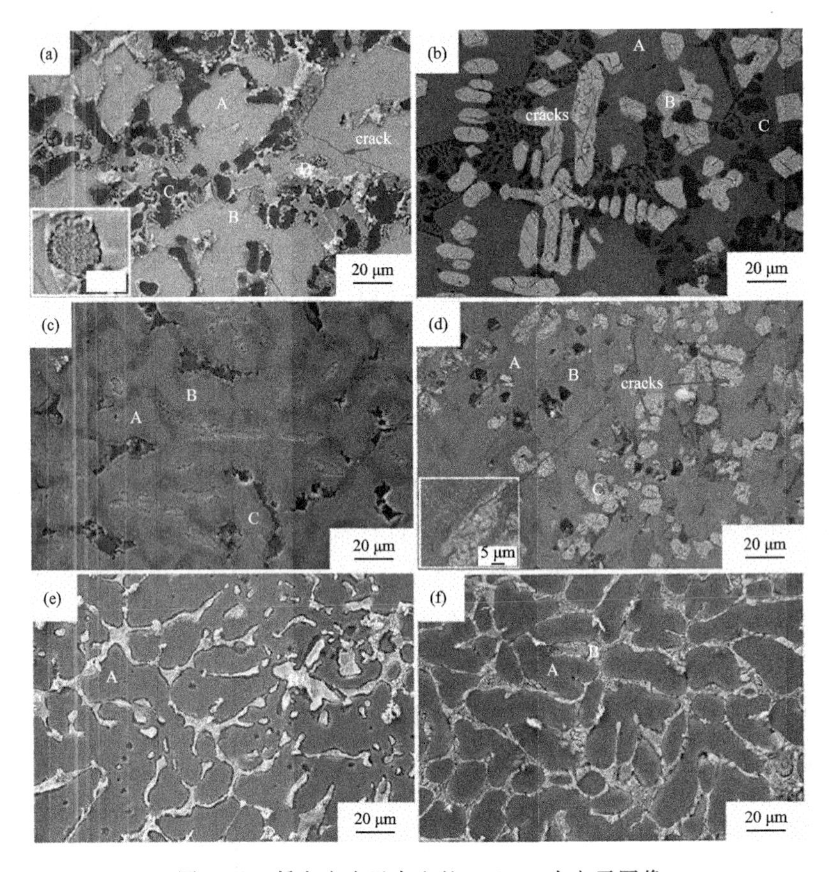

图 9.22　低密度多元合金的 SEM 二次电子图像

(a) AlLiMgZnSn；(b) $AlLi_{0.5}MgZn_{0.5}Sn_{0.2}$；(c) $AlLi_{0.5}MgZn_{0.5}Cu_{0.2}$；(d) $AlLi_{0.5}MgCu_{0.5}Sn_{0.2}$；(e) $Al_{80}Li_5Mg_5Zn_5Sn_5$；(f) $Al_{80}Li_5Mg_5Zn_5Cu_5$

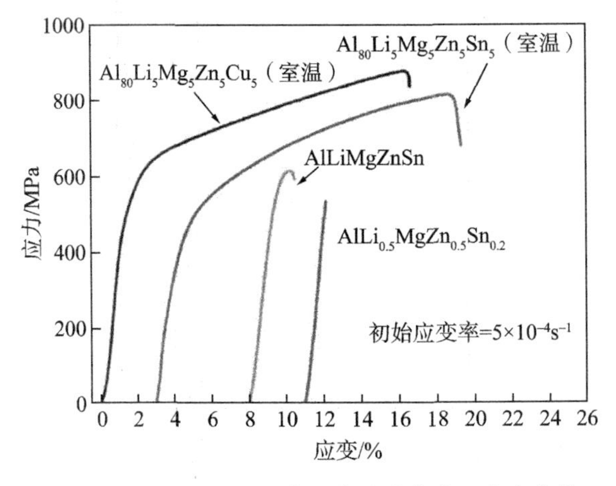

图 9.23　AlLiMgZnSn 的压缩试验应力—应变曲线

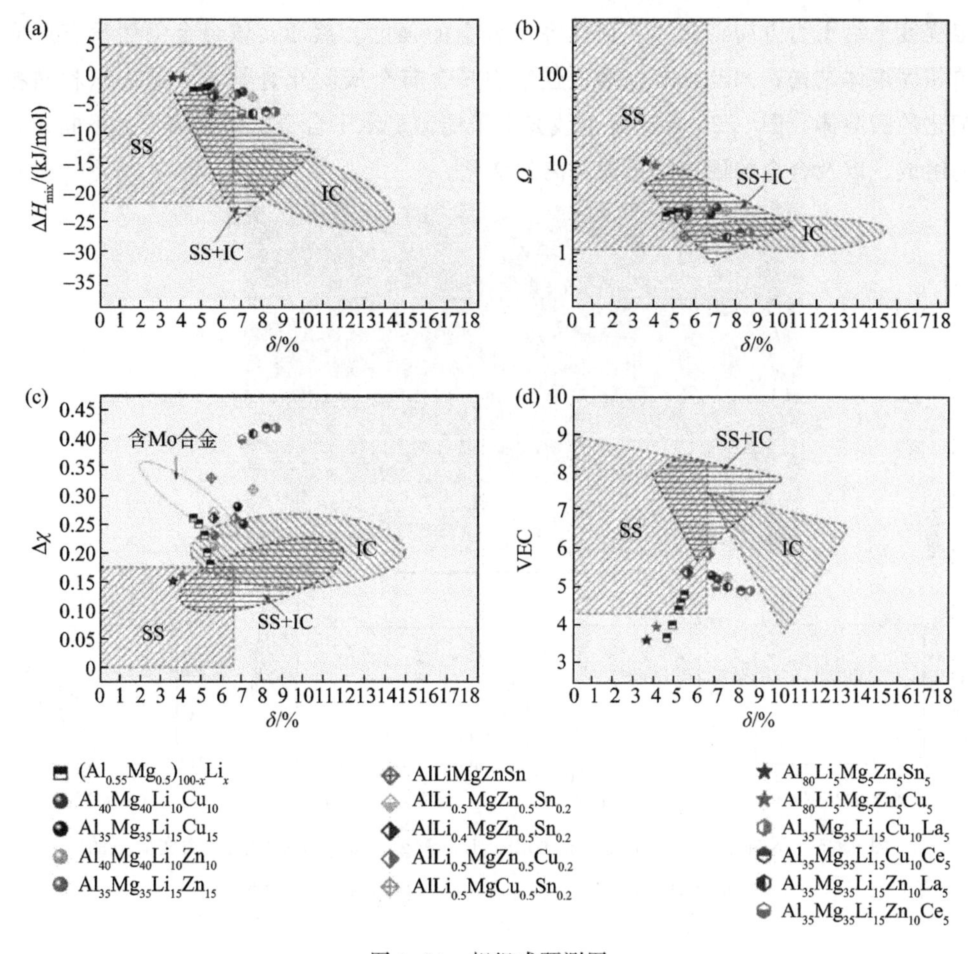

图 9.24 相组成预测图

(a) $\delta-\Delta H_{mix}$；(b) $\delta-\Omega$；(c) $\delta-\Delta\chi$ 和 (d) δ-VEC

注：本图用于多组分合金，覆在先前 HEA 研究中开发的交叉阴影区域上，

对于 $(Al_{0.5}Mg_{0.5})_{100-x}Li_x$ ($x=5$，10，15，25，33)

Li 等[89] 还利用超重力技术研究了 Al-Mg-Li 高熵合金系统的微观结构和性能。在不同条件下进行超重力实验，发现超重力并不能将合金中的重元素与轻元素分离；然而，合金的微观结构发生了变化，导致了不同的性能。合金组织仍由 α-Al 固溶体组织和金属间化合物组成，在超重力作用下，转变为共晶组织。由于超重力是一种熵力，合金在凝固过程中存在多种熵力。熔融金属中存在压力和黏度梯度，同时，由于合金的高混合熵及各种因素的综合作用，金属间化合物和固

溶体的微观结构会在凝固过程中发生变化。此外，这些效应还使合金的晶粒在一定程度上沿重力方向细化，从而提高了合金的强度。然而，该合金仍然没有形成单相固溶体结构；因此，合金的最佳组织是含有金属间化合物的共晶组织和晶粒细化的固溶体。图 9.25 通过 X 射线光电子能谱显示了合金的微观结构、不同元素的组成，以及合金的硬度随重力距离的变化。

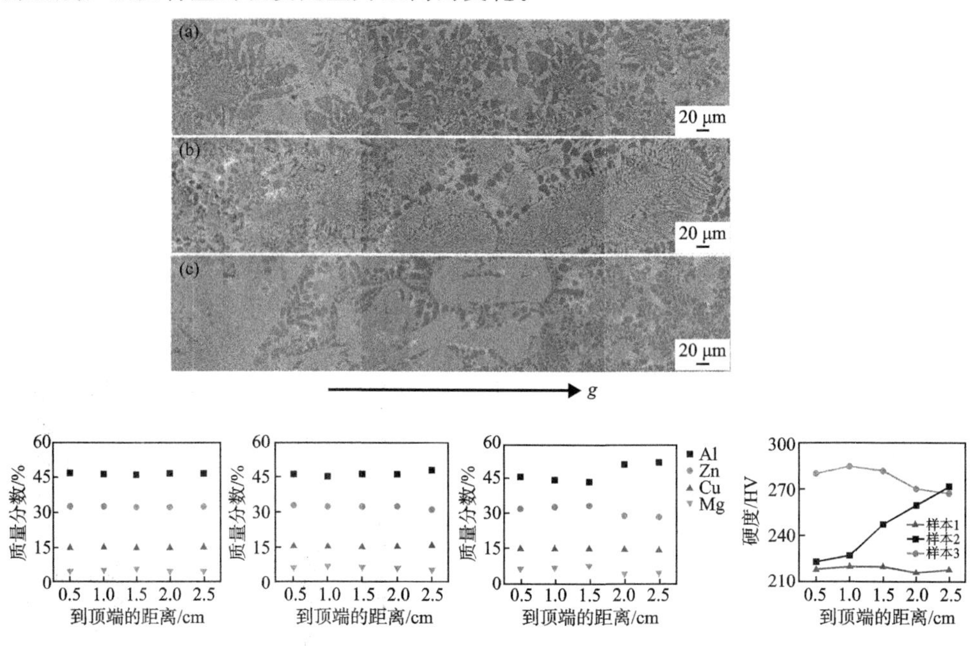

图 9.25　不同元素含量和硬度的 $AlZn_{0.4}Li_{0.2}Mg_{0.2}Cu_{0.2}$ 在不同超重力实验下的合金微观结构：(a) 样本 1；(b) 样本 2；(c) 样本 3

9.3.2.2　Al-Mg-Zn-Cu-Si 系轻质高熵合金

基于 Al-Mg-Li，有研究者使用 Si 替换 Li，以降低合金成本，并有望获得轻质、低成本、高熵的合金；研究了 Al-Mg-Si 系轻质高熵合金；基于 $\Delta\chi$ 设计了 AlMgZnCuSi 合金，并通过真空感应熔炼制备了这些合金样品；人们发现，当铝含量小于 80%（原子分数）时，合金形成固溶体和金属间化合物的共晶结构；然而，这些合金显示出高强度和低延展性，并且由于铝含量高于 80%（原子分数），它们成为 α-Al 面心立方固溶体。这些合金还具有高强度和良好的压缩延展性。研究发现 $Al_{85}Mg_{10.5}Zn_{2.025}Cu_{2.025}Si_{0.45}$ 当强度大于 800MPa，塑性大于 20%时，合金表现出良好的韧性。目前，$\Delta\chi$ 还可预测合金的相形成。学者发现合金的压缩应变曲线中存在一些锯齿状流动现象，并将进一步研究该合金锯齿状行为的机理。研究表明，这种廉价的合金体系是另一种高强度轻质高熵合金的研究方向。一系列合金在室温下的压缩应力-应变曲线如图 9.26 所示，应变率为 $10^{-3}s^{-1}$。

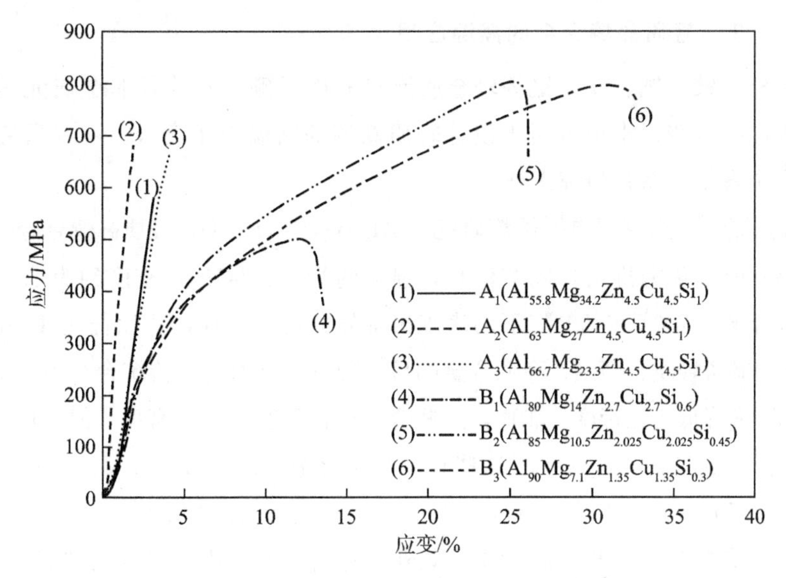

图 9.26　室温下的压缩应力-应变曲线

此外，一些研究人员也研究了基于这种轻质高熵合金系统的类似合金系统。安(Ahn)等[70] 利用超声波熔融处理制备了轻质 $Al_{70}Mg_{10}Si_{10}Cu_5Zn_5$ 合金，该合金在铝基体中还形成了大量其他析出相，并研究了该合金固溶处理对合金微观结构和性能的影响，研究发现，该合金在室温和高温下都具有优异的性能（350℃）；然而，该合金的微观结构通过超声波熔融处理技术的沉淀相尺寸得到细化，主要是由于引入了微量 Ti，晶粒尺寸得以细化。此外，在室温下进行固溶处理后，合金的室温力学性能得到了改善（440℃），但高温下的力学性能（350℃）恶化。通过固溶处理，锌原子重新溶解成第二相，不仅在基体中形成细小的过饱和团簇，而且使初生 Si 和 Mg_2Si 相球化，从而提高合金的室温力学性能。他们还研究了 Al-Mg_6-Si_9-Cu_{10}-Zn_{10}-Ni_3 合金时效处理在不同时效温度下对合金性能和微观结构的影响，他们发现，随着时效时间的延长，合金中的 GP 区被一个富锌亚稳椭圆团簇所取代，从而形成一个含有部分铜原子的稳定锌沉淀。此外，还研究了不同温度下的时效析出行为；当时效温度低于 70℃时，形成了一系列细小的团簇和沉淀，大大提高了复合材料的强度。由于沉淀的粗化、体积分数的降低和第二相的周期性软化，在 170℃以上观察到轻微的强化效应。桑切斯(Sanchez)等[311] 对 $Al_{65}Cu_5Mg_5Si_{15}Zn_5X_5$ 和 $Al_{70}Cu_5Mg_5Si_{10}Zn_5X_5$ 系统进行了研究，报道了 Fe、Ni、

Cr、Mn 和 Zr 元素对这些合金的相形成、组织和性能的影响。这些研究都表明，这种合金体系在铸造工业中具有良好的应用前景。

9.3.2.3 轻质高熵合金的高温应用

除铝外，铍、钪、钛、钇等轻金属元素和碳、硼、硅等轻非金属元素的沸点较高，因此，这些元素也被用于设计轻质高熵的高温应用合金，一些研究人员针对这些合金做了一系列研究工作。

Tseng 等[312] 用真空电弧熔炼研究了 $Al_{20}Be_{20}Fe_{10}Si_{15}Ti_{35}$ 轻质高熵合金，该合金显示出单一的六角密排结构固溶体相，强度约为 2.976GPa，密度约为 $3.91g/cm^3$。此外，该合金在 700℃和 900℃下均表现出优异的抗氧化性，这比普通 $Ti\text{-}Al_6\text{-}V_4$ 合金好得多。制备轻质、高温、高熵合金的另一种方法是通过在传统合金中添加轻质元素 Ti 和 Al 来降低合金密度。然而，这些合金通常具有更高的密度，但比传统的高温合金密度低，通常小于 $6g/cm^3$。这些轻质高熵合金，如 $NbTiVTaAl_x$、CrNbTiVZr、AlNbTiV、$Al_{1.5}CrFeMnTi$、AlTiVCr 等，倾向于具有单相固溶体结构，具有较低的密度、良好的塑性和高温性能。此外，它们是下一代高温合金的有力替代品，具有取代现有高温合金的巨大潜力。这种合金的应用将给航空工业带来材料上的巨大飞跃。

9.3.2.4 其他轻质高熵合金体系

最后，简要介绍其他轻质高熵合金的现有研究。尤瑟夫(Youssef)等[313] 对机械合金化的 $Al_{20}Li_{20}Mg_{10}Sc_{20}Ti_{30}$ 轻质高熵合金进行了研究。由于这类合金是通过机械合金化制备的，因此合金结构显示出仅 12nm 的超细晶粒结构，并且合金显示出 5.9GPa 的超高强度，其密度仅为 $2.67g/cm^3$；它显示了 FCC 固溶体结构，当粉末在无 N、O 的情况下铣削时，合金具有 FCC 结构，经 500℃退火处理转变为 HCP 结构，但在 N、O 条件下，这种转变没有发生。Li 等[314] 对 $Mg_x(MnAlZnCu)_{100-x}$ 轻质高熵合金进行了研究，$Mg_{20}(MnAlZnCu)$合金的微观结构与 HCP 固溶体和 Al-Mn 二十面体准晶相一致，且这些 $Mg_x(MnAlZnCu)_{100-x}$ 合金的抗压强度较高；然而，合金的塑性较差。此外，还研究了 $Mg_{20}(MnAlZnCu)$合金在不同凝固条件下的组织和性能，发现随着冷却速率的加快，Al-Mn 二十面体准晶相得到细化，从而提高了该合金的强度；然而，由于 HCP 合金的脆性，即使冷却速率可以提高合金的塑性变形能力，这种合金的塑性仍然很差，通过这项工作，他们发现高熵可以增强二十面体准晶的形成能力。Du 等[315] 研究了 MgCaAlLiCu 合金，该合金主要为单一固溶体相，具有四方对称晶格结构，该合金的密度约为 $2.2g/cm^3$，抗压强度约为 910MPa。Jia 等[316]

研究了 AlLiMgCaSi 高熵合金，发现这些合金的密度为 1.46～1.70g/cm^3，强度高于 450MPa，尤其是 $Al_{15}Li_{38}Mg_{45}Ca_{0.5}Si_{1.5}$ 和 $Al_{15}Li_{39}Mg_{45}Ca_{0.5}Si_{0.5}$ 合金具有良好的塑性(约 45%和约 60%)，这远远高于大多数轻质高熵合金。桑切斯(Sanchez)等[317] 对铸态高熵铝进行了研究，发现这些合金比其他轻质合金具有更高的硬度。图 9.27 在结构材料的强度与密度的阿什比图中显示了轻质高熵合金的面积，从图中可看出，轻质高熵合金的强度要高得多，密度比一些陶瓷(如 SiC、Al_3)N 大；然而，其延展性优于陶瓷。

现有的轻质高熵合金仍有许多问题有待解决。首先，需要修正常规高熵合金固溶体的形成条件。其次，轻质高熵合金往往表现出高强度和较差的室温塑性，需要提高这些合金的韧性。

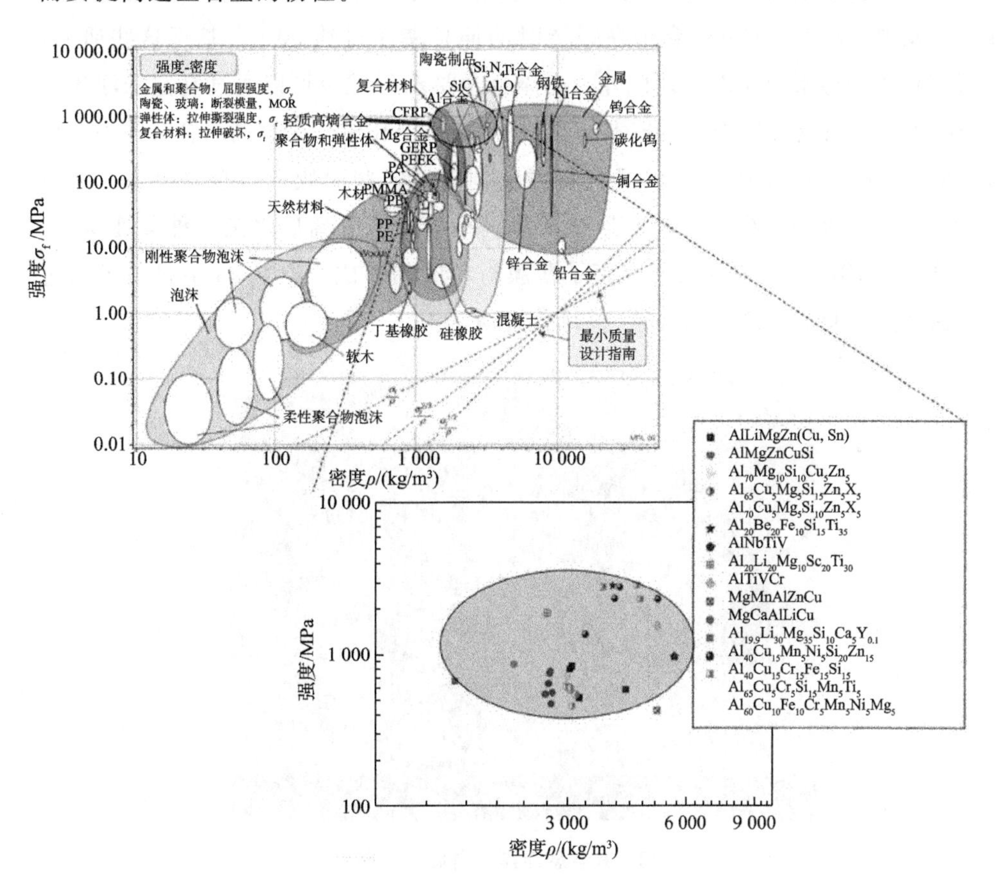

图 9.27 轻质高熵合金在结构材料强度与密度的阿什比图中的面积材料

9.3.3　高熵柔性材料

高熵合金往往具有固溶体结构，这意味着这些合金具有良好的塑性变形能力。FCC 高熵合金，如 CoCrFeMnNi、$Al_{0.3}CoCrFeNi$、CoCrFeNi 等显示出优异的拉伸塑性，在室温下可超过 50%。因此，这些合金可以通过轧制、挤压变形、拉伸变形等塑性变形制成箔、带丝等；这种材料往往具有柔性材料的特点。此外，获得柔性材料合金的进一步方法是使用熔融纺丝法或涂层。

Ma 等[318] 将单晶结构制成 $Al_{0.3}CoCrFeNi$ 合金，经布里奇曼(Bridgeman)凝固后发现，该合金的伸长率约为 80%，该合金显示出优异的塑性变形能力。Li 等[319] 发现 $Al_{0.3}CoCrFeNi$ 合金在锻造时的伸长率超过约 60%。基于这些研究，Li 等用这种合金形成了纤维。此外，高熵合金带和纤维也可以通过真空悬浮淬火系统制备，有研究者利用这一技术制备了 $CoFeNi(AlBSi)_x$ 带。高熵合金薄膜可以通过化学气相沉积和物理气相沉积的方法制备，这些薄膜的厚度往往在 0.5～2.0μm 之间，称为二维材料，而且这种薄膜在与衬底分离后将是一种柔性材料。Xing 等[320] 用冷却速率的概念修正了薄膜材料的相形成。图 9.28 中显示了通过真空悬浮淬火的 $CoFeNi(AlBSi)_x$ 高熵合金薄带。

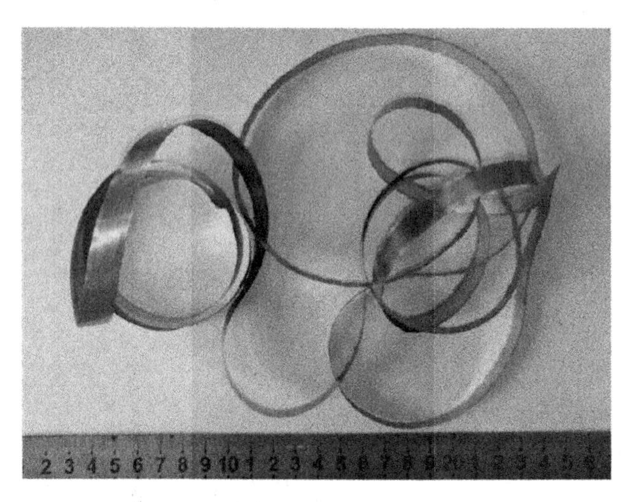

图 9.28　真空悬浮淬火高熵合金薄带

通过以上分析，轻质高熵合金的相关性能和特性总结如下：

(1) 轻质高熵合金通常受到元素添加的限制，这些元素往往具有较高的电负性。它们很容易形成金属间化合物，而不是固溶体。人们发现，高混合熵不会促进固溶体相的形成。

(2) 需要拓宽轻质高熵合金的概念，其中混合熵 $\Delta S_{mix} > R$ 是一个很好的选择。

(3) 由于传统高熵合金具有优良的综合力学性能，轻质高熵合金也被认为具有很大的优势。密度往往位于高温合金和钛合金之间，因此可以拓宽轻质高温合金的密度限制，建议密度低于 $6g/cm^3$。

(4) 轻质高熵合金具有广阔的应用前景。然而，轻质高熵合金的发展存在很大问题。通过使用一些先进的设计理念和制备方法，有望在这一领域取得突破。

(5) 利用高熵合金的概念，柔性材料的发展可能会有新的突破。

9.4 医用高熵合金

9.4.1 医用高熵合金背景

通过替换高熵合金成分中的一种或几种元素，可以获得与初始元素显著不同的性能。此外，额外元素比例的减少或增加会产生不同的金相组织，对合金的性能产生重大影响。虽然高强度常规合金主要基于最多一个或两个高硬度相的受控分布，但在高熵合金中，特殊性能基于过饱和固溶体的淬火效应和金属间相的抑制。与经典合金或双组分合金相比，高熵合金晶体网络中各种化学元素的复杂分布似乎是其具有特殊特性的主要原因。选择化学元素的组合可以同时累积优越的力学性能，并确保特殊的耐腐蚀性和生物相容性，使其成为一种新型的生物相容性金属材料。

根据最近的评估，在高熵合金中形成简单固溶体必须符合以下条件：

在高熵合金的情况下，组态熵 ΔS_{am} 必须高于 11 J/(mol·K)，使用玻尔兹曼公式计算：

$$\Delta S_{am} = -R \sum c_i \ln c_i \tag{9.10}$$

式中，R 是气体常数，$R = 8.314$ J/(mol·K)；c_i 是元素 i 的摩尔分数。

合金的混合焓(ΔH_{am})必须介于 −11.6kJ/mol 和 3.2kJ/mol 之间，并使用米德马(Miedema)宏观模型推导出的公式进行计算：

$$\Delta H_{am} = \sum c_i c_j \Delta H_{ij} \tag{9.11}$$

式中，ΔH_{ij} 是元素 i 和元素 j 的二元生成焓。

原子半径差准则声称，当 δ 值低于 6.6%时，形成主要含有固溶体的相，当 δ 值低于 4.0%时，只形成固溶体。δ 的计算公式如下：

$$\delta = 100\sqrt{\sum c_i(1-\frac{r_i}{\bar{r}})^2} \tag{9.12}$$

式中，r_i 是元素 i 的原子半径；r 是平均原子半径。

导出的参数 Ω 包括 ΔS_{am} 且 ΔH_{am}，仅与 δ 一起考虑。如果 $\Omega > 1.1$ 且 $\delta < 3.6\%$，则仅形成固溶体；如果 $1.1 < \Omega < 10.0$ 且 $3.6\% < \delta < 6.6\%$，则仅形成固溶体和金属间化合物；如果 $\Omega > 10.0$，则仅形成固溶体。Ω 的计算公式为

$$\Omega = T_{top}\Delta S_{am} / |\Delta H_{am}| \tag{9.13}$$

式中，T_{top} 是使用式（9.14）计算的熔化温度：

$$T_{top} = \sum c_j T_{topi} \tag{9.14}$$

式中，$T_{top\,i}$ 是元素 i 的熔化温度。

为了只形成固溶体，合金各种成分的电负性差异 $\Delta\chi$ 必须在 3%～6%之间。计算公式的推导方式与用于计算原子半径差的公式类似：

$$\Delta\chi = 100\sqrt{\sum c_i\left(1-\frac{\chi_i}{\bar{\chi}}\right)^2} \tag{9.15}$$

式中，χ_i 是元素 i 的电负性；$\bar{\chi}$ 是平均电负性。

仅获得固溶体的临界关联比由公式（9.16）确定：

$$K_1 = 1 - \frac{T_A \Delta S_{am}}{\Delta H_{am}}(1-k_2) > \frac{\Delta H I_M}{\Delta H_{am}} \tag{9.16}$$

式中，I_M 是金属间化合物指数；T_A 是均化温度；k_2 取 0.6，代表化合物形成熵和固溶体形成熵之间的比率。

尽管上述标准之间存在一些不一致之处，但它们对于评估多组分合金中固相形成的条件是有用的。

9.4.2 目前技术水平

具有不同成分特征的高熵合金因其潜在的特殊性质而引起了人们的广泛关注。同时，这一领域为新的成分和微观结构提供了巨大的机会，尤其是复杂合金。

在开发出由 W-Nb-Mo-Ta 和 W-Nb-Mo-Ta-V 合金系统中的单一 BCC 相组成的耐火高熵合金后，有必要生产包含过渡金属的合金，如 Nb-Mo-Ta-W、V-Nb-Mo-Ta-W、Ta-Nb-Hf-Zr-Ti、Hf-Nb-Ta-Ti-Zr、Mo-Nb-Ta-Ti-Zr 等原子合金。从生物相容性的角度来看，除了钒，这些元素中的大多数是生物相容的。通过将

HEA概念与确保合金生物相容性的需要相结合，从上述系统设计出了具有生物相容性的高熵合金，具有骨科植入物的潜在用途。有文献给出了TiNbTaZrMo、TiNbTaZrFe、TiNbTaZrW、TiNbTaZrCr和TiNbTaZrHf系统中高熵合金的生产和测试结果，这些合金的变形性和生物相容性优于纯钛，被认为是所有金属中细胞毒性最小的。

与Ta、Ti或Zr微合金化的CrCoFeMoMnNiNb系高熵合金具有特殊的力学特性（2000MPa以上的压缩强度、恶劣条件下良好的变形能力和良好的动态冲击性能），与用于高要求医疗设备的经典合金（CoCr或CoCrMo合金）相比，具有优异的钝化膜化学稳定性（在模拟生物环境中的腐蚀电位），并降低了细胞毒性（在MTT试验中测定，ISO 10993），记录了副作用（组织坏死和体内金属离子释放超过可接受限度）。

TiNbTaZr和TiNbTaZrX合金（其中X是被Cr、V、Mo、W和Fe替换的元素）的VEC参数（价原子浓度）数据为5左右，表明BCC结构的形成以及形成固溶体相的趋势。根据上述标准，TiNbTaZr和$TiNbTaZrX_1$合金（其中X_1可以是Mo或W元素之一）由于δ参数的高值（原子半径的差异）而显示出固溶体形成的可能性降低。

难熔元素钼是制造金属生物材料的首选元素，因为它可以在几种传统金属生物材料中找到，如$Ti\text{-}Mo_{15}\text{-}Zr_5\text{-}Al_3$和Co-Cr-Mo。铸造和淬火的HEA TiNbTaZr-Mo的断裂强度值超过1000MPa，高于TiNbTaZrHf和Ti_6Al_4V耐火合金，但也具有良好的变形性。淬火导致TiNbTaZrMo变形能力的改善，这归因于枝晶和枝晶间区域中成分元素的粗粒化和/或重新分布。一方面，不同类型骨基质上形成的细胞分布在涉及蛋白质迁移、增殖和合成的细胞功能中起着重要作用。在骨整合试验中，在铸造和淬火的HEA TiNbTaZrMo表面形成的成骨细胞显示出广泛的形态，与CP-Ti钛合金上的细胞形态非常相似。另一方面，在316L奥氏体不锈钢上形成的成骨细胞较小，且形态不太广泛。所获得的结果表明，成骨细胞具有更好的发育趋势，在HEA TiNbTaZrMo的情况下，无论是否进行热淬火处理，成骨细胞对骨基质的形成都有显著贡献，其效果与CP-Ti合金相似。

为了阐明HEA TiNbTaZrMo优良生物相容性的起源，还需要进一步研究。结果清楚地表明，这些合金是一类具有特殊特性的新型金属生物材料。综上所述，新型TiNbTaZrMo等原子生物相容性合金包含两种BCC固溶体相，具有精细的等轴树枝状结构，与纯钛相比具有优异的生物相容性及优越的力学性能，表明其有可能被用作一种新型金属生物材料。

在过去几年中，人工血管支架被越来越多地用于医学领域。除了最常使用的钛合金外，学界还研究了 CoCrFeNiMn 和 $Al_{0.1}CoCrFeNi$ 系统中的一些高熵合金。

CoCrFeNiMn 合金是等原子的，由坎托(Cantor)等[244] 首次开发。他发现合金非常稳定，组态熵比熔融熵高，由具有 FCC 晶体结构的单相固溶体组成。此外，它还具有显著的力学性能，如高塑性和延展性及显著的抗撕裂性。这种合金的微观结构是树枝状的，扩散速率非常慢。在 700℃或 900℃温度下对试样进行 1h 热处理后分析得出了这一结论，即无论保温温度如何，元素的扩散率都非常低。

热处理使 AlCrFeNiMn 合金的断裂强度从 447MPa 适度增加到 515MPa（在均化到 900℃的情况下，将断裂伸长率保持在 51%的相同值上）。均化时间增加到 48h，温度提高到 1000℃，机械特性没有发生重大变化，断裂强度甚至略有下降，降至 475MPa，伸长率降至 50%。这种行为导致的结论是，这些合金在热处理过程中不会通过沉淀金属间化合物而得到实质性的固结。然而，通过采用退火＋轧制＋退火的组合处理，获得了不同的结果。热处理和机械加工参数为：在 1000℃下退火 4h，冷轧厚度减少 50%，从 5.8mm 减至 2.9mm，每道次减薄速度为 0.2mm，然后在 1000℃下重新退火 4h。

初始退火处理后，材料失去硬度，获得更大的塑性，并出现部分扩散现象，而树枝状微观结构受到轧制粗糙度的影响，减少了树枝状间隙，消除了气孔和铸造缺陷。$Al_{0.1}CoCrFeNi$ 合金中的元素 Co、Cr、Fe 和 Ni 含量分别为 2.44%（原子分数）和 24.4%（原子分数），为 FCC 结构的单相合金。铸造时，这种合金的力学性能适中，屈服强度为 140MPa，抗拉强度为 370MPa，伸长率为 65%。通过采用复合热机械处理（冷轧，60%的压下率，并在 1000℃下均化 24h），可以提高力学性能，并将微观结构从树枝状改为多边形。

在 TiNbTaZr 合金中，Ti 氧化物层和 Zr 氧化物层的结合显示出良好的生物相容性。从这个观点来看，获得在生理腐蚀条件下长时间工作的植入金属的高耐腐蚀性成为一个主要问题。HEA TiZrNbTaMo 在腐蚀环境中的优异耐腐蚀性与 Ti_6Al_4V 相当，这是由于表面的钝化效应，并实现了对点蚀现象的高稳定性。一般来说，由植入元件制成的生物材料旨在改善和延长患者的生命。在长期使用由生物惰性材料制成的骨科假体后，现在的重点是通过增加成骨细胞增殖和分化的现象，使用能够激活组织修复机制的生物活性材料，从而原位重建骨结构。可植入合金的生物相容性与传统合金相比，必须确保在腐蚀性生理环境中提高耐腐蚀性。

以上介绍了从 CrFeMoNbTaTiZr、CrFeMoNbTaTi、CrFeMoNbTaZr、CrFeMo-NbTaZr、CrFeMoTaTiZr、CrFeTaNbTiZr、CrTaNbTiZrMo 和 FeTaNbTiZrMo 合金

系统中获得和表征高熵生物相容性合金的一系列结果。所有这些合金都是在实验室规模的惰性氩气氛电弧重熔炉中生产的。鉴于合金中含有易熔元素，一些金属成分在初级加工过程中没有完全熔化。均化热处理后，合金的显微组织特征和显微硬度发生了变化。其中一些实验合金在模拟生物环境中进行了耐腐蚀试验，取得的结果令人鼓舞。以1∶1∶1∶1∶1∶1的比例进行与Femotatizer合金直接接触时的细胞存活率的显微镜研究，其中对从人类骨组织分离的间充质干细胞进行了体外培养，证明了这种合金的生物相容性。通过使用磁控溅射方法在植入金属材料表面沉积羟基磷灰石基层，可以改善与植入金属材料的粘附条件。该方法允许控制沉积参数，以获得薄、无缺陷、均匀的层，与基底具有很好的附着力、低粗糙度、耐腐蚀和磨损、低应力层，这些是医疗应用中使用的基本特性。

9.4.3 实验结果

9.4.3.1 在RAV－MRF－ABJ－900炉中获得生物相容性高熵合金

在高纯氩气控制的RAV炉中，可以在最佳条件下获得高熵合金。CrFeMoNbTaTiZr系统的实验合金配方设计理念基于选择具有极低生物毒性的化学元素用作制造医疗器械的经典合金的合金基础。为了在UPB实验室ERAMET－SIM内的MRF ABJ 900真空电弧重熔设备中，在CrFeMoNbTaTiZr系统中生产高熵合金，选择了七类不同的合金，其化学成分不同，每种合金保持等原子比例，分别为：HEAB 1，CrFeMoNbTaTiZr；HEAB 2，CrFeMoNbTaTi；HEAB 3，CrFeMoNbTaZr；HEAB 4，CrFeMoTaTiZr；HEAB 5，CrFeTaNbTiZr；HEAB 6，CrTaNbTiZrMo；HEAB 7，FeTaNbTiZrMo。由纯度大于99.5%的元素组成的原材料经过机械加工，引入RAV设备，然后称重，并在等原子报告中添加（表9.7）。

表9.7 生物相容性高熵合金批次的批量和生产效率

合金	元素/g							生产效率/%
	Cr	Fe	Mo	Nb	Ta	Ti	Zr	
HEAB 1，CrFeMoNbTaTiZr	2.55	2.73	4.68	4.54	8.77	2.37	4.38	29.85
HEAB 2，CrFeMoNbTaTi	2.97	3.19	5.47	5.30	10.32	2.74	—	29.91
HEAB 3，CrFeMoNbTaZr	2.74	2.95	5.06	4.90	9.54	—	4.80	29.42
HEAB 4，CrFeMoTaTiZr	2.98	3.20	5.50	—	10.36	2.75	5.21	29.69
HEAB 5，CrFeTaNbTiZr	3.00	3.22	—	5.36	10.42	2.76	5.24	29.72

续表

合金	元素/g							生产效率/%
	Cr	Fe	Mo	Nb	Ta	Ti	Zr	
HEAB 6，CrTaNbTiZrMo	2.78	—	5.13	4.98	9.68	2.56	4.87	29.94
HEAB 7，FeTaNbTiZrMo	—	2.97	5.10	4.94	9.61	2.55	4.83	29.95

对于每个实验合金样品，保持约 30g 的金属负载常数。原材料沉积在 RAV 设备的铜板上，以确保在电弧作用下尽可能快地形成金属熔池（图 9.29）。使用耐火化学元件时，这种操作模式非常重要。连接到冷却系统后，该过程继续进行，连续吸入，直到在工作区域获得 5×10^{-3} mbar 的压力。

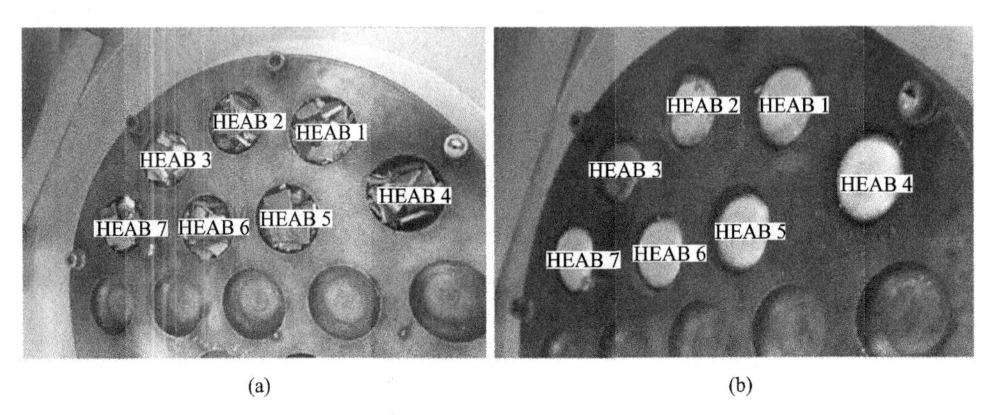

(a) (b)

图 9.29 HEAB 1 至 HEAB 7 批次

(a) 准备在 RAV 设备的铜板上熔化；(b) 熔化后

然后引入氩气氛（5.3 纯度水平），通过旋转样品进行熔体均匀化 8～10 次，以确保所生产的合金中化学元素均匀分布。连续重熔次数较多是因为负载中含有高熔点元素，如 Fe 的熔点为 1538℃，Ti 熔点为 1668℃，Zr 熔点为 1855℃，Cr 熔点为 1907℃，Nb 熔点为 2477℃，Mo 熔点为 2623℃，Ta 熔点为 3017℃。

称量由生物相容性 HEAB 合金制成的纽扣［图 9.24(b)］，以确定生产系数。造成质量损失的原因是，在生产合金的过程中，在电弧的作用下，工作区域内有小水滴，但没有过度蒸发。

9.4.3.2 微观结构

为了进行微观结构分析，从生产的生物相容性高熵合金中取样，然后，使用粒度在 360～2500μm 的砂纸，在冷却液喷射下通过砂轮切割获得的样品进行金相制备程序，然后使用粒度在 3～0.1μm 之间的 α-氧化铝悬浮液进行抛光。实验合金未使用金相试剂进行化学蚀刻，以便使用 EDAX 检测器进行局部化学成分分析。微观结构分析通过光学和扫描电子显微镜进行，使用奥林巴斯 GX 51 光学显微镜和 SEM Inspect S 电子显微镜，该电子显微镜配备了来自 UPB LAMET 实验室的 EDAX 型 Z2e 探测器。

金相检查后，HEAB 1(CrFeMoNbTaTiZr 合金)和 HEAB 2(CrFeMoNbTaTi 合金)基体中的大部分化学元素溶解，形成均匀的固溶体［图 9.30(a)、(b)］。

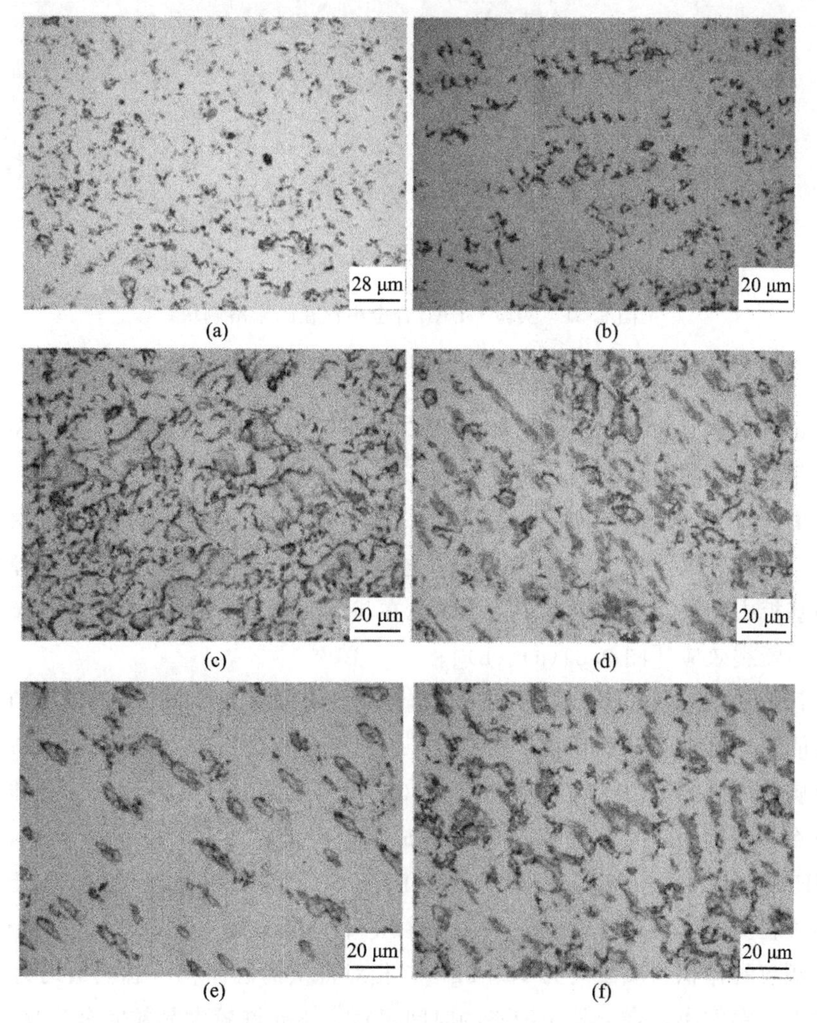

图 9.30　相同放大倍数下生物相容性愈合的横截面，光学显微镜（放大 1000 倍）
(a) CrFeMoNbTaTiZr；(b) CrFeMoNbTaTi；(c) CrFeMoNbTaZr；
(d) CrFeMoTaTiZr；(e) CrFeTaNbTiZr；(f) CrTaNbTiZrMo

Cr、Zr、Fe和Nb等元素形成共同的固溶体，金属间化合物在其中沉淀。尽管如此，仍然可以看到一系列难熔元素（Mo和Nb）的化合物，它们相对均匀地分散在基体中（图9.31）。

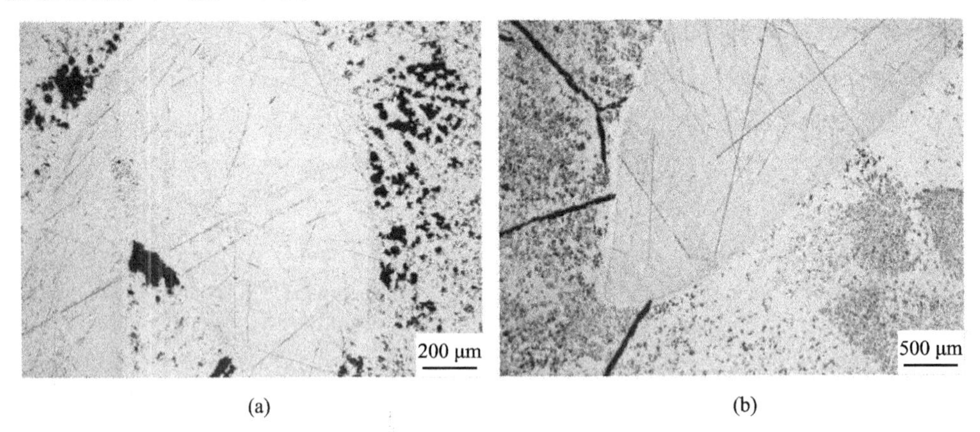

图9.31　实验HEAB合金中存在的未溶解块

（a）CrFeMoNbTaTiZr；（b）CrFeMoNbTaZr

耐高温化学元素，如Ta和Mo，没有完全熔化，圆形晶粒部分粘附在合金其他化学元素之间的固溶体上［图9.31(a)、(b)］。

在HEAB 3（CrFeMoNbTaZr合金）的情况下，钽不可能在设计批次的体积内熔化，因为该批次太少。构成合金的化学元素的熔化温度之间的巨大差异，与水冷铜基板中的快速冷却得到了证实，也在与Ta或Mo晶粒的界面处的金属基体中产生了断裂效应［图9.31(a)、(b)］。

尽管HEAB 4（CrFeMoTaTiZr合金）仅含有两种难熔元素（Mo和Ta），但仍不可能完全溶解其金属颗粒［图9.32(a)］。此外，在难熔金属颗粒（Ta）和嵌入的金属基体之间，由于存在凝固应力（换句话说，由于高硬度金属基体无法分散快速冷却产生的应力），垂直于界面形成了一些微裂纹。

HEAB 5(CrFeTaNbTiZr合金)和HEAB 6(CrTaNbTiZrMo合金)与上述其他合金的过程类似，在这种情况下，Ta颗粒也不可能溶解（图9.32）。一个可能的原因是颗粒的体积（质量约为10.42g）与相对批次的总体积（总质量约为9.22g）相比太大。颗粒小，合金处于液态的时间很短，不允许较大晶粒完全溶解。

就HEAB 7（FeTaNbTiZrMo合金）而言，熔化阶段无法解决难熔金属颗粒（Ta和Nb）的问题（图9.33）。

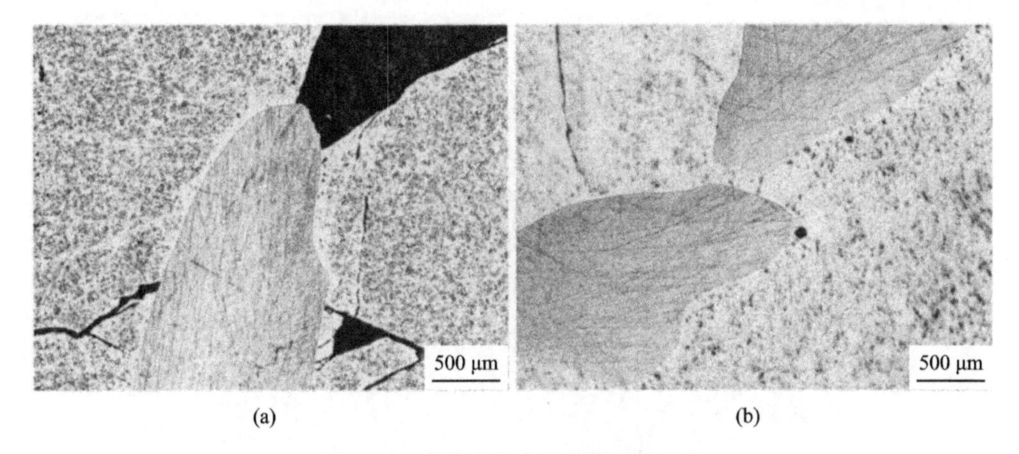

图 9.32　高熵合金中未溶解的钽碎片

（a）CrFeTaNbTiZr；（b）CrTaNbTiZrMo

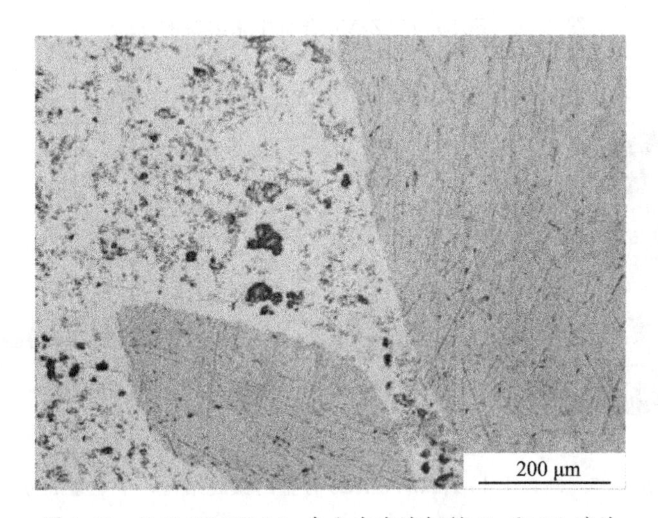

图 9.33　FeTaNbTiZrMo 合金中未溶解的 Ta 和 Nb 碎片

FeTaNbTiZrMo 合金的特性与前面提到的类似。在这种情况下，钽颗粒也未能溶解，从而在基体的界面上形成了断裂（图 9.34）。

其余元素形成一个相当均匀的固溶体，具有树枝状外观，其中一系列金属间化合物分散且均匀分布。金属基体的树枝状外观也在微型铸锭的断裂表面上突出显示［图 9.35（a）］。

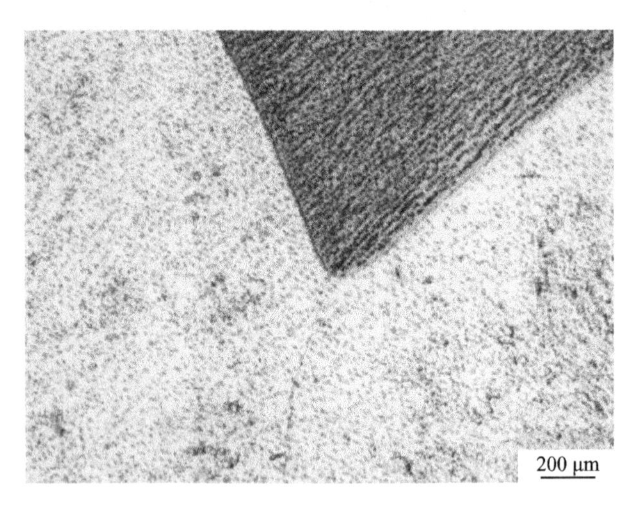

图 9.34　FeTaNbTiZrMo 合金中未溶解的 Ta 碎片

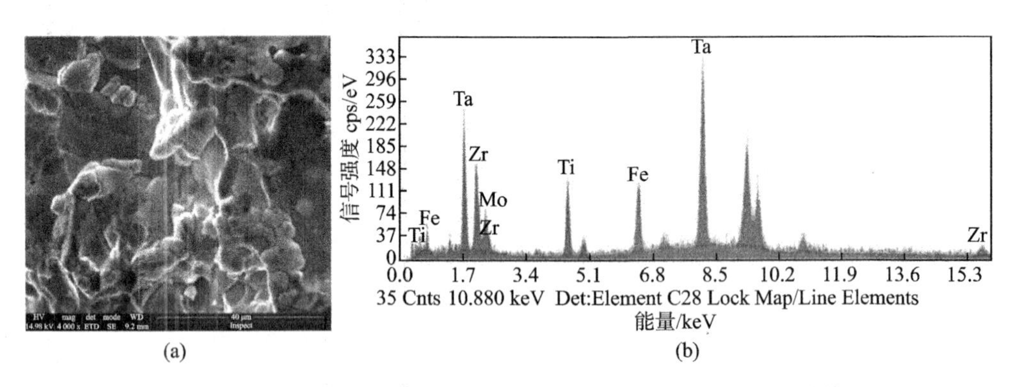

图 9.35　断口上 FeTaNbTiZrMo 合金的微观结构；半定量成分谱

（a）微观结构；（b）半定量成分谱

借助 SEM 电子显微镜获得的图像显示，微树枝晶与解理断口和微断口表面交替，这解释了这些合金在铸造状态下的高脆性。局部化学成分分析（表 9.8）强调了元素在树枝状金属基体中的分布，以及一些元素（Nb、Ti 和 Ta）在与未溶解 Nb 块和 Ta 块的界面附近的偏析（图 9.36）。

表 9.8 与图 9.35 相对应的微区的化学成分

点	化学元素（质量分数）/%						位置
	Fe	Ta	Nb	Ti	Zr	Mo	
1	—	—	100.00	—	—	—	Nb 块
2	—	24.74	67.99	7.28	—	—	与 Nb 的界面
3	24.19	10.26	14.30	14.25	28.81	8.20	矩阵
4	3.66	25.70	30.00	7.98	5.49	26.90	矩阵
5	—	42.14	48.27	9.59	—	—	与 Ta 的界面
6	—	100.00	—	—	—	—	Ta 块

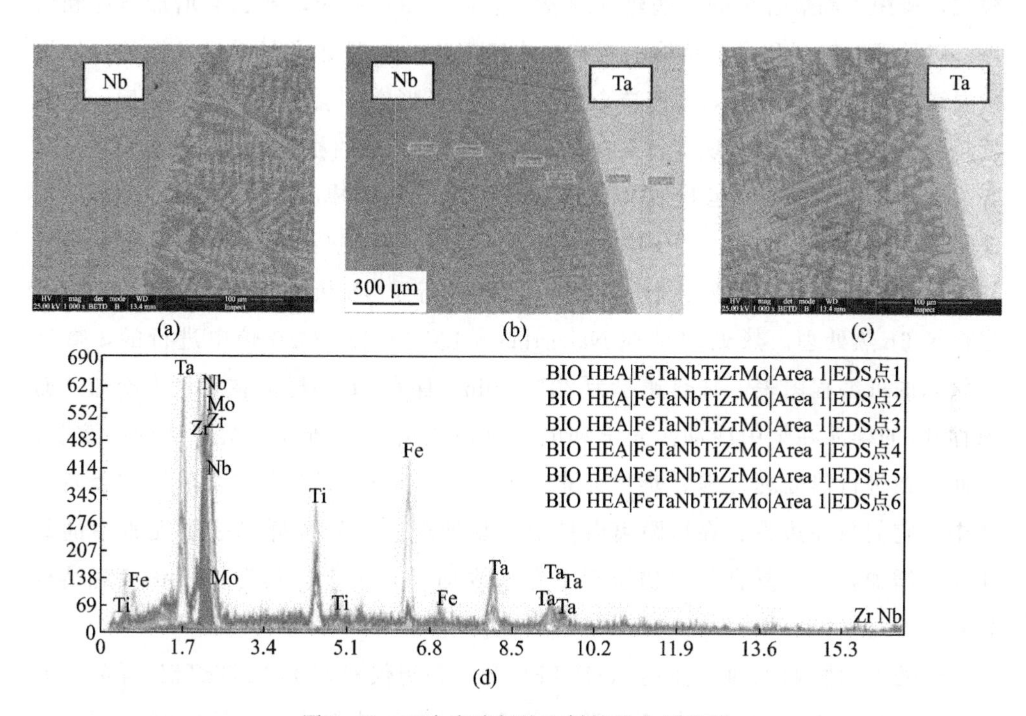

图 9.36 两个未溶解块和树枝状金属基体

（a）Nb；（b）Nb 和 Ta；（c）Ta 之间界面的 SEM 图像；

（d）微区（点 1 到点 6）FeTaNbTiZrMo 合金的半定量成分光谱

9.4.4 热处理

HEA是一种具有高度化学不均匀性的金属材料，这是由于化学元素与原子直径的显著差异和不同的互溶性造成的，该领域的大多数研究人员在生产合金后进行热处理。对于高熵合金，均匀化热退火处理可以减少或消除铸造过程中发生的化学元素偏析效应。因此，通过溶解亚稳相或使平衡相成核，可产生接近平衡的微观结构，而在快速冷却过程中，平衡相的形成受到抑制。退火处理的最终结果是降低微观或宏观残余应力水平。因此，均匀化退火与快速冷却相结合可以增加机械特性值。在某些情况下，根据合金的化学成分，如果在不同温度下进行连续热处理，硬度值会降低。根据加热温度值、在这些温度下的实际保持时间及冷却模式，应用于高熵合金的一些热处理要么会导致硬化效应，要么会增加塑性和韧性。热处理对宏观和微观结构的影响取决于温度，这是非常具有启发性的。如果保温温度不超过1040℃，则铸造合金特有的枝晶形态不会受到影响。相反，当温度超过1200℃时，会出现富含某些化学元素（如Cu）的相。在热处理过程中，富含BC-Ta-Nb和六角形包封闭孔（HCP）的HC的形成得到了强调，这取决于700℃下的退火时间。本章中的实验合金采用了一系列热处理，以实现微观结构均匀化和难熔颗粒的溶解。样品在600℃下进行了4h热处理，然后在900℃下进行了6h热处理。热处理是在Nabertherm LT 15/12/P320炉中进行的，带有热状态的可编程图表。加热速率为20℃/min，保存4h的样品在空气中冷却，而保存6h的样品在炉中冷却。光学和电子显微镜突出了新合金微观结构的演变。因此，在进行热处理之前，难熔元素（Ta、Nb和Mo）没有完全溶解在金属熔体中；它们只在边界、在短距离内扩散。热处理后，发现样品表层元素中的氧化倾向增加，并在复合氧化物层正下方形成均匀合金带，具有树枝状微观结构（图9.37）。

热处理的影响也通过使用AMETEC Z2e分析仪对CrFeMoTaTiZr样品中心和边缘的微区进行EDS分析来检验，以量化氧化和扩散效应。图9.38显示了未溶解Ta颗粒和嵌入金属基体之间的边界图像。

9.4.5 显微硬度

热处理对机械硬度特性的影响通过使用岛津HMV 2T显微硬度计测定的不同显微硬度值突出显示，见表9.9。

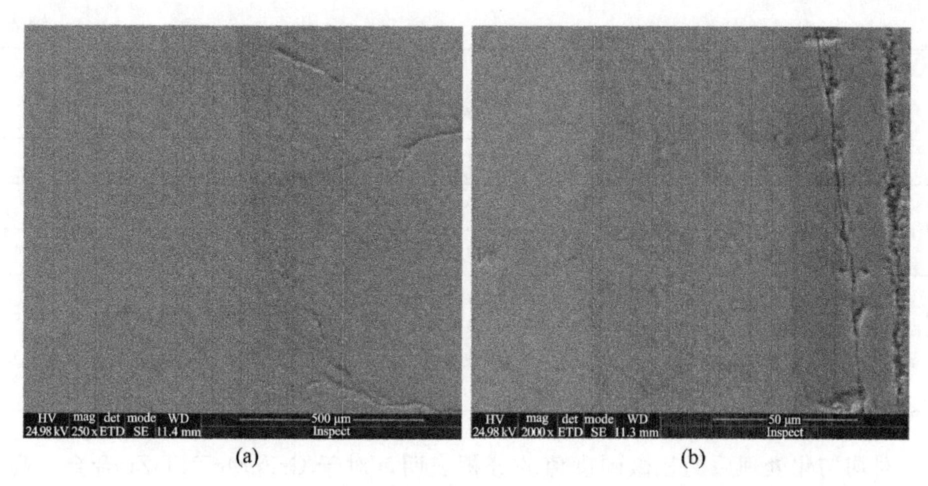

图 9.37 CrFeMoTaZr 合金在 800℃、24h 热处理、炉内缓慢冷却后的氧化层出现断裂和剥落

（a）断裂；（b）剥落

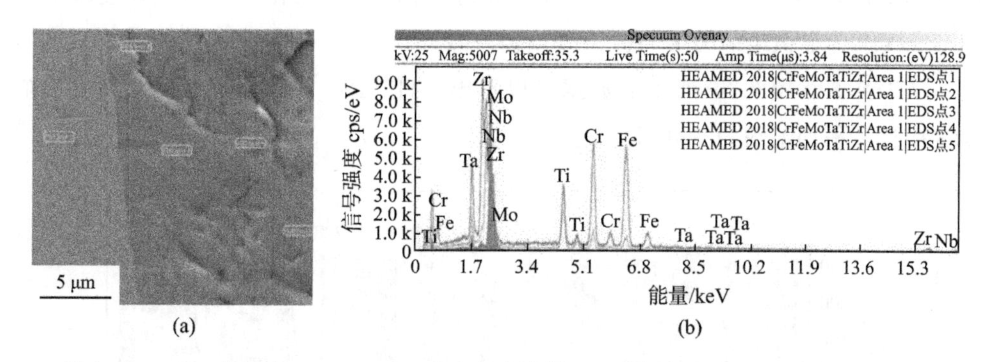

图 9.38 （a）热处理 CrFeMoTiZr 合金与未溶解 Ta 颗粒的界面；（b）半定量成分谱

表 9.9 生物医学 HEA 样品的显微硬度值

合金	以 $HV_{0.2/10}$ 点为单位的显微硬度值	平均值 $HV_{0.2/10}$	硬度变异系数
CrFeMoNbTaTiZr	749；739；700；743；747	736	2.76
CrFeMoNbTaTi	750；732；747；804；736	754	3.85
CrFeMoNbTaZr	775；748；719；725；803	754	4.66
CrFeMoTaTiZr	697；764；795；790；712	752	5.97
CrFeMTaNbTiZr	749；700；748；736；705	728	3.24
CrTaNbTiZrMo	581；567；591；590；544	575	3.42

续表

合金		以 $HV_{0.2/10}$ 点为单位的显微硬度值	平均值 $HV_{0.2/10}$	硬度变异系数
FeTaNbTiZrMo		626；686；655；657；651	655	3.26
CrFeMoNbTiZr	中心地带	791；832；817；775；772	797	3.30
	边缘地带	801；809；822；798；815	809	1.22
已热处理的 CrFeMoNbTiZr	中心地带	974；1349；1406；1286；1434	1290	14.38
	边缘地带	906；876；893；893；840	882	2.88
	均质层	1296；1429；1305；1339；1316	1337	4.03

对均匀化处理后的显微硬度值的分析表明，对于 CrFeMoTaTiZr 合金，高合金化金属基体的硬度增加至 1290 $HV_{0.2}$ 的平均值。在处理过程中，化学元素的扩散决定了邻近表面的边缘区域（距离约 200μm）的硬度降低，该区域的平均硬度值为 882 $HV_{0.2}$，即约 66 HRC，以及形成约 45μm 的均匀化带，其中硬度增加至 1337 $HV_{0.2}$。显微组织方面与显微硬度值一致。

从表 9.9 和图 9.39 所示的数据可以看出，HEAB 1～HEAB 5 的显微硬度值非常接近，平均值约为 750 $HV_{0.2}$。

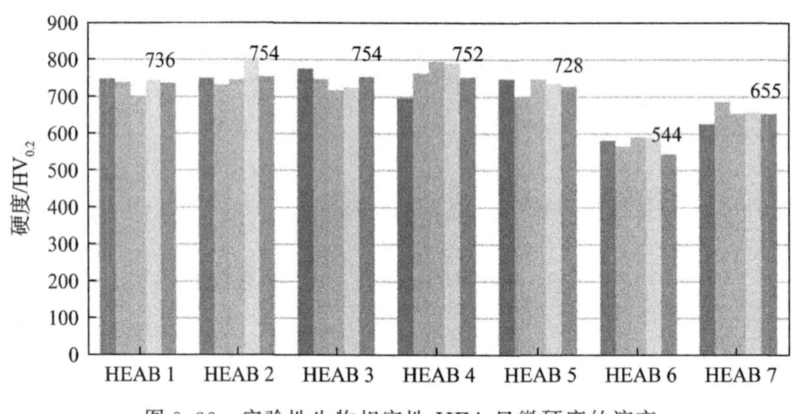

图 9.39 实验性生物相容性 HEA 显微硬度的演变

HEAB 6 合金在热处理前的硬度值最低（544 $HV_{0.2}$），这与 HEAB 6 合金有显著差异。此外，对于 HEAB 7 合金，显微硬度介于其他材料的最小值和最大值之间（655$HV_{0.2}$）。

热处理后，HEAB 6 合金在某些区域（氧化层下方）的硬度显著增加，约为 1337$HV_{0.2}$。这一发展代表着超过 150%的增长，可用于获得医疗器械的高耐磨表面。

9.4.6 细胞活力初步测试

为了评估高熵新型合金在模拟生物环境中的细胞生存能力，对取自人类患者骨提取物的骨碎片进行了一系列实验。将骨碎片转移到最小改良的 Dulbecco 基本培养基(DMEM,Sigma 分类号 D6046)中，用青霉素/链霉素(Sigma 分类号 P4333)和 10%胎牛血清(FBS,Sigma F7524)补充至 1%的最终浓度，并在 4000 r/min 下离心 10min 去除干细胞。骨碎片作为外植体在 37℃、含 5% CO_2 的潮湿空气中，在表面积为 75cm^2(Eppendorf No. 0030711122)的小瓶中培养。7～10 天后，在显微镜下观察第一批从外植体迁移的细胞。在与钙黄绿素 AM 和碘化丙啶孵育后，在徕卡 DMi8 倒置显微镜下，使用 FITC 和罗丹明荧光立方体分析与合金样品直接接触的细胞。

CrFeMonbTiZr、CrFeMonbTi、CrFeMoNbTaZr、CrFeMoNbTaZr、CrFeMoTaTiZr、CrFeTaNbTiZr、CrTaNbTiZrMo 和 FeTaNbTiZrMo 合金系统中的高熵合金可以在 RAV 炉中生产，前提是批量足够大，以允许难熔元素溶解。需要以较小颗粒（直径小于 1mm）的形式引入原材料，以便通过在普通熔融金属槽中扩散促进溶解现象。此外，必须增加液态保持时间，以实现难熔元素颗粒的完全溶解。热处理产生表面氧化效应，形成厚约 42μm 的氧化层，部分断裂或剥落。在应用热处理后，CrFeMoTaTiZr 合金的硬度值从 800$HV_{0.2}$ 增加到约 1290$HV_{0.2}$。荧光显微镜技术显示间充质干细胞粘附在合金表面。

第10章　高熵合金前沿研究

10.1　晶界析出相助力强度1597MPa、伸长率25.3%高熵合金

由多种元素组成的高熵合金已成为研究的焦点之一。根据最初的设计理念，合金应为稳定单一的固溶状态。为此，设计了FCC、BCC和HCP等单相HEAs。特别是FCC单相HEAs（如FeCoCrMnNi）具有优越的断裂韧性和延展性，但是强度不足，限制了FCC单相HEAs的广泛应用。如何在不引起严重脆化的情况下有效地将其强化是扩展实际应用的关键挑战之一。

来自美国田纳西大学等单位的研究人员采用原位中子实验和理论计算方法探讨了NbTaTiV BCC难熔HEA在室温和高温下的弹性和塑性变形行为，发现与传统金属材料相比，NbTaTiV HEA在高温下弹性各向异性变形行为缺乏强烈的温度依赖性，这是一种非典型的弹性变形行为（图10.1）。

研究发现，$Nb_{23.8}Ta_{25.5}Ti_{24.9}V_{25.8}$合金元素分布均匀，原子分数接近，晶粒尺寸为200～400μm，在室温和高温下均为单一BCC固溶体。经实验验证，单相BCC结构在900℃时仍稳定存在。通常，由于多晶金属材料的弹性各向异性（包括FCC结构的HEAs），在外加应力下晶格应变与晶粒取向紧密相关。

弹性各向异性变形可通过晶格应变随应力变化的曲线进行分析。塑性各向异性是由某些晶粒上的塑性变形产生的，而塑性变形往往发生在某些晶粒上。曲线斜率的增大表示特定晶粒的塑性屈服，而斜率的减小则表示载荷从屈服晶粒向仍处于弹性变形区域的相邻晶粒传递。在这种晶格应变演化趋势下，弹性区刚度最大的{110}晶粒和{211}晶粒由于滑移体系的存在，在早期就有屈服的倾向。随后，载荷从上述晶粒几乎定向转移到{200}晶粒和{310}晶粒。这种载荷分配会导致在经过大量塑性变形后，特定晶粒（如{200}晶粒）出现应力集中。

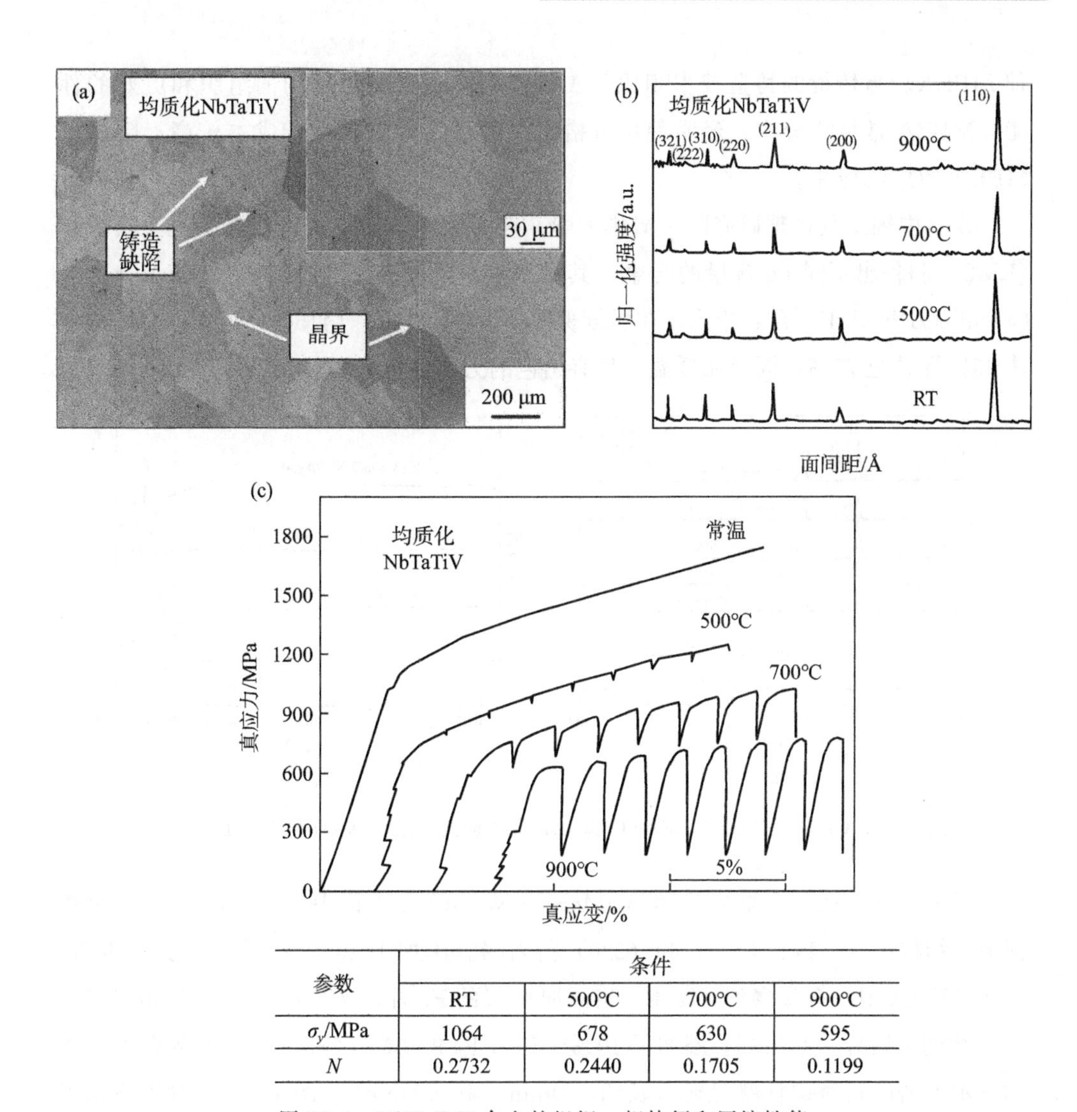

参数	条件			
	RT	500°C	700°C	900°C
σ_y/MPa	1064	678	630	595
N	0.2732	0.2440	0.1705	0.1199

图 10.1　NbTaTiV 合金的组织、相特征和压缩性能

10.2　增材制造高熵合金的相变诱导强化研究

高熵合金作为多主元素合金（MPEA）的代表，由于其革命性的合金设计方法而引起了广泛的研究兴趣。与传统的单主要元素合金相比，最初定义为多组分合金的 MPEAs 至少由五种主要元素组成，元素含量从 5%～35%，倾向于形成无规固溶体。这种特殊的微结构为 MPEA 提供了出色的性能。增材制造（AM）是生产用于学术研究和工业应用的三维金属零件的新兴技术，已经成功地制造了各

种 MPEA。与传统的铸造技术相比，AM 技术能够获得更均匀的组织和更好的性能。MPEA 常见成分中，经常使用价格昂贵的金属，导致生产成本较高，限制了 MPEA 的广泛应用。

来自中国工程物理研究院、清华大学、新疆大学的研究人员通过激光金属沉积（LMD）制备出不同 Fe 含量的合金，其中双相 $(CrMnFeCoNi)_{50}Fe_{50}$ MPEA 合金与 CrMnFeCoNi MPEA 合金相比，在强度保持不变的情况下（415～470MPa），可塑性从 45%提升至 77%，同时在低温下具有出色的力学性能（图 10.2）。

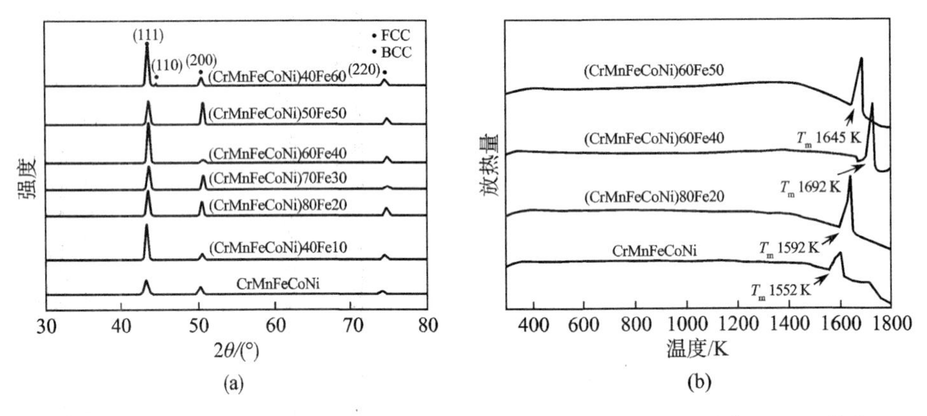

图 10.2　CrMnFeCoNi MPEAs 中添加不同含量铁元素的 XRD 图谱和 DSC 曲线

研究发现，在不多添加 Fe 的 CrMnFeCoNi MPEA 光谱中观察到代表 FCC 单相固溶体结构的（111）、（200）和（220）衍射峰。添加了 10%～50%Fe 的 CrMnFe-CoNi MPEA 中没有观察到沉淀相。当添加 60%的 Fe 时，BCC 相的（110）衍射峰与 FCC 相的衍射峰一起出现。添加了 10%～50% Fe 的 LMD CrMnFeCoNi 的金相组织均显示致密的长直圆柱状晶粒（长约 1.0mm，宽 0.5mm）（图 10.3）。对于添加了 50% Fe 的合金，与 CrMnFeCoNi MPEA 相比，可塑性从 50%提高到 77%，而抗拉强度从 415MPa 提高到 470MPa。在 77K 时，$(CrMnFeCoNi)_{50}Fe_{50}$ 合金的抗拉强度从 878MPa 提高到 925MPa，但塑性从 95%降低到 60%（图 10.4、图 10.5）。

研究人员通过 EBSD 确定在不同应变下新形成的 BCC 相的相分数变化。在断裂区域，BCC 相的近似体积分数从 0%增加到 55%，而 FCC 相的体积分数从 100%下降到 45%。根据变形 $(CrMnFeCoNi)_{50}Fe_{50}$ 合金的 TEM 和 EBSD 结果，从 FCC 到 BCC 的相变是应变诱发的。这种无扩散现象与其他由应变诱发的从 FCC 到 BCC 相变的 HEA 一致，表明亚稳 FCC 相可以转变为 BCC 相而无须元素的长距离迁移。综上所述，研究了通过 LMD 技术制备的 $(CrMnFeCoNi)_xFe_{1-x}$

合金的组织和力学性能，发现通过 LMD 制备的 $(CrMnFeCoNi)_{50}Fe_{50}$ MPEA 保持单相固溶体，在 1500K 以下稳定。此外，$(CrMnFeCoNi)_{50}Fe_{50}$ 的性能增强是由于应变引起的从 FCC 到 BCC 相变。由此可见，添加低成本合金元素后可通过相变强化来改善力学性能。

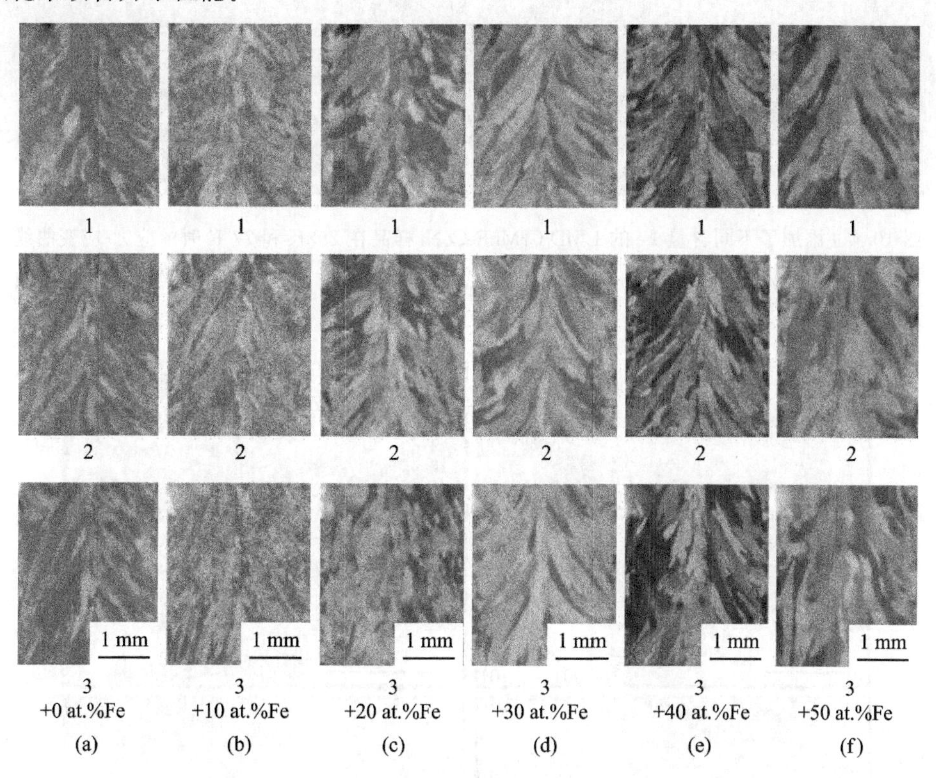

图 10.3　Fe 含量不同的 CrMnFeCoNi 合金的金相组织
（1、2 和 3 分别代表样品的顶部、中间和底部）

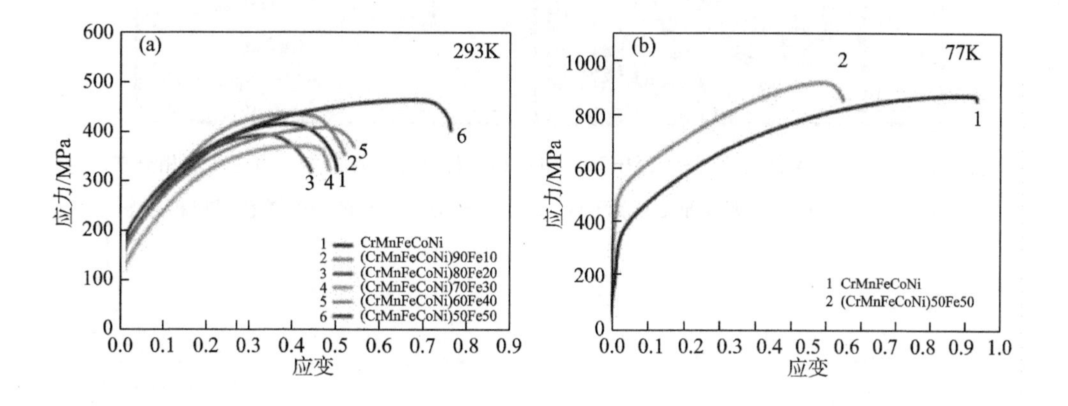

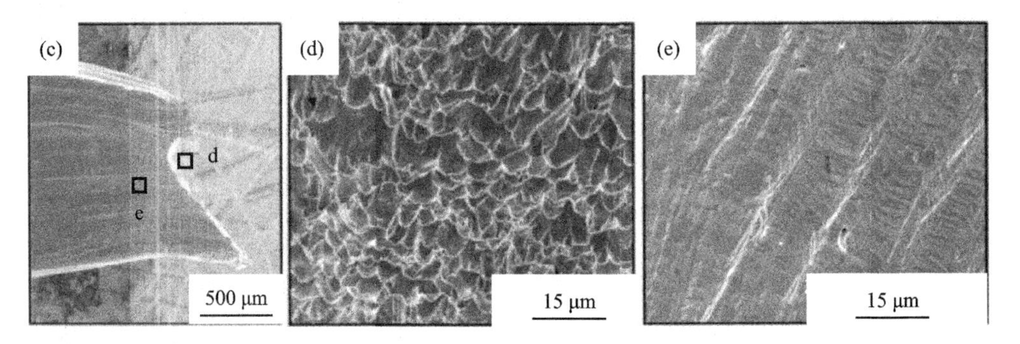

图 10.4 添加了不同含量 Fe 的 LMD CrMnFeCoNi 样品在 293K 和 77 K 时的应力-应变曲线
(a) 293K；(b) 77K；(c)、(d)、(e) $(CrMnFeCoNi)_{50}Fe_{50}$ MPEA 在 293K 时的断裂组织

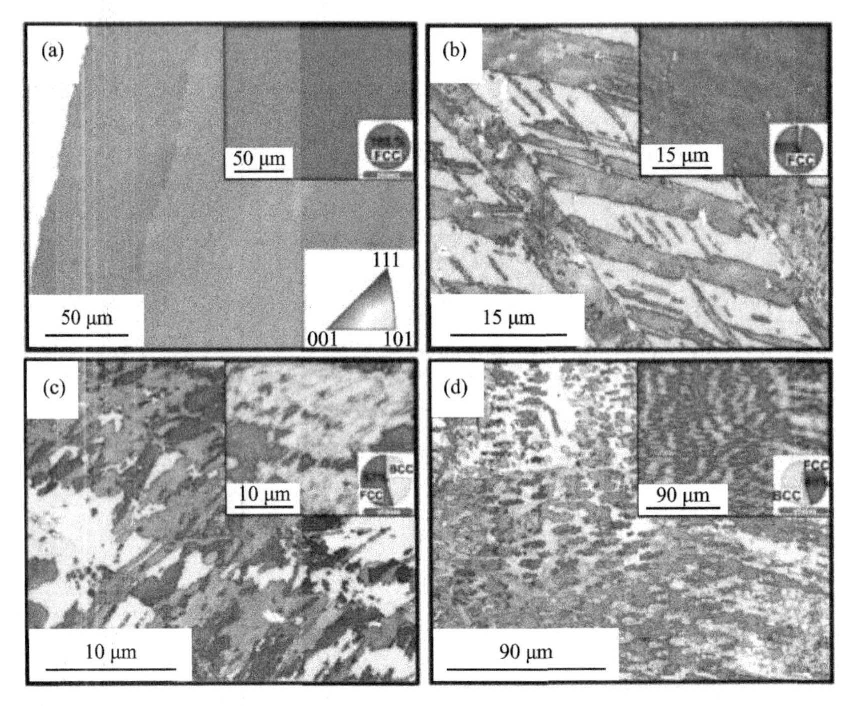

图 10.5 (a) LMD 制造的 $(CrMnFeCoNi)_{50}Fe_{50}$ 样品无变形的 IPF 着色图和相分布；
(b)、(c)、(d) 分别为拉伸变形为 5%、20%、断裂的样品的 IPF 着色图和相分布

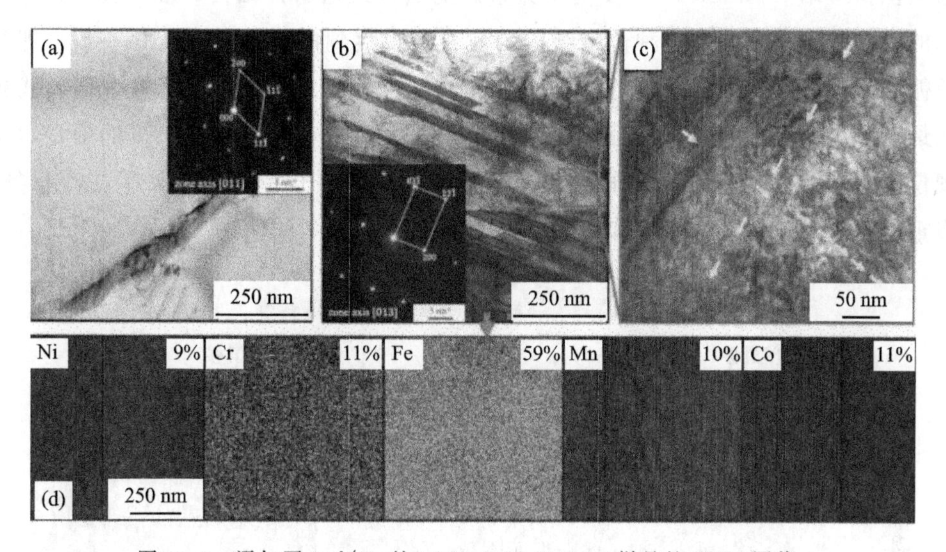

图 10.6　添加了 50%Fe 的 LMD CrMnFeCoNi 样品的 TEM 图像；
(b) 应变为 70%时的 TEM 图像；(c) 图像的局部放大；(d) 变形样品的元素分布

10.3　高熵合金、中熵合金低周疲劳加载下的变形机理研究

在低周疲劳加载下，等原子 FCC CoCrFeMnNi 高熵合金的塑性变形由位错结构（如位错墙、位错胞）的形成而累积，进而导致裂纹萌生。虽然已有文章报道过这些位错结构，但关于它们的形成机制还存在争议。此外，应变振幅、循环加载次数和晶粒取向对位错结构的影响还未见报道。

德国卡尔斯鲁厄理工学院的研究人员通过开展室温下低周疲劳试验，结合透射电镜显微结构研究，阐述了两种不同晶粒尺寸的 CoCrFeMnNi 合金的循环变形行为和相应的微观结构变化，并系统探讨了不同位错结构的形成机理。

研究表明，在低应变（0.3%）下，位错结构主要由平面滑移带（Planar Slip Bands）组成，而在较高应变（0.5%和 0.7%）下，位错主要形成墙（Wall）、迷宫（Labyrinth）和胞（Cell）结构等。这一结果也揭示了位错的运动由低应变下的平面滑移向高应变下的交滑移转变（图 10.7）。

通过研究不同循环次数下的微观结构发现，增加循环次数导致位错结构从初

始的位错缠结（Tangles）演变为不完整态的墙（或血管）结构，最后演变为完整态的墙（或胞）结构。这种位错结构的演变与观察到的循环应力变化一致，即初始循环硬化、随后软化和接近稳态直至失效。同时得出结论，位错的滑移模式也从最初的平面滑移变为带循环的交滑移。此外，通过对位错柏氏矢量的确定，发现位错墙、迷宫和胞结构中的位错具有不同的柏氏矢量，这表明除了交滑移外，多重滑移也是位错墙（迷宫和胞）结构形成的原因之一（图 10.8）。

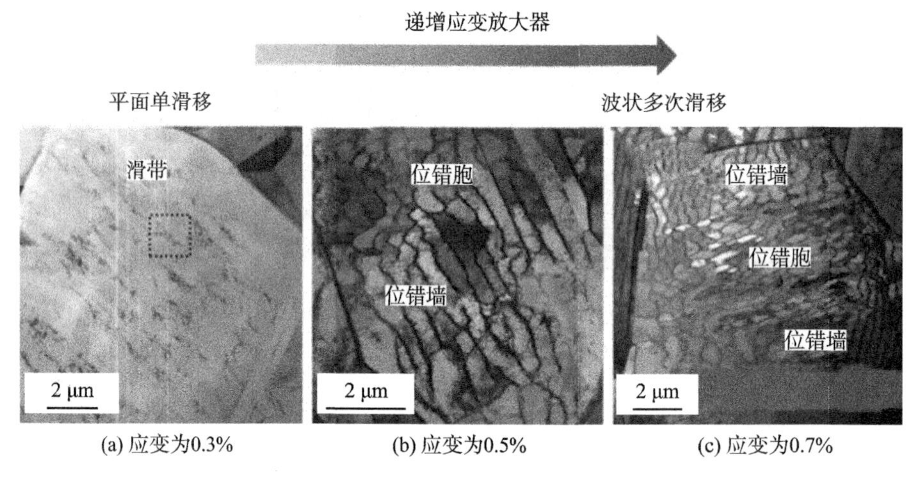

图 10.7 不同应变下的微观结构

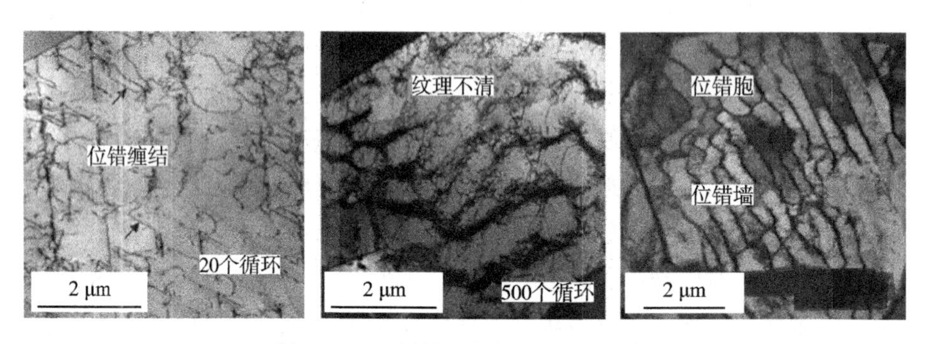

图 10.8 不同循环次数下的微观结构

研究人员通过研究不同晶粒取向的位错结构发现，不同于单晶材料，在多晶 CoCrFeMnNi 合金中，晶粒取向与位错结构的形成没有直接关系。所以多晶材料中，不同位错结构的形成更多地由相邻晶粒的约束决定（图 10.9）。此外，单个晶粒中多种位错结构的形成也与相邻晶粒的约束效应有关。

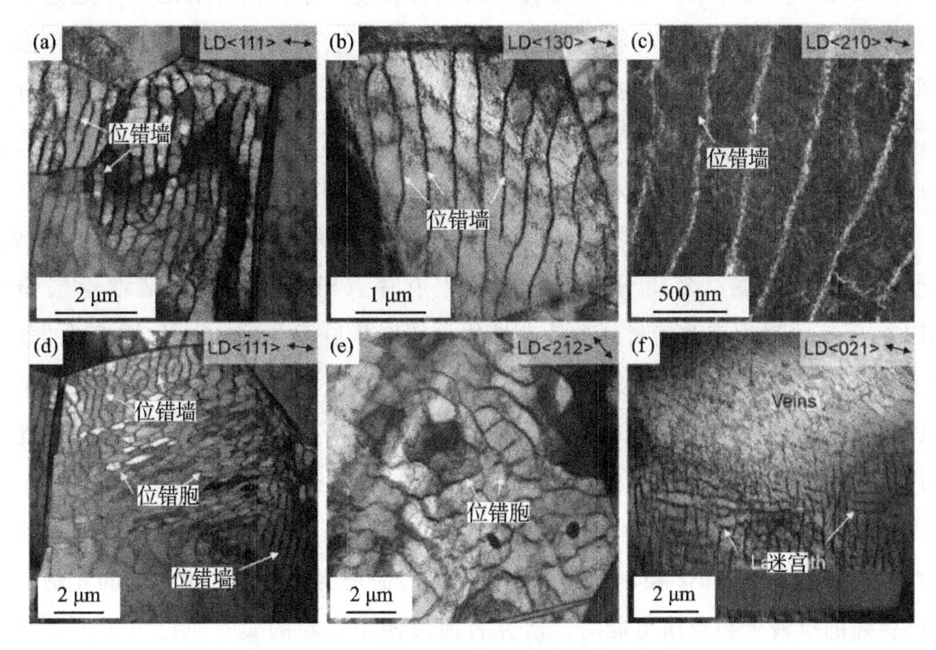

图 10.9　多个不同取向的晶粒的位错结构

研究揭示的 CoCrFeMnNi 高熵合金在低周疲劳下的变形机理同样适用于具有同等层错能（Stacking Fault Energy）的其他 FCC 高熵合金。

另外，研究人员还对比研究了 CoCrFeMnNi 高熵合金和 CoCrNi 中熵合金，发现 CoCrNi 具有更好的抗疲劳性能，并将这种性能归因于 CoCrNi 较低的层错能。相较于 CoCrFeMnNi 中位错的交滑移运动引起的墙和胞结构，CoCrNi 的低层错能促进了位错的平面运动，使塑性变形更加均匀，进而提高了疲劳性能。

10.4　利用可塑性变形析出相提升高熵合金疲劳寿命

工程结构中经常发生由于疲劳失效而引起的灾难性事故，因此，关于疲劳变形和疲劳失效机制的基本理解，对抗疲劳结构材料的发展至关重要。来自美国橡树岭国家实验室的 Ke An 和美国诺克斯维尔大学的 Peter. K. Liaw 等研究者报道了一种通过可塑性变形多组分 B2 析出相得到的具有延长疲劳寿命的高熵合金。

据统计，近 90%的机械失效是由远低于材料的极限强度或屈服强度的循环应力下的疲劳所引起的。因此，结构材料的疲劳寿命是评价其在实际工程环境中能否可靠使用的关键标准。为了提高材料的疲劳强度，常用的方法之一是通过引入金属间析出相硬化来提高材料的疲劳强度。然而，引入额外的相界面总是伴随着降低疲劳裂纹萌生阻力的有害副作用。当材料反复经历低塑性变形，即低塑性应变振幅时，如结构构件不断受到冲击时，这种趋势尤为明显。因此，传统的合金设计策略面临着同时提高疲劳强度和抗疲劳裂纹萌生能力的困境。

HEAs在提高材料力学性能方面显示出了巨大的潜力。HEAs中的不同特性，如严重的晶格畸变、多组分析出相、短程有序（SRO）和可调谐堆垛层错能（SFE）等，可以用来改善材料的疲劳性能。特别是最近在HEAs中观察到的非典型多组分金属间相，与脆性金属间化合物不同，其可以在不牺牲太多塑性的情况下提高强度。这种特性被认为会显著影响力学行为，包括尚未报道的循环塑性变形行为。在以上思路的启发下，研究者设计了一种多组分B2析出相强化HEA来改善结构材料的疲劳性能。研究者发现，在约0.03%的低塑性应变下，通过加入韧性可转变的多组分B2相，设计合金的疲劳寿命至少是其他常规合金的4倍，表现出更强的抗疲劳裂纹萌生能力。研究者通过使用最新的实时原位中子衍射和先进的电子显微镜，以及晶体塑性建模和蒙特卡罗（MC）模拟，揭示了其底层机制。在高熵合金中观察到位错滑移、析出强化、变形孪晶和可逆马氏体相变等多种循环变形机制。研究表明，其在低应变下的疲劳性能的改善，即高的疲劳裂纹萌生抗力，归因于B2强化相的高弹性、塑性变形能力和马氏体相变。结果表明，将可变形的多组分金属间析出相结合，并提出多种有益的循环变形机制的设计思想，为设计先进的抗疲劳合金提供了新的方向。

$Al_{0.5}CoCrFeNi$合金的一个六角体，显示FCC和B2相的存在（FCC和B2相的衍射峰分别为F－hkl和B－hkl）。研究合金的背散射电子（BSE）图像，呈现B2相的三种不同形态［图10.10(b)］。图10.10(c)、(d)为EBSD相位图和相应的晶粒取向图。沿FCC［011］方向和B2［001］方向观察FCC和B2相的形貌，可以发现FCC基体和B2沉淀之间的K-S晶体学关系。图10.10（f）为通过EDS测定FCC和B2相的化学成分。根据EDS计数统计确定误差。

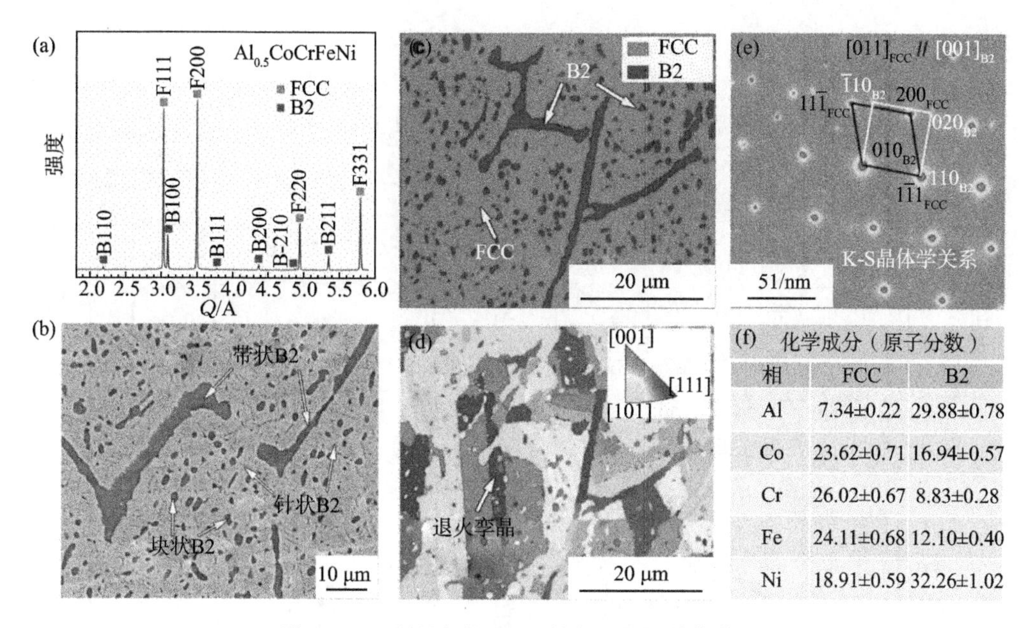

相	FCC	B2
Al	7.34±0.22	29.88±0.78
Co	23.62±0.71	16.94±0.57
Cr	26.02±0.67	8.83±0.28
Fe	24.11±0.68	12.10±0.40
Ni	18.91±0.59	32.26±1.02

图 10.10　所研究的 HEA 的相和微观结构信息

$Al_{0.5}$CoCrFeNi 合金在室温下的单轴拉伸曲线（插图显示了其加工硬化率与真实应变的关系）。图 10.11（b）为 $Al_{0.5}$CoCrFeNi 的循环应力响应（CSR）曲线。图（c）为 $Al_{0.5}$CoCrFeNi 的磁滞回线。图（d）为 $Al_{0.5}$CoCrFeNi 总应变振幅、弹性应变振幅和塑性应变振幅与失效逆转次数（$2N_f$）的关系，显示双线性 Coffin-Manson 关系的存在，表明循环变形模式的变化（卡通图）。图（e）为本合金和其他常规合金的 Coffin-Manson 疲劳数据比较，表明研究的 HEA 在低应变振幅下的 LCF 性能优于其他常规合金（开口圆和实心圆符号分别代表单相和沉淀强化合金）。

作为外加应力函数的晶格应变，在如图 10.12(b)所示的单轴拉伸过程中，半高宽随横向应力的变化［图(c)中的插图是显示 B2－{110}d 间距变化的二维（2D）等高线图］表明存在马氏体相变。图 10.12(c)为 FCC－{111}和 B2－{110}在选定的第一、第二和第五个循环中沿加载方向的晶格应变演化。图 10.12(d)为第 50 次循环时 B2－[110]半高宽与纵向和横向施加应力的关系，应变振幅为±1.75%。图 10.15(e)为在±0.5%、±1%和±1.75%的应变振幅下，FWHMG/d 随循环次数的变化。图 10.12(f)为应变振幅在±1.75%时，沿纵向和横向不同疲劳循环下的原位中子衍射峰值强度演变。所有图中的误差条都是从 hkl 衍射峰的单峰拟合的不确定度中获得的。

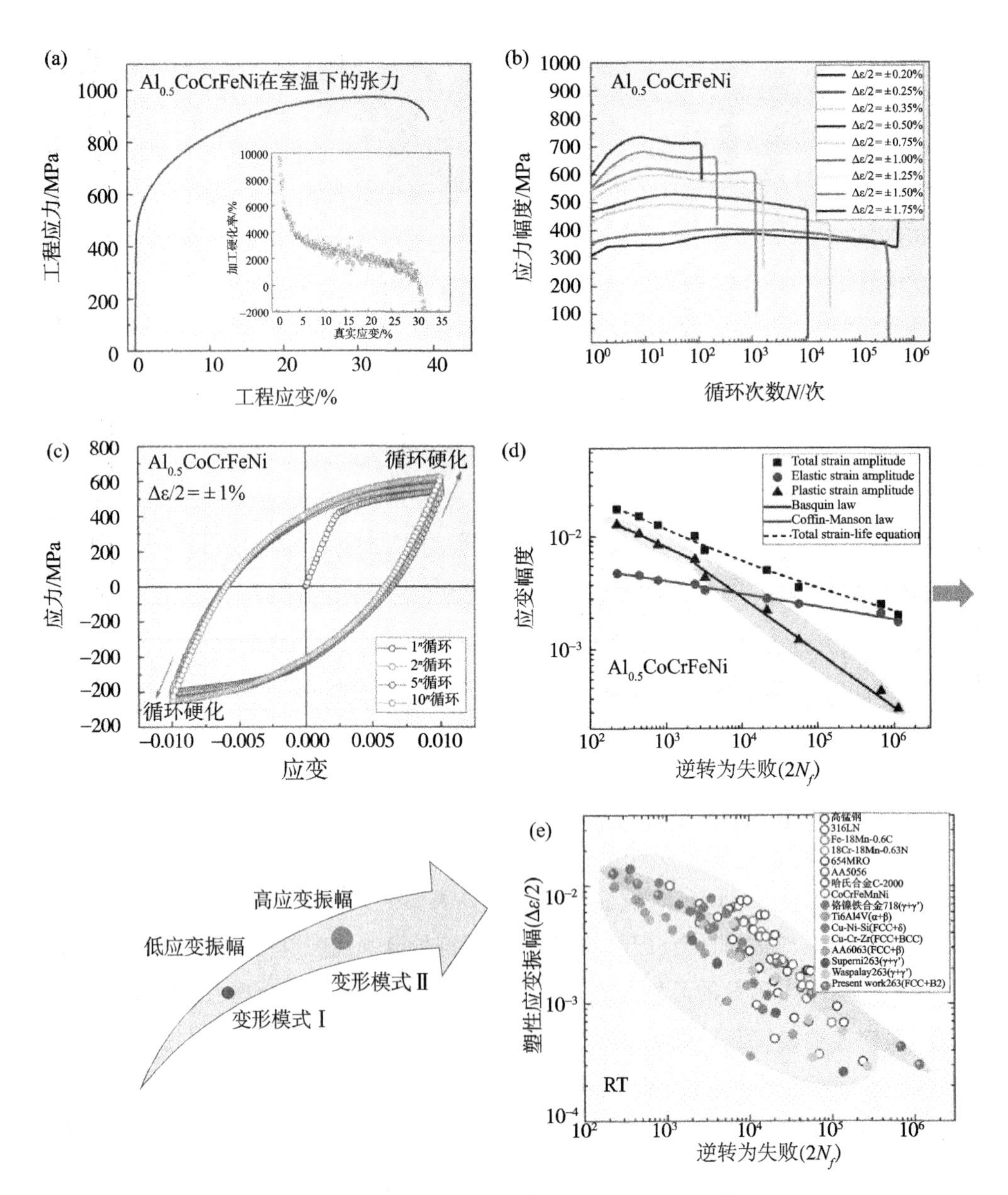

图 10.11 $Al_{0.5}$CoCrFeNi 合金的拉伸和 LCF 结果

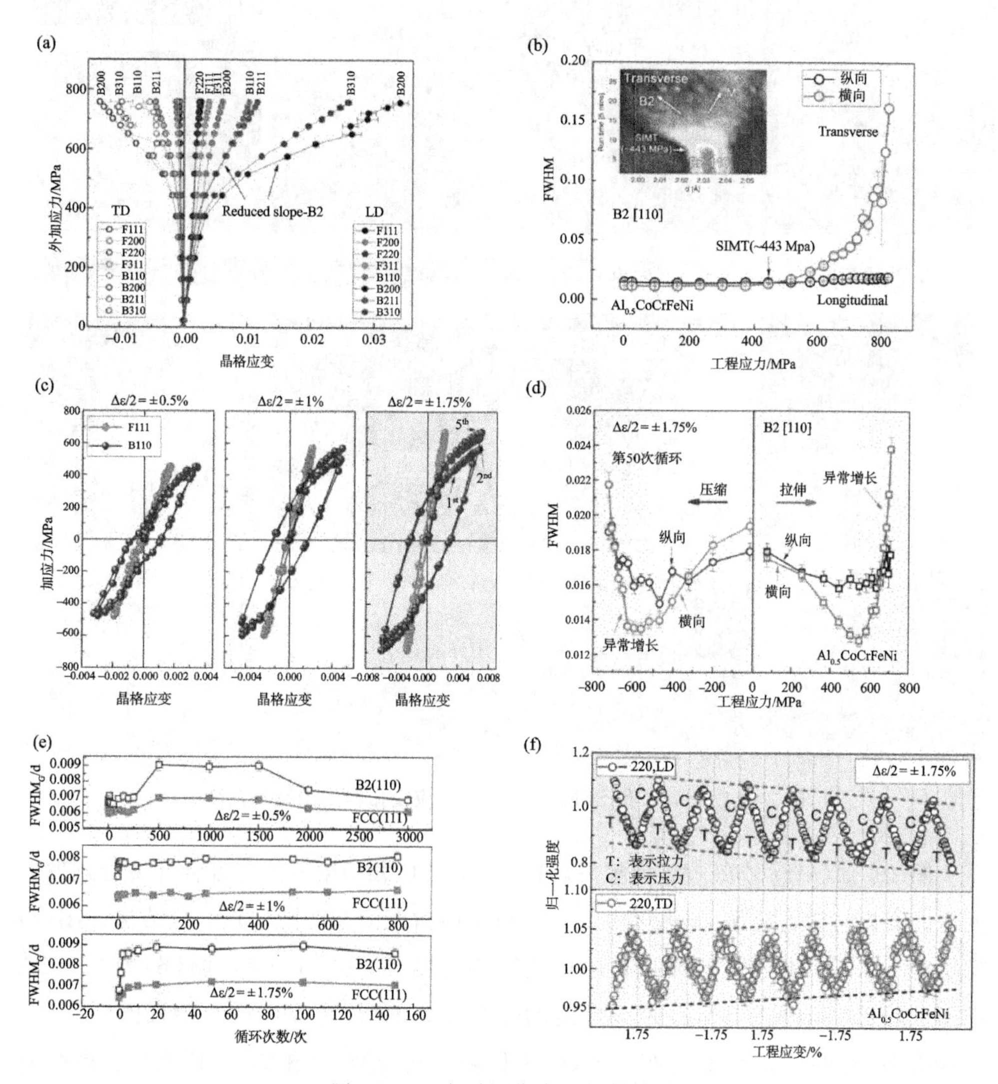

图 10.12 实时原位中子衍射结果

图 10.13（a）～（h）分别是应变振幅为±0.25%、±0.5%、±1%和±1.75%的 TEM 亮场（BF）图像，显示了变形特征循环响应的结构演变［图 10.13（a）中的插图是暗场（DF）图像，显示了塑性变形 B2 相］。图 10.13（i）～（l）是应变振幅为±0.25%、±1.25%和±1.75%的断裂试样的 SEM 图像，显示了低应变振幅和高应变振幅下的裂纹形成特征。

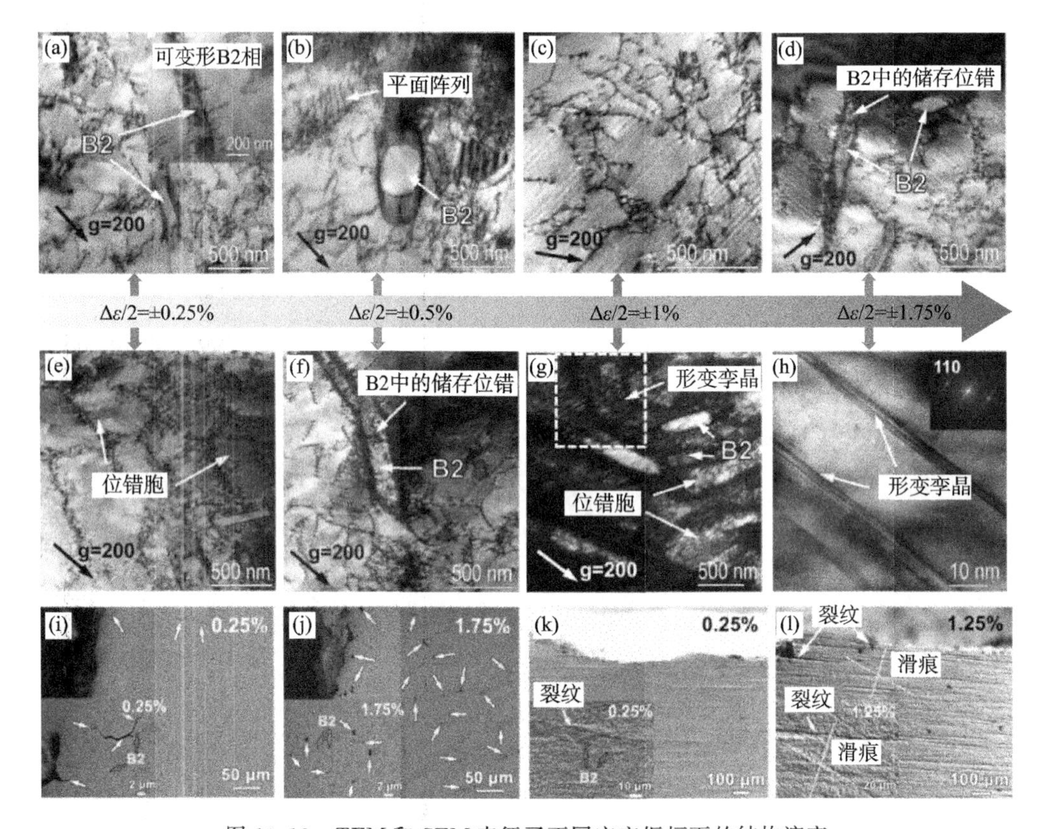

图 10.13　TEM 和 SEM 表征了不同应变振幅下的结构演变

图 10.14(a)、(b)在 MC 模拟后，BCC 和 FCC 相的第一近邻键合环境分别发生变化。变化与初始配置中的键有关。MC 模拟前后沉淀相的图(c)～(f)结构。图(c)初始为 BCC 结构。图(d)最终有序正交结构［图(a)为 3.014Å，图(b)为 2.902Å 和图(c)为 2.571Å］。图(e)为 MC 前的俯视图。图(f)为 MC 后的俯视图。图(g)为最终 B2 相的广义 SFE 分布。图(h)为比较不同构型 B2 相的 APB 能量。虚线表示纯 NiAl B2 的层错能。

图 10.15 总结了 $Al_{0.5}$CoCrFeNi 在不同应变振幅下的主要循环变形机制。循环加载期间微裂纹形成机制的示意图。

综上所述，研究者的工作为理解多组分 B2 析出强化 HEA 的循环变形机制提供了一个完整的思路，并通过引入可变形的多组分金属间析出相来指导抗疲劳合金的设计，这些析出相可以通过调整 HEAs 成分和热机械加工实现。

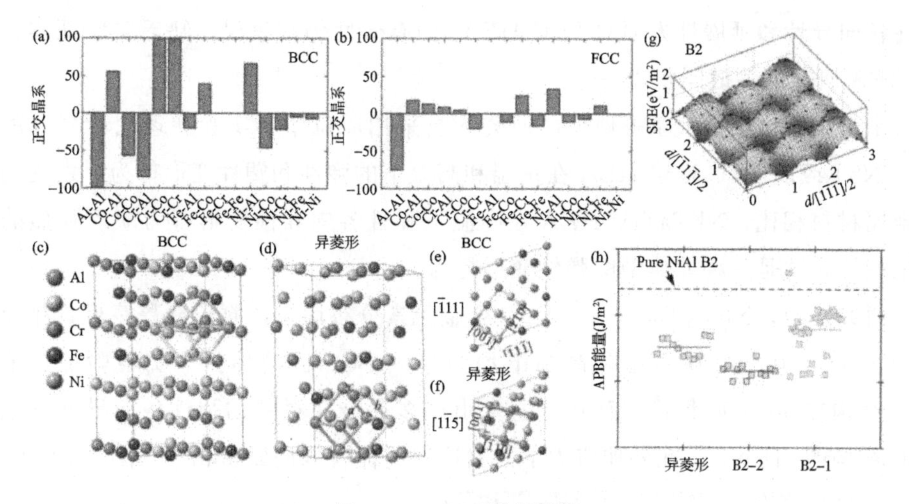

图 10.14　MC 模拟结果

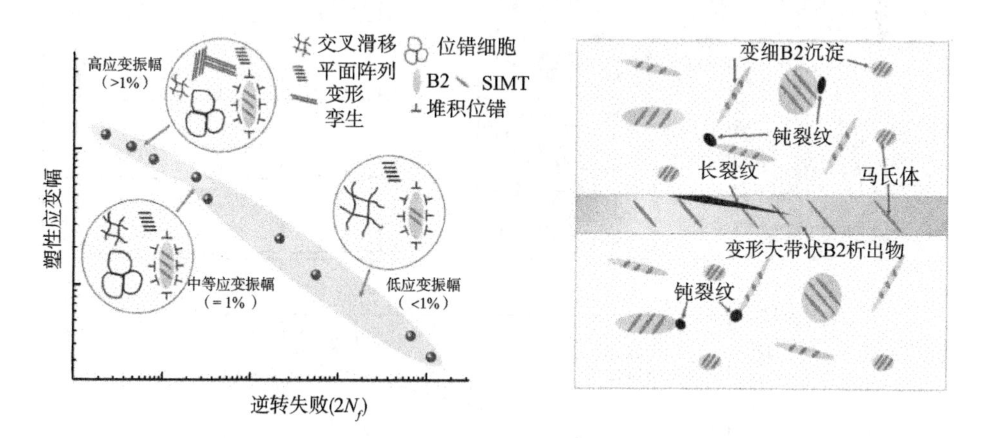

图 10.15　所研究的 HEA 中的循环变形机制和微裂纹萌生行为示意图

10.5　难熔高熵合金独特的弹塑性变形行为研究

高熵合金为等摩尔或非等摩尔单相和多相固溶体。通过增加吉布斯自由能来最小化构型熵导致形成单相或多相固溶体，如体心立方、面心立方和/或密排六方固溶体相代替金属间化合物。具有不同原子半径的多个元素的随机分布导致原子间晶格发生严重扭曲。这些特征有助于获得所需的力学性能，如高硬度、强度、延展性及在室温和高温下的抗软化性。这些理想的力学性能与变形机制息息相关。尽管现阶段已有部分针对高熵合金的脆塑性模拟研究，但是这些理论计算方法在弹性各向异性和延展性方面对 BCC HEAs 的有效性仍有争议，缺乏实验证实，这是 HEA 研究的关键问题之一。

来自美国田纳西大学等单位的研究人员采用原位中子实验和理论计算方法探讨了 NbTaTiV BCC 难熔 HEA 在室温和高温下的弹性和塑性变形行为，发现与传统金属材料相比，NbTaTiV HEA 在高温下弹性各向异性变形行为缺乏强烈的温度依赖性，这是一种非典型的弹性变形行为。

研究发现，$Nb_{23.8}Ta_{25.5}Ti_{24.9}V_{25.8}$ 合金元素分布均匀，原子分数接近，晶粒尺寸为 200～400μm，在室温和高温下均为单一 BCC 固溶体。经实验验证，单相 BCC 结构在 900℃时仍稳定存在。通常由于多晶金属材料的弹性各向异性（包括 FCC 结构的 HEAs），在外加应力下晶格应变与晶粒取向紧密相关（图 10.16）。

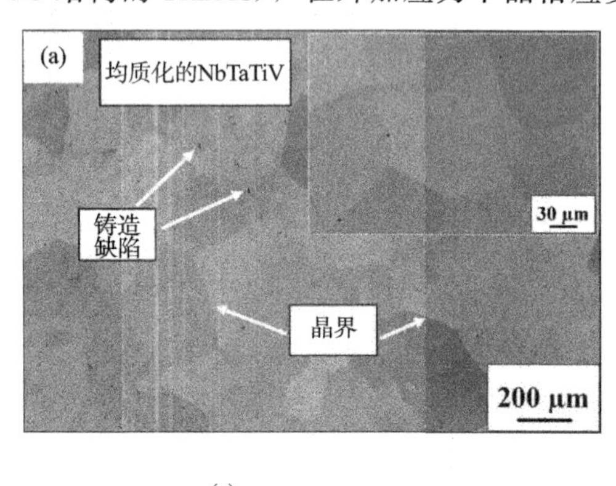

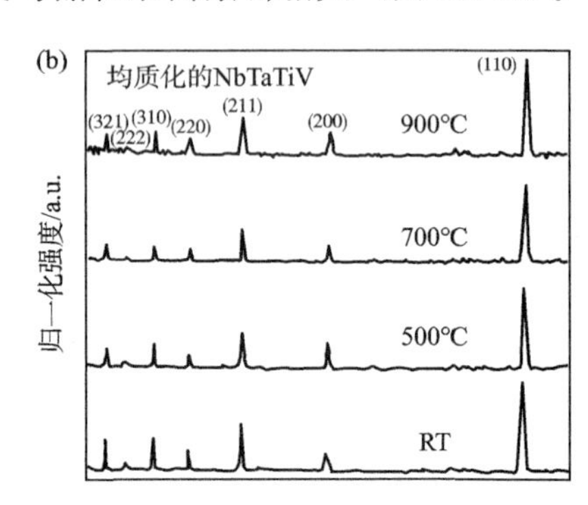

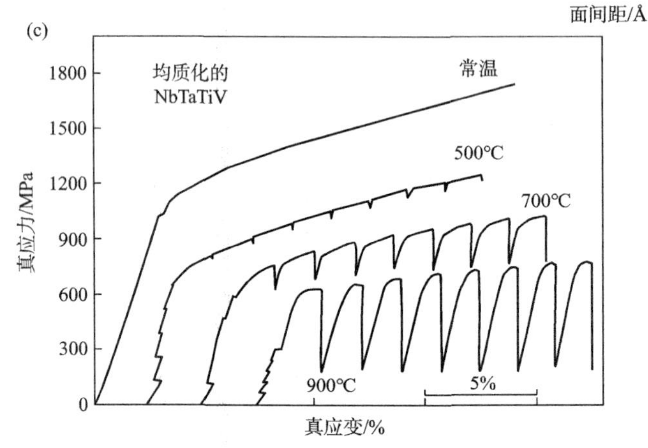

<table>
<tr><th rowspan="2">参数</th><th colspan="4">条件</th></tr>
<tr><th>RT</th><th>500℃</th><th>700℃</th><th>900℃</th></tr>
<tr><td>σ_y/MPa</td><td>1064</td><td>678</td><td>630</td><td>595</td></tr>
<tr><td>N</td><td>0.2732</td><td>0.2440</td><td>0.1705</td><td>0.1199</td></tr>
</table>

图 10.16　NbTaTiV 合金的组织、相特征和压缩性能

弹性各向异性变形可通过 NbTaTiV 合金晶格应变随外加应力变化的曲线进行分析（图 10.17）。塑性各向异性是由某些晶粒上的塑性变形而产生的，而塑性变形往往发生在某些晶粒上。曲线斜率的增大表示特定晶粒的塑性屈服，而斜率的减小则表示载荷从屈服晶粒向仍处于弹性变形区域的相邻晶粒传递。在这种晶格应变演化趋势下，弹性区刚度最大的 {110} 晶粒和 {211} 晶粒由于滑移体系的存在，在早期就有屈服的倾向。随后，载荷从上述晶粒几乎定向转移到 {200} 晶粒和 {310} 晶粒。这种载荷分配会导致在经过大量塑性变形后，特定晶粒（如 {200} 晶粒）出现应力集中。

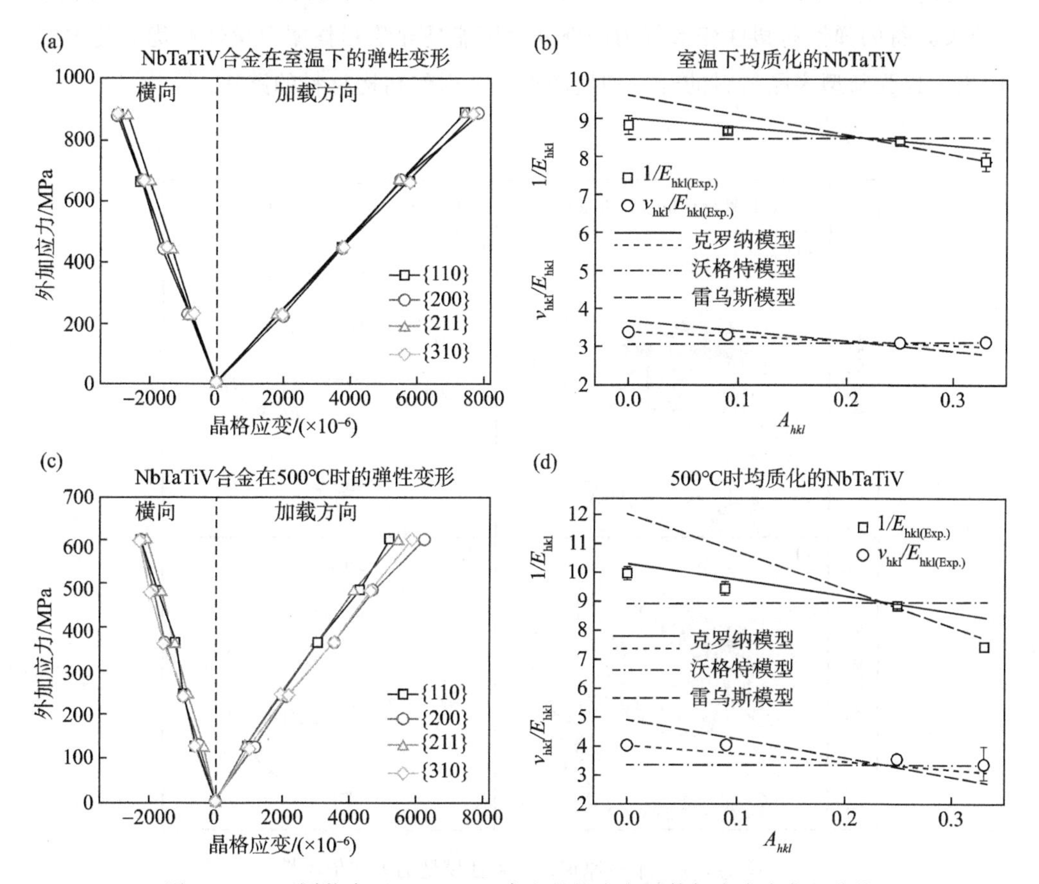

图 10.17　不同状态下 NbTaTiV 合金晶格应变随外加应力变化的曲线

NbTaTiV HEA 在室温条件下，弹性变形过程中晶格应变无方向依赖性，导致不同晶粒的弹性模量接近（图 10.18）。在这种不寻常的弹性变形下，所有取向的晶粒在相同的应力水平（约 1000MPa）下屈服。此外，拉伸变形过程中载荷传递特征不明显，表明塑性各向异性减小，这种趋势可以使材料具有良好的塑性。通过计算得知，NbTaTiV HEA 在室温下几乎完全呈现各向同性弹性变形。随着温度的升高，弹性各向同性逐渐增强。

总的来说，用威廉姆森-霍尔曲线定量研究了可移动位错类型，并通过 HAADF-STEM 实验验证（图 10.19）。在高温下 15%的塑性变形过程中，主要的可动位错被确定为刃型位错。严重畸变的晶格导致位错的形成偏离其中性位错面，从而导致塑性变形过程中刃型位错的迁移率大大降低。因此，刃型位错被认为是 BCC 难熔 HEA 的主要位错类型，与传统的 BCC 合金不同。BCC NbTaTiV 难熔 HEA 独特的弹性和塑性变形行为的新发现可能是导致其整体力学性能优异的主要因素，也为新型多晶材料的开发和生产提供了用作结构材料的路线。

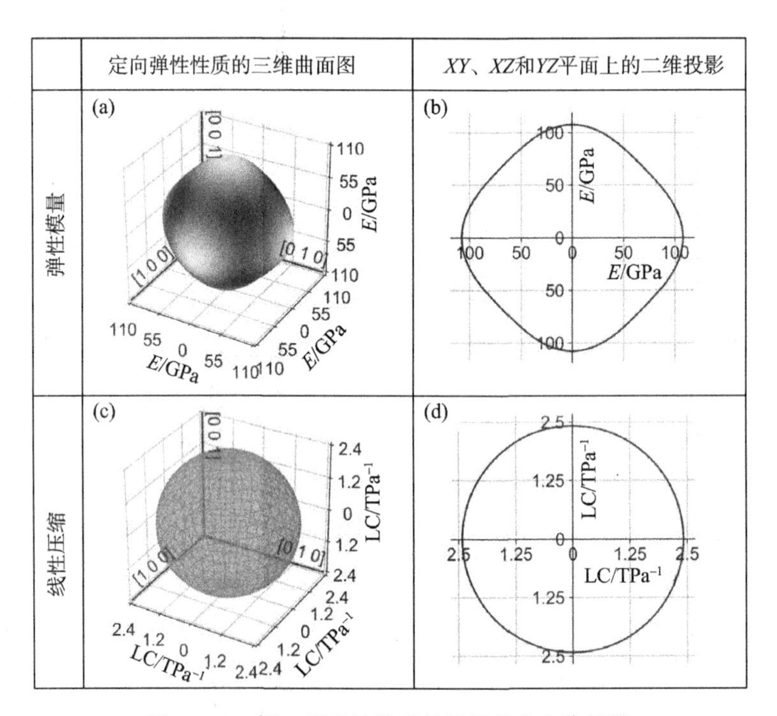

图 10.18　第一原理计算弹性模量的方向依赖性

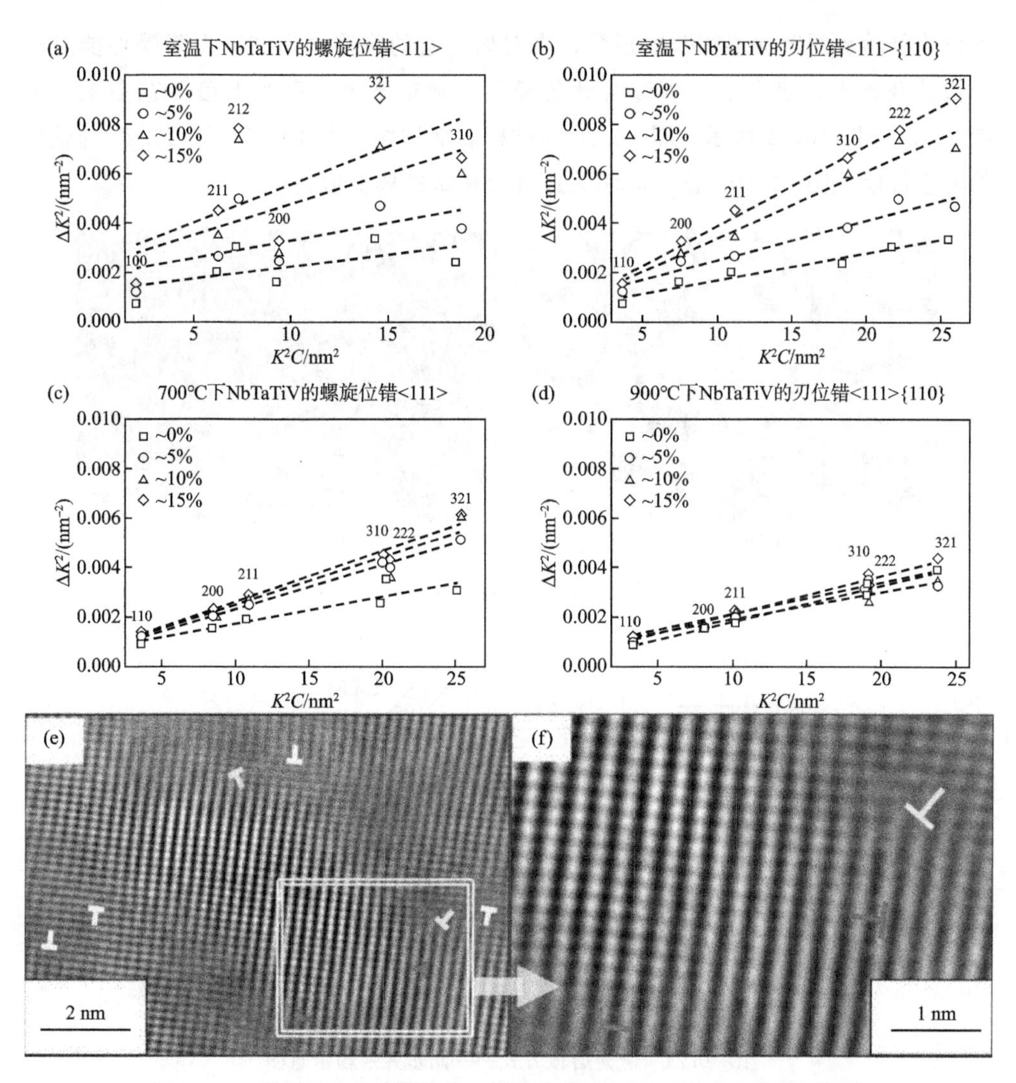

图 10.19　采用改良的威廉姆森—霍尔曲线对 NbTaTiV 合金在高温下的塑性变形进行 ND 模式建模

10.6　激光熔覆 Ni625/WC 涂层的减振降噪和摩擦磨损性能研究

上海理工大学王书文教授团队利用激光熔覆技术得到减振降噪和高耐磨性的 Ni625/WC 涂层。通过均匀分布法设计激光熔覆方案，对激光熔覆的 Ni625/WC 涂层进行摩擦磨损试验，并对其产生的振动噪声信号进行分析处理；通过白光干涉仪表征熔覆层磨损形貌及磨损量；在对熔覆层的摩擦磨损和减振降噪性能进行分析的基础上，建立了模糊综合评价模型，确定出最优激光熔覆工艺参数。如图 10.20～图 10.25 所示。图 10.26 为试样表面样貌。图 10.27～图 10.29 为试件的力学性能。图 10.30、图 10.31 为原件熔覆试件典型形貌。

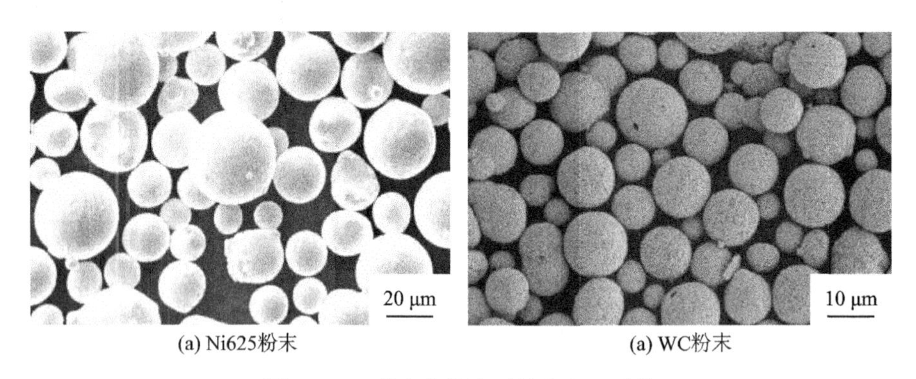

(a) Ni625粉末　　(a) WC粉末

图 10.20　激光数控熔覆粉末微观形貌

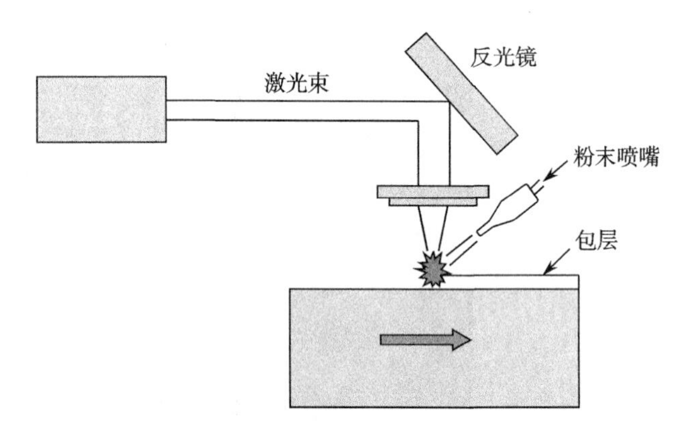

图 10.21　激光熔覆方式——同步式送粉示意图

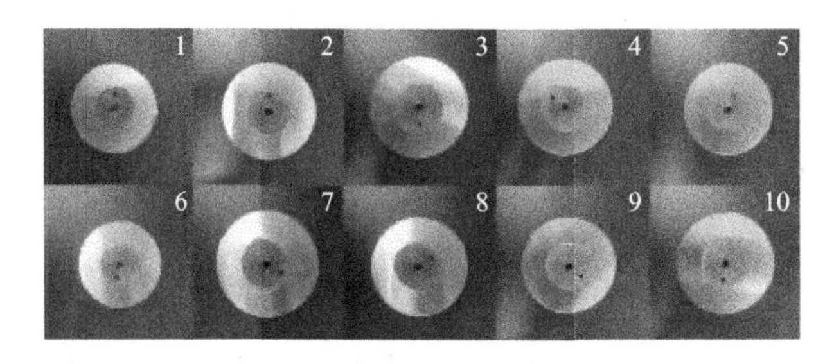

图 10.22　表面经抛光后的激光熔覆试件

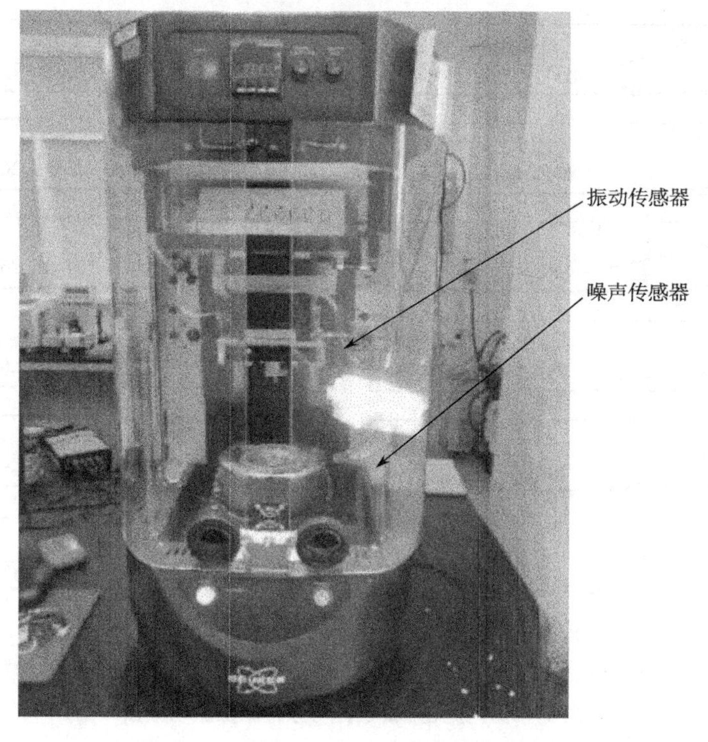

图 10.23 UMT-Tribolab 摩擦磨损试验机

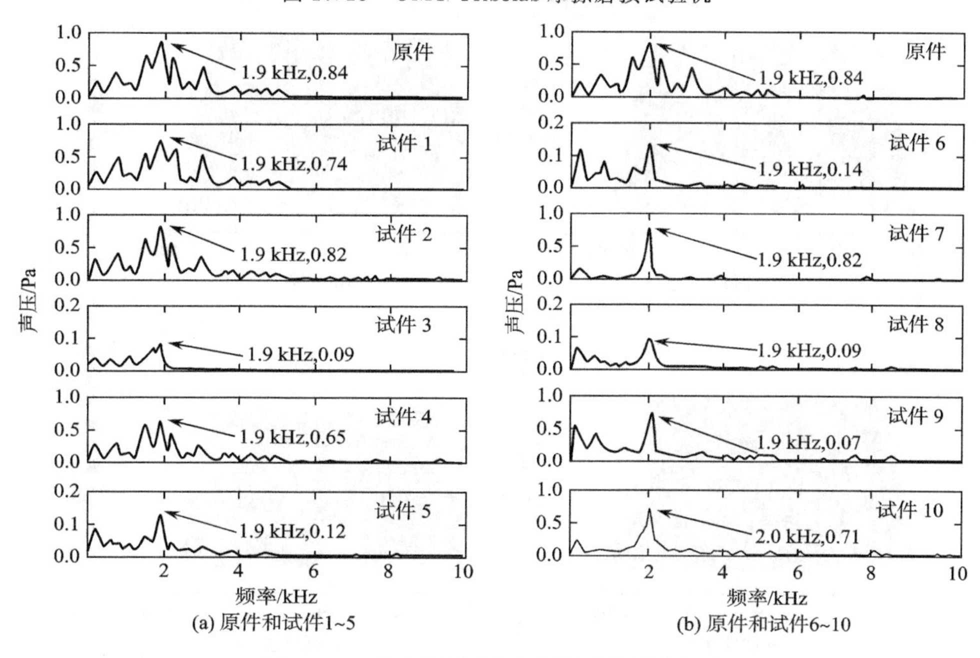

图 10.24 激光熔覆试件与原件摩擦噪声频谱

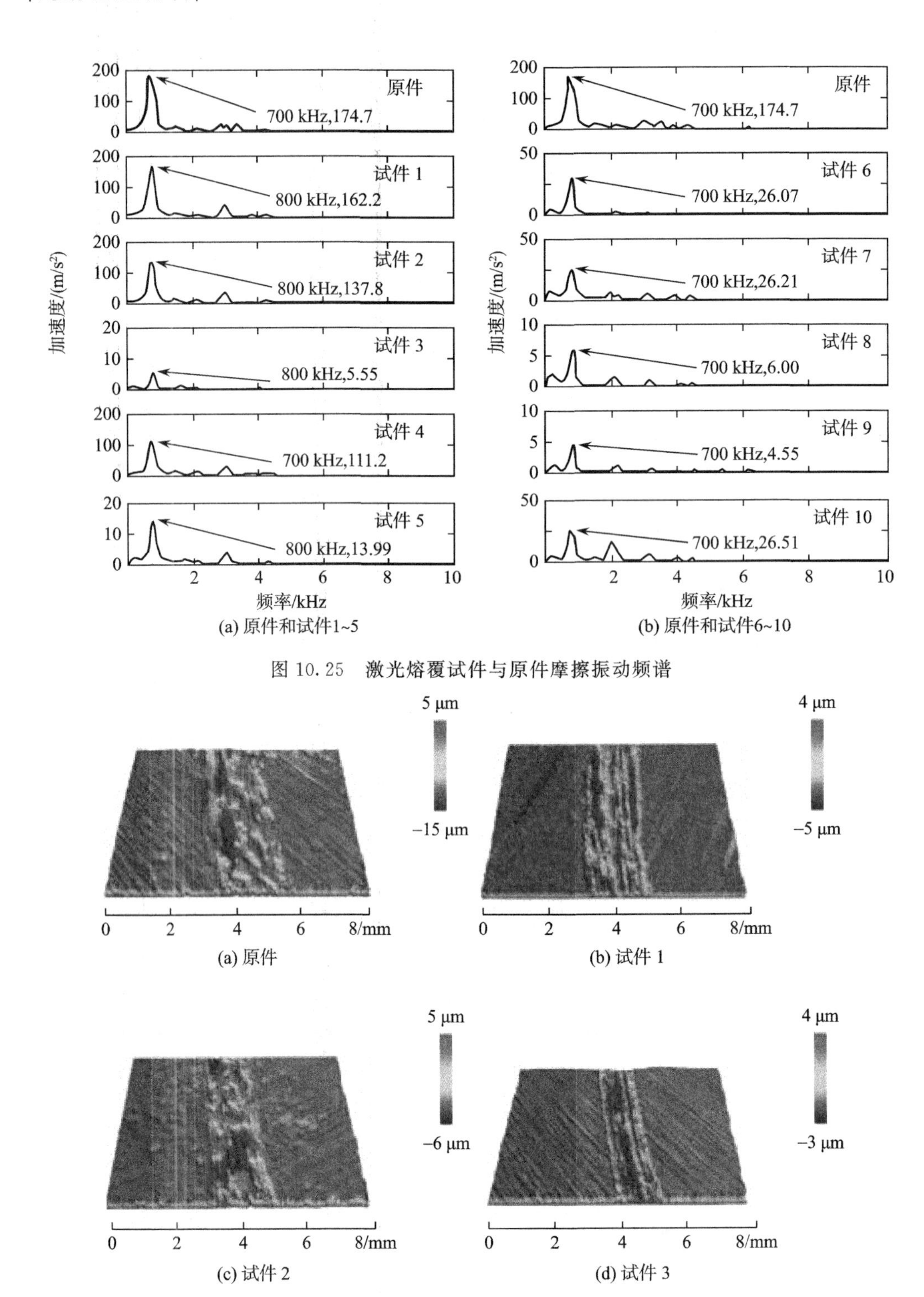

(a) 原件和试件1~5

(b) 原件和试件6~10

图 10.25　激光熔覆试件与原件摩擦振动频谱

(a) 原件

(b) 试件 1

(c) 试件 2

(d) 试件 3

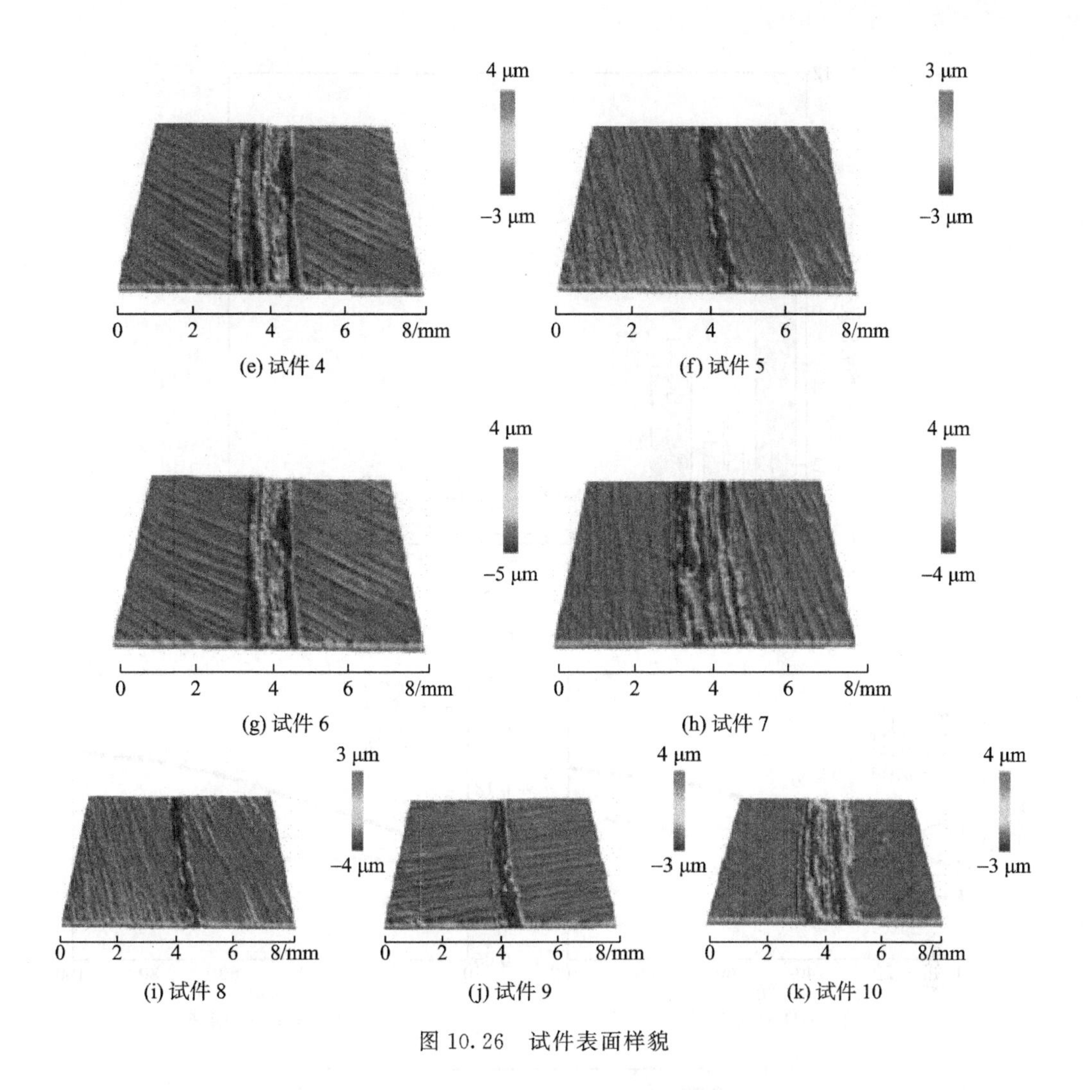

图 10.26　试件表面样貌

研究表明，当激光熔覆功率为2000W、进给速率为600mm/min、送粉盘转速为4.5r/min、保护气体流量为15.1L/min、送粉气体流量为5.4L/min、WC粉末质量为10%时，在最大的噪声（频率为1900Hz）处的降噪率高达90%，而在最大的振动（频率为700Hz）处的减振率则高达97%。熔覆层表面的硬度比铸铁基体的硬度提高了50%，磨损量降低至基体的5%～10%。熔覆层显著提高了铸铁基体的减振降噪性能和抗磨性能，并大大延长了其使用寿命。最终得出，Ni625/WC激光熔覆层不仅具有很好的耐磨性，而且具有明显的减振降噪效果，尤其在0～2kHz范围内。该研究不仅对提高铸铁件的耐磨性和减振降噪性能具有较好的指导意义，对其他金属材料的表面改性也具有一定的技术参考价值。

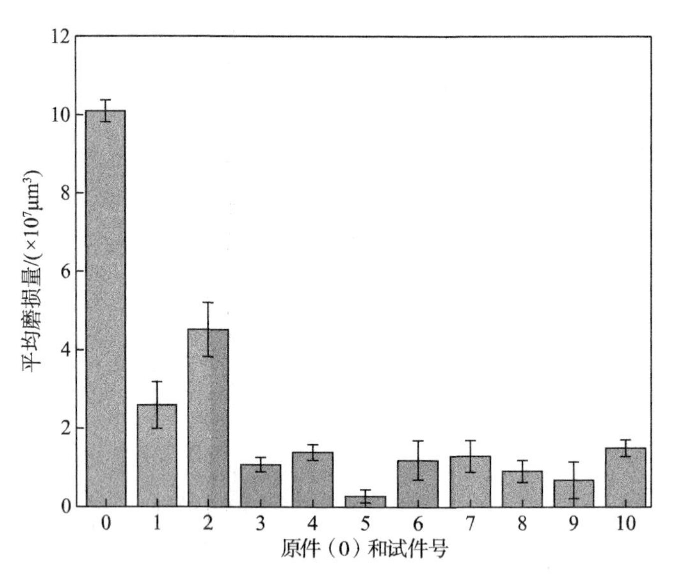

图 10.27 原件与试件的磨损量

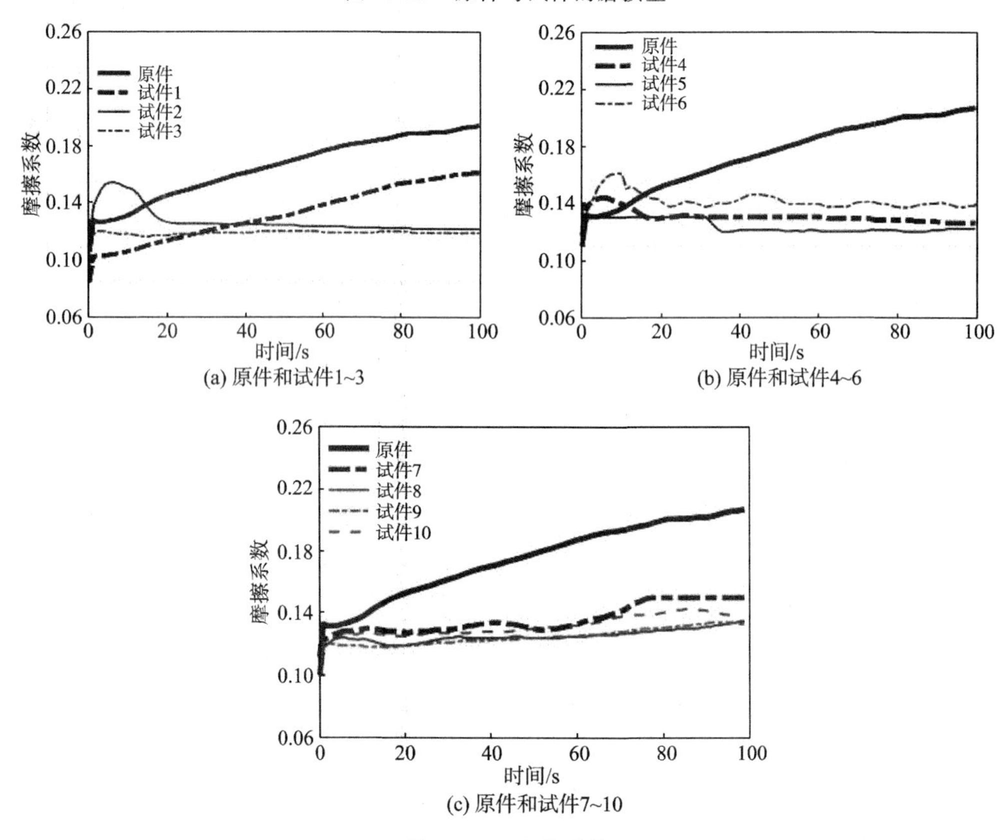

图 10.28 摩擦系数

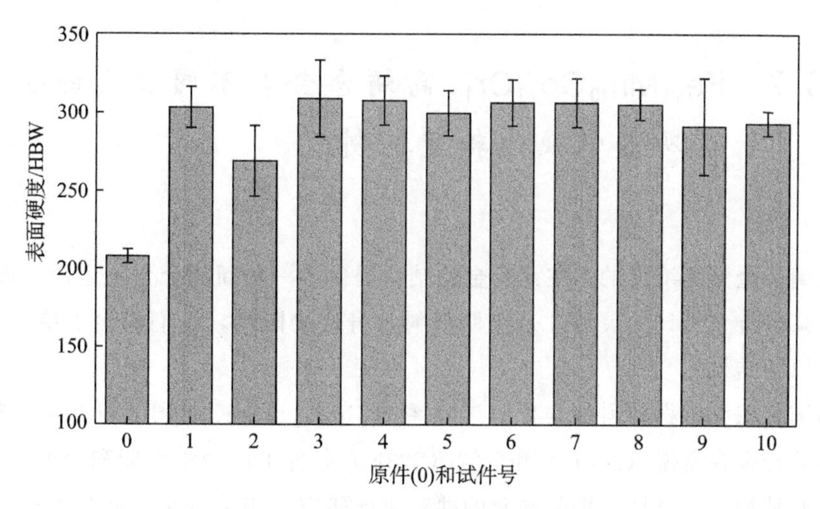

图 10.29　原件与试件表面硬度测量值

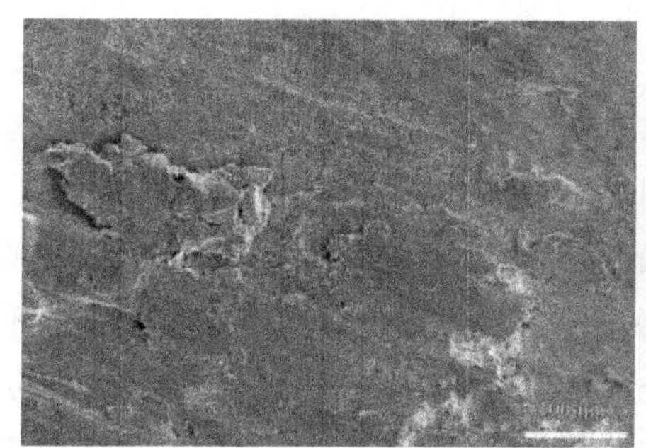

(a) 原件表面磨痕形貌

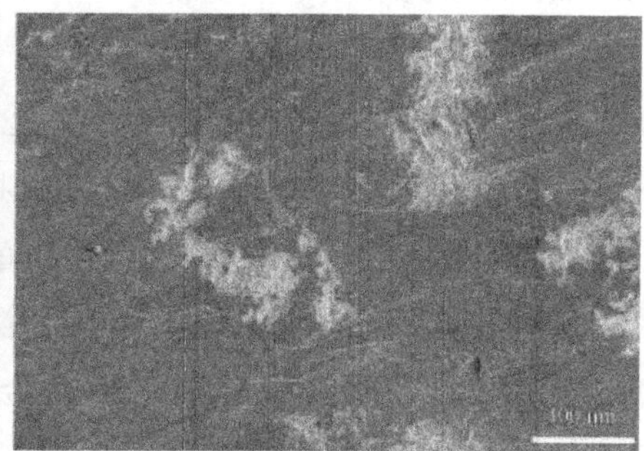

(b) 5号试件表面磨痕形貌

图 10.30　原件与熔覆试件表面磨痕形貌

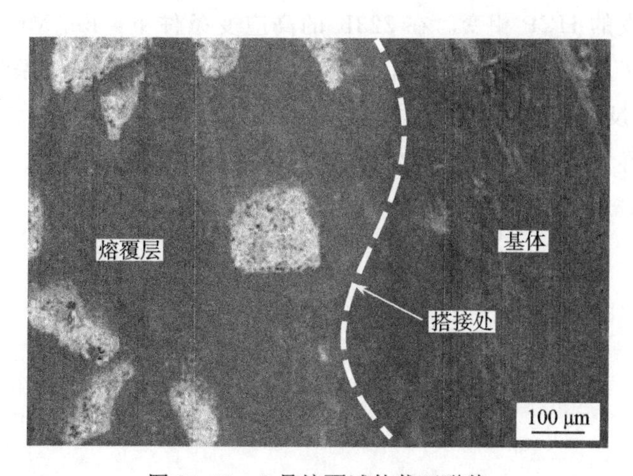

图 10.31　3 号熔覆试件截面形貌

10.7 $Fe_{40}Mn_{40}Co_{10}Cr_{10}$ 高熵合金在不同温度的位错结构及塑性强化转变机制

高熵合金为高浓度的多主元合金的结合提供了一种新的合金化途径。近年来，为提高高熵合金设计的灵活性及克服材料本身的局限性，人们提出了单、双或多相非等原子结构。

韩国汉阳大学材料科学与化学工程系的 Jin-Kyung Kim 团队研究了冷轧退火后的高熵合金在室温（298K）和低温（223K）条件下的力学性能和变形机理，并开展了两种温度下试样变形时涉及的缺陷表征研究，相关研究成果在 *International Journal of Plasticity* 上发表。

研究人员发现，室温下材料的屈服强度为 208MPa，极限抗拉强度为 475MPa，总伸长率为 55%；相比之下 223K 下材料的强度都高于室温，但塑性略有下降，屈服强度为 246MPa，极限抗拉强度为 583MPa，伸长率为 48%。从 $Fe_{40}Mn_{40}Co_{10}Cr_{10}$ 合金在室温和 223K 下的应变硬化率曲线可以看出，两条应变硬化曲线在变形初期基本一致，随着应变增加，材料的应变硬化率在虚线之后不断下降（图 10.32）。$Fe_{40}Mn_{40}Co_{10}Cr_{10}$ 合金主要为 FCC 结构，晶粒尺寸约为 20μm。少量晶粒中出现了较薄的变形孪晶。而当应变达到 40%时，在材料的显微组织中出现了较多的变形孪晶，部分晶粒中出现初级孪晶和次级孪晶（图 10.33）。

$Fe_{40}Mn_{40}Co_{10}Cr_{10}$ 高熵合金在室温下表现出明显的变形孪生，在低温变形时表现为变形诱发的 HCP 相变。在 223K 的高应变条件下，$Fe_{40}Mn_{40}Co_{10}Cr_{10}$ 高熵合金不仅产生了 FCC 相到 HCP 相的相变，HCP 相还出现扭结条带，有从 HCP 相到 FCC 相的反向转变。因此也导致材料发生应变调节和应力松弛并使材料具有更好的韧性。在 298K 和 223K 观察到的位错结构相似，说明 SFE（层错能）对位错结构的影响较小。

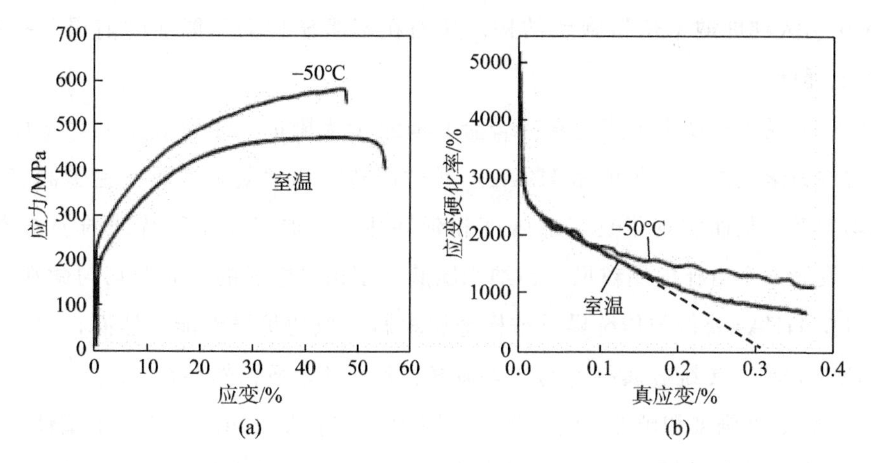

图 10.32 (a) $Fe_{40}Mn_{40}Co_{10}Cr_{10}$ 在 298K 和 223K 下的工程应力-应变曲线；(b) $Fe_{40}Mn_{40}Co_{10}Cr_{10}$ 在 298K 和 223K 下的应变硬化曲线

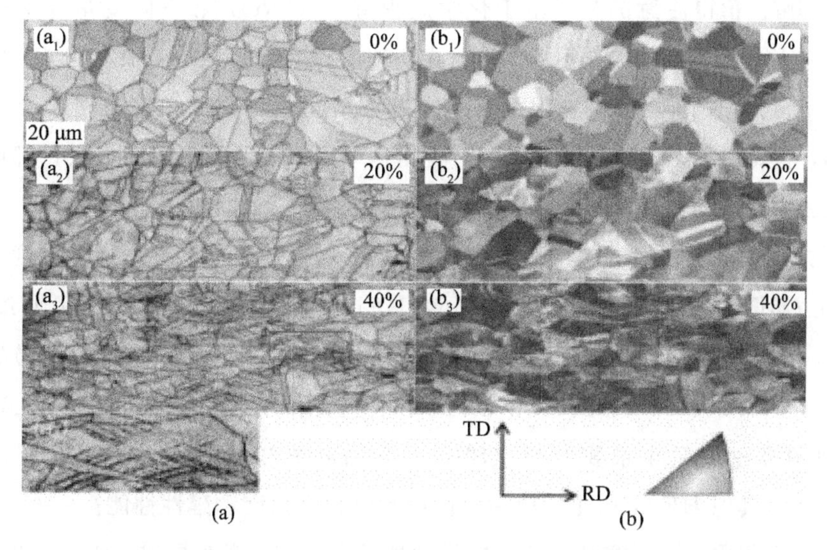

图 10.33 EBS结果：$Fe_{40}Mn_{40}Co_{10}Cr_{10}$ 高熵合金经退火及室温下单轴拉伸 20%和 40%的EBSD图像，(a) IQ图；(b) 极图

10.8 超高强塑性的高熵合金研究

与传统材料相似，大多数多组分 HEAs 在获得强度的同时，也失去了延展性。中国科学院金属研究所的卢磊等学者采用可控方法在具有 FCC 结构的稳定单相

HEA 中引入梯度纳米位错胞状结构，从而在不明显丧失延展性的前提下提高了 HEA 的强度。

HEAs 或含有多个主族元素的合金具有接近无限的多组分相空间，从而可获得异常的力学性能。一些单相 HEAs，通过调整其化学复杂性而产生了固有的浓度不均匀性，从而实现了良好的强度和延展性、高加工硬化和特殊的损伤容差。此外，设计一个由梯度晶粒尺寸、纳米团簇、多相等组成的空间非均匀微观结构，也可以使 HEAs 获得与传统异质结构金属材料类似的优异性能。然而，对于大多数 HEAs 来说，传统金属材料的持久强度和延性的矛盾仍然存在。

HEAs 存在强度和延性之间的平衡，因为迄今报道的 HEAs 的基本塑性变形特征和机制与传统金属相似。具有可塑性的基本线缺陷，即在传统金属中，完全位错和与不同结构缺陷［如高角度晶界（HAGBs）或孪晶界（TBs）］的相互作用已被很好地理解。值得注意的是，由于化学短程有序（SRO）和空间变量叠加故障能（SFE）在原子尺度上的局部不均匀性，在高浓度固溶体的 HEAs 中发现了一些不寻常的位错行为。例如，在纳米尺度（一般为 3nm），由于局部浓度波动或局部 SRO 的增加，位错滑移模式的改变，以及对位错运动或累积的摩擦阻力增大，都可能有助于改善力学性能。典型的梯度位错组织和结构梯度，如图 10.34 所示。

研究者提出了在稳定单相 FCC $Al_{0.1}CoCrFeNi$ HEA 中存在非均匀梯度位错胞状结构（GDS），如图 10.35 所示，该 HEA 中含有随机取向的等轴细晶粒（FGs），平均直径约为 46μm。该合金是一种经过充分研究的模型材料，局部 SFE 变化为 6～21mJ/m^2。研究发现，在初始拉伸应变作用下，GDS HEA 中出现了意想不到的高密度微小堆积断层（SFs）、孪晶形核和堆积主导的塑性变形（图 10.36）。与其他 HEAs 相比，这一特性产生了超高强度和延性性能。

在应变作用下，试样水平的结构梯度诱导高密度的微小层错（SFs）和孪晶逐渐形成，由大量的低角度位错胞状成核。此外，SFs 诱导的塑性和由此产生的精细结构，加上密集累积的位错，有助于塑性、强度增加和加工硬化（图 10.37）。这些发现为利用梯度位错胞状成核在纳米尺度上的剪切性能提供了一个很有前途的范例，并促进了人们对 HEAs 内在变形行为的基本理解。

综上所述，研究者的观察结果表明，在单相 FCC $Al_{0.1}CoCrFeNi$ HEA 上的工程梯度 LAB 结构，有助于激活增强 SF－诱导塑性的机制，从而获得优异的强度和延性。在 GDS HEA 中发现这种 SF 和孪生行为，对于获得 HEA 固有的共同变形特征至关重要。该方法可广泛应用于其他 HEA 系统，特别是实现性能更优越的 HEA 系统，对汽车、电站、航空系统等的工程应用具有基础性意义。

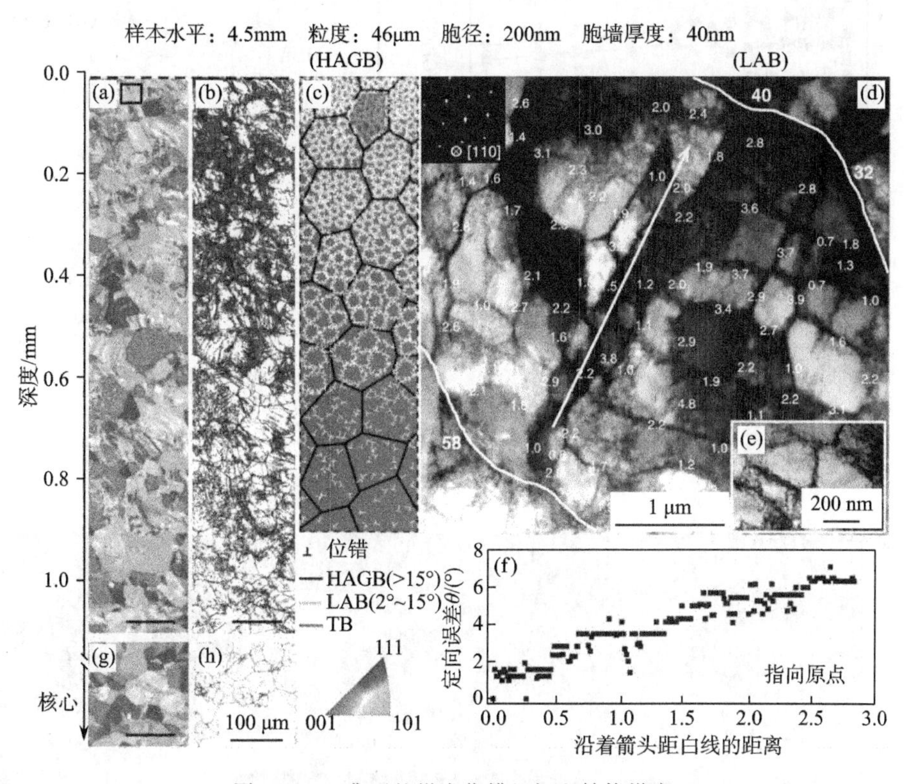

图 10.34 典型的梯度位错组织和结构梯度

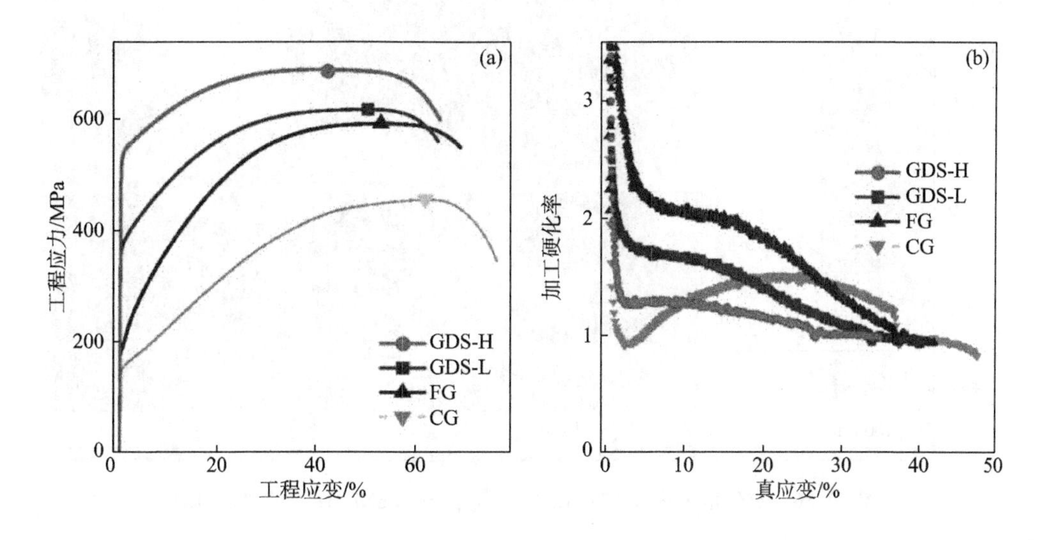

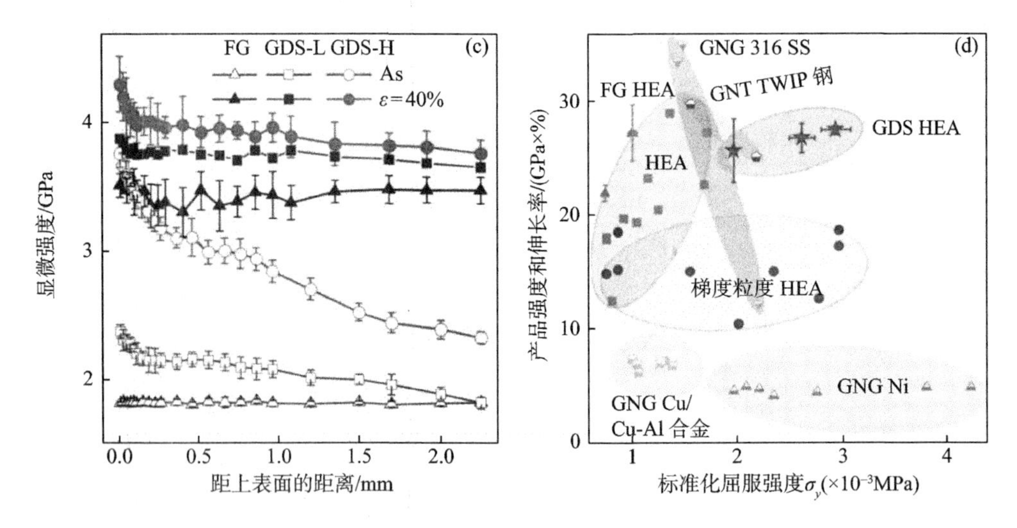

图 10.35 GDS $Al_{0.1}$CoCrFeNi HEA 的力学性能

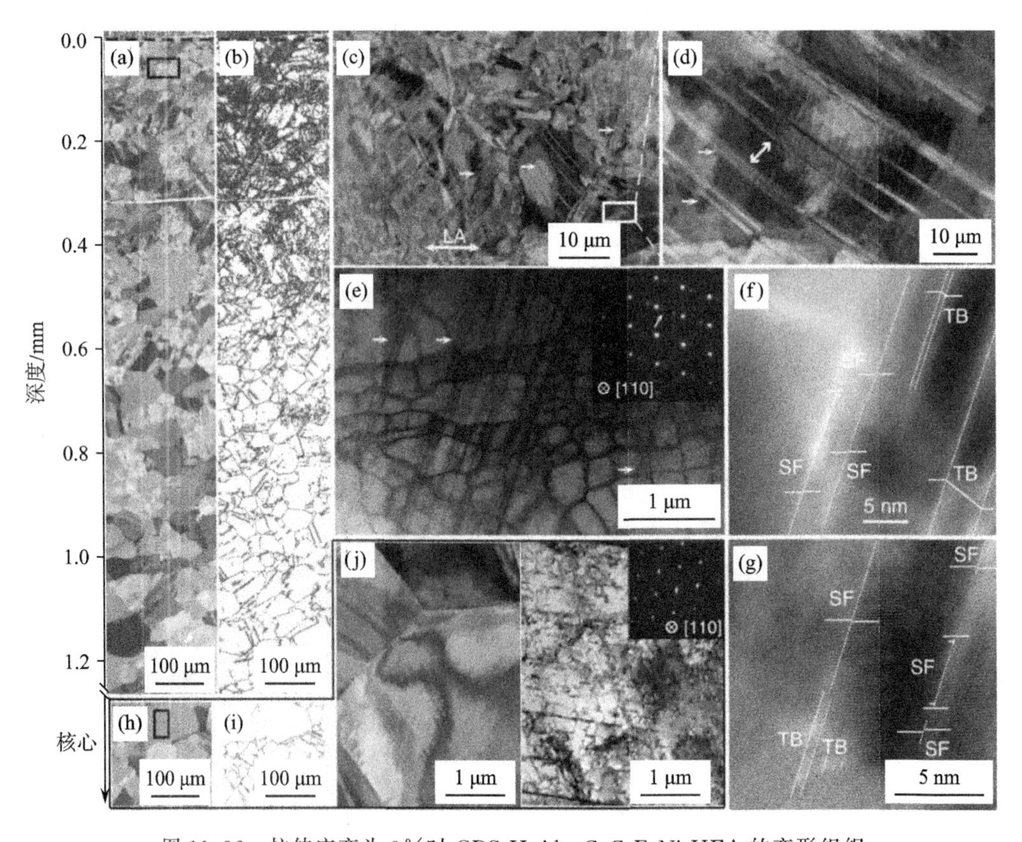

图 10.36 拉伸应变为 3%时 GDS-H $Al_{0.1}$CoCrFeNi HEA 的变形组织

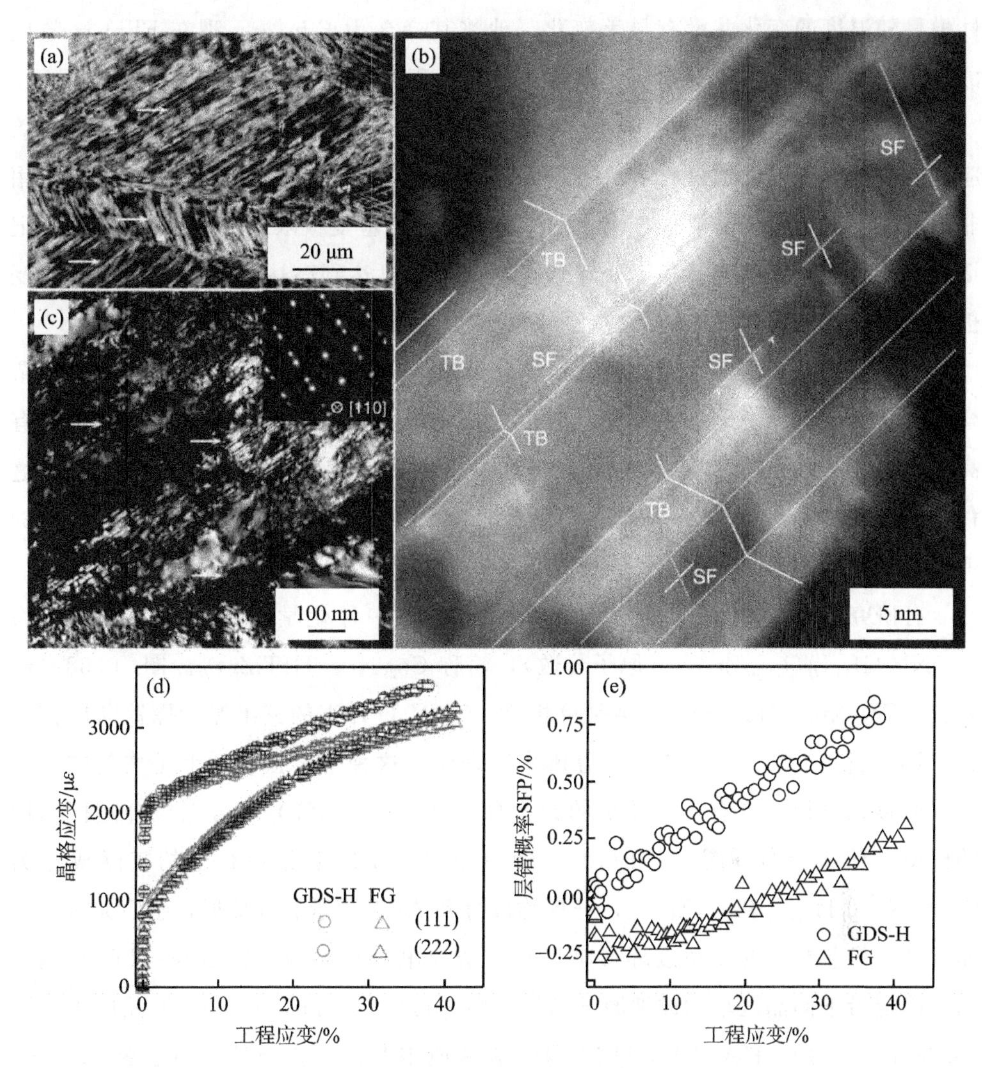

图 10.37 GDS-H $Al_{0.1}$CoCrFeNi HEA 在 40%拉伸应变下的变形特征和单轴拉伸时的原位中子衍射测量

10.9 超弹性高熵 Elinvar 合金

通常，大多数固体（包括金属）的弹性模量，即刚度，会在温度升高时因热膨胀而降低，表现形式为金属在受热膨胀时通常会软化。很早之前，瑞士物理学家查尔斯·爱德华·纪尧姆（Charles Édouard Guillaume）发现镍-铁-铬合金的弹性模量随温度的变化并没有显著变化，他将其命名为Elinvar，现在Elinvar效应的定义指物质的弹性模量（切变模量）在温度升高时基本不变，甚至增加的现象。

开发具有超高强度、大弹性应变极限和对温度不敏感的弹性模量（Elinvar效应）的高性能超弹性金属对于从飞行器和医疗设备到高精度仪器的各种工业应用非常重要。由于位错易滑移，块状结晶金属的弹性应变极限通常小于1%。形状记忆合金——包括胶质金属和应变玻璃合金——可以达到高达百分之几的弹性应变极限，尽管这是伪弹性的结果并且伴随着大量的能量耗散。

香港城市大学杨勇教授课题组和台北大学Chun-WeiPao发现了一种化学复杂合金，其具有大原子尺寸的失配，通常在传统合金中是无法承受的。该合金具有高弹性应变极限（约2%）和在室温下非常低的内摩擦系数（小于2×10^{-4}）。这种合金表现出非凡的Elinvar效应，在室温和627℃（900K）之间保持近乎恒定的弹性模量。

有研究者通过电弧熔化和定向凝固制备了一种化学复杂合金，其成分为$Co_{25}Ni_{25}Hf_{16.67}Ti_{16.67}Zr_{16.67}$（原子分数），简称$Co_{25}Ni_{25}(HfTiZr)_{50}$。图10.38（a）表明，$Co_{25}Ni_{25}(HfTiZr)_{50}$合金是单相B2结构，更详细的三维原子探针断层扫描（APT）表征（大约1nm的空间分辨率）表明，这种合金在化学上是均匀的，在1nm长度尺度以上具有几乎随机的元素分布［图10.38(b)］，可以拟合随机结构的典型二项式分布［图10.38(c)］。通过ICP－OES测量该合金的实际成分为$Co_{26.74}Ni_{24.91}Hf_{14.97}Ti_{17.13}Zr_{16.25}$，与标称成分和APT测量非常接近，杂质元素浓度非常低。像差校正的高角度环形暗场扫描透射电子显微镜（HADDF-STEM）观察用于确定沿不同晶区轴的详细原子结构，即［111］、［011］和［001］晶区轴［图10.38(d)～(f)］。HADDF-STEM图像清楚地表明，该合金具有原子级B2型排序。此外，沿［011］晶区轴进行亚纳米空间分辨率元素能量色散X射线光谱（EDS）［图10.38(g)］。这些STEM-EDS结果表明，Co和Ni倾向于占据一个亚晶格，Hf和Ti占据另一个亚晶格，Zr原子随机分布在这两个亚晶格之间。

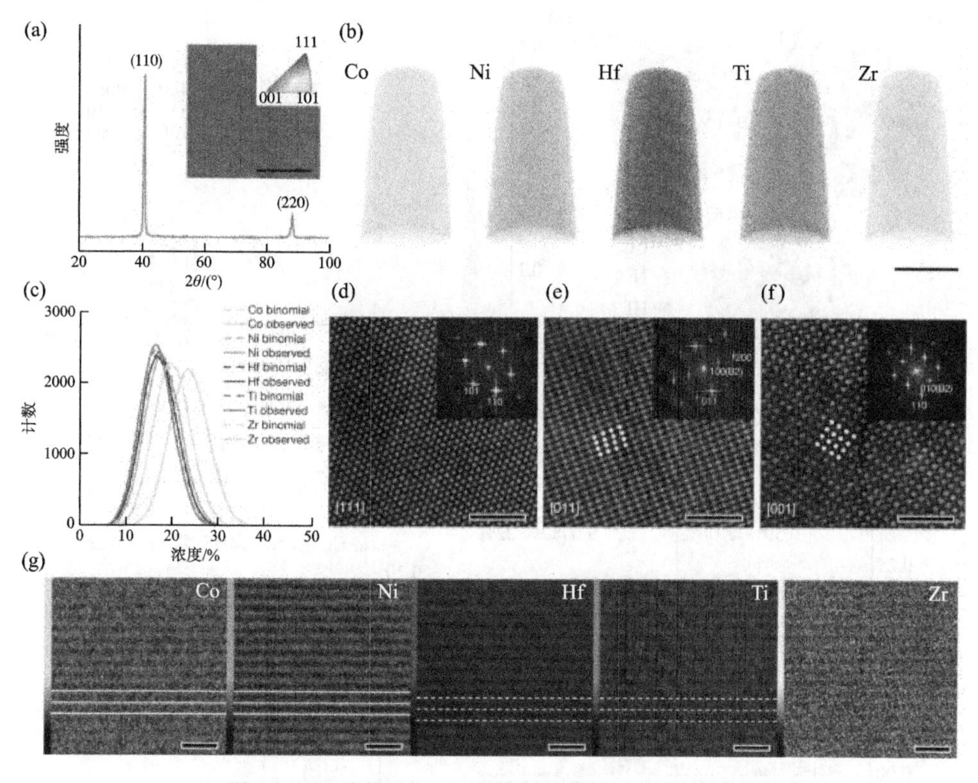

图 10.38　单晶 $Co_{25}Ni_{25}(HfTiZr)_{50}$ 合金的结构表征

通过广泛的密度泛函理论（DFT）计算，以进一步了解这种结构。有研究者构建了三个结构不同的模型［图 10.39(a)］：①模型Ⅰ是无序的，元素被随机分配到所有 BCC 晶格位置；②模型Ⅱ有序，B2 结构的亚晶格 A 中的位点被{Co,Ni}随机占据，亚晶格 B 中的位点被{Hf,Ti,Zr}随机占据；③部分有序，根据模型Ⅲ，来自亚晶格 A 上的 25％的 Zr 原子与亚晶格 B 上的 Co 原子和 Ni 原子交换。相比之下，模型Ⅱ和模型Ⅲ在整个弛豫过程中保持稳定，这表明合金中的大原子尺寸错配可以通过原子级化学排序来适应。其中 $Co_{25}Ni_{25}(HfTiZr)_{50}$ 合金的原子结构（模型Ⅲ），相对于更完全有序的结构（模型Ⅱ）是亚稳态的。

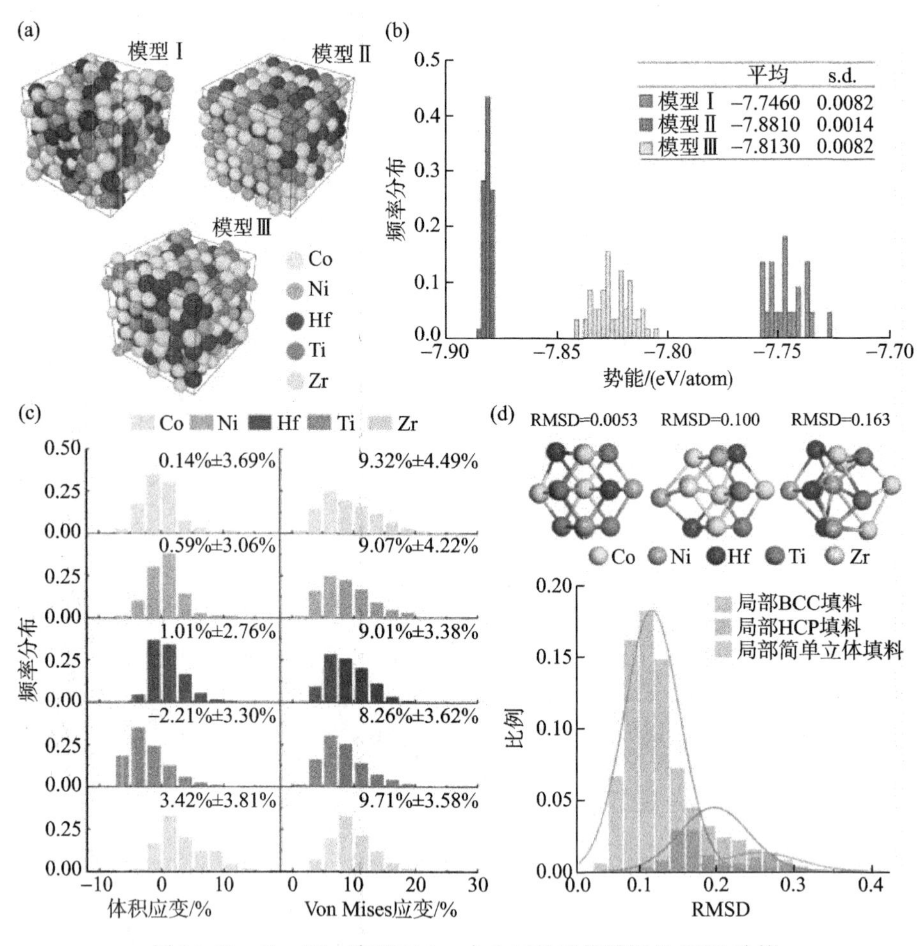

图 10.39 $Co_{25}Ni_{25}(HfTiZr)_{50}$ 合金三种结构模型的 DFT 计算

采用一系列不同尺度的压缩试验来表征 $Co_{25}Ni_{25}(HfTiZr)_{50}$ 合金在室温下的力学性能。不管它们的微观结构差异如何，单晶合金和多晶合金都表现出几乎相同的屈服强度 σ_y：单晶合金为 1.92GPa，多晶合金为 1.96GPa。$Co_{25}Ni_{25}(HfTiZr)_{50}$ 合金表现出非常高的弹性应变极限（约 2%）。图 10.40(a)～(c)表明 $Co_{25}Ni_{25}(HfTiZr)_{50}$ 合金几乎与柱尺寸无关。更重要的是，$Co_{25}Ni_{25}(HfTiZr)_{50}$ 合金在所有晶体材料中具有最高的归一化强度或弹性应变极限，与金属玻璃（BMG）相当，该合金在室温下的损耗因数($\tan\delta$)为 2×10^{-4}，小于各种 BMG 的测量值。虽然 BMG 损耗因数随着温度升高而显著增加，但 $Co_{25}Ni_{25}(HfTiZr)_{50}$ 的低损耗因数合金在很宽的温度范围内几乎保持不变。图 10.40(d)～(e)表明，$Co_{25}Ni_{25}(HfTiZr)_{50}$ 中的塑性屈服与位错滑动有关，而与成核等其他机制无关。换句话说，在 $Co_{25}Ni_{25}(HfTiZr)_{50}$ 合金中观察到的高屈服强度与大的位错滑移势垒相关——可能是由强晶格摩擦决定的。晶格摩擦的优势与在 $Co_{25}Ni_{25}(HfTiZr)_{50}$ 合金的强度中观察到的非常小的尺寸效应一致。因此，它显示出令人印象深刻的弹性应变极限和近 100%的储能能力。

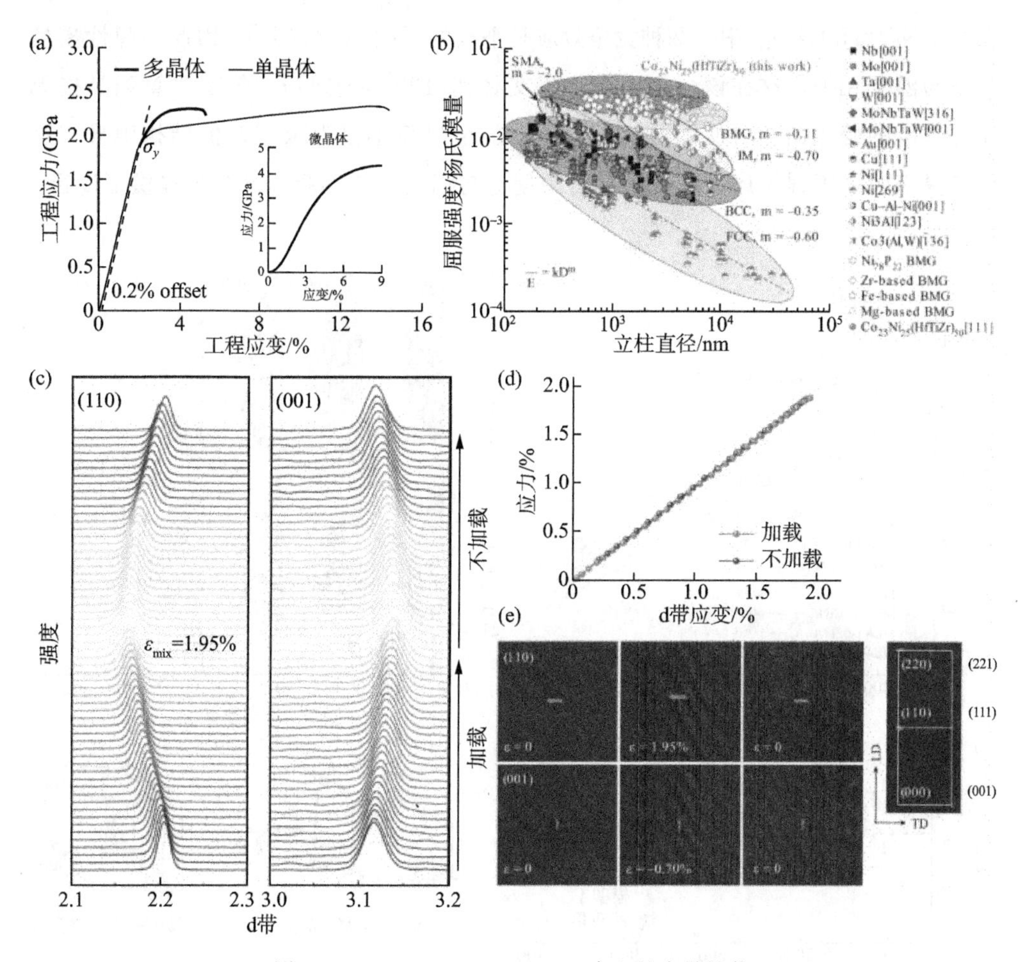

图 10.40 $Co_{25}Ni_{25}(HfTiZr)_{50}$ 合金的力学性能

通过使用共振技术测量了合金的温度杨氏模量随温度的变化，发现当这种合金被加热到 1000K，即 726.85℃甚至更高温度时，它的刚度与在室温下的相当，并且在没有任何显著相变的情况下膨胀。这意味着合金的刚度不受温度的影响。虽然 Elinvar 效应通常归因于磁致伸缩或磁弹性效应，但 $Co_{25}Ni_{25}(HfTiZr)_{50}$ 的饱和磁化强度非常低，并且没有磁致伸缩效应。这些结果表明，$Co_{25}Ni_{25}(HfTiZr)_{50}$ 中的强Elinvar效应可能没有磁性起源。图10.41的AIMD和实验数据表明，加热后，$Co_{25}Ni_{25}(HfTiZr)_{50}$ 的体积应变增加，范式等效应力应变减小；后者是原子堆积中无序的量度。因此，鉴于图10.41(b)中提供的数据，由于热膨胀系数为正，温度升高应该会降低弹性模量，但同时结构无序度的降低会提高弹性模量［图10.41(c)］。在 $Co_{25}Ni_{25}(HfTiZr)_{50}$ 中，两种竞争效应是平衡的［图10.41(d)］，因此，弹性模量几乎与温度无关，这在该合金中产生了艾林瓦(Elinvar)效应。笔者注意到晶格无序随温度的变化循环可逆；这是原子振动的结果而不是退火引起的结构弛豫。这些结果表明，工程无序为在各种材料中创造与温度无关的超弹性行为提供了途径。

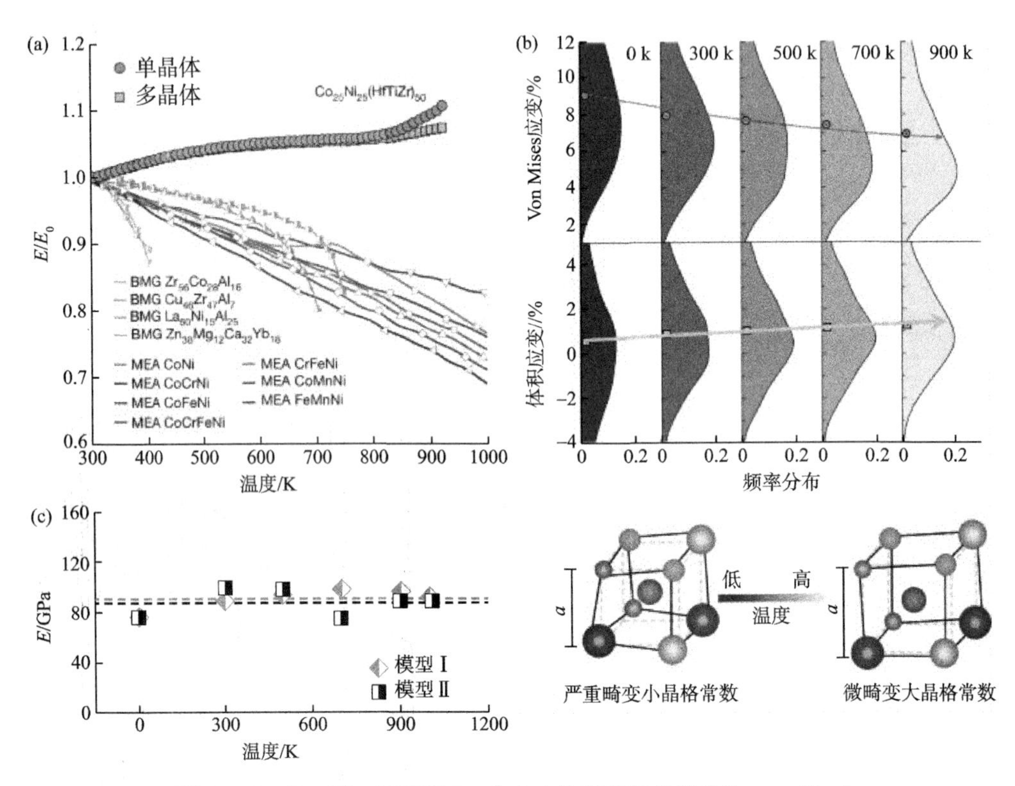

图10.41 $Co_{25}Ni_{25}(HfTiZr)_{50}$ 合金中的艾林瓦效应(Elinvar effect)

总之，研究人员证明了 $Co_{25}Ni_{25}(HfTiZr)_{50}$ 合金具有高度扭曲的晶格结构，具有非常复杂的原子级化学秩序。由于结合了独特的结构特征，该合金获得了非常高的能量屏障，可防止位错运动。因此，它显示出极好的弹性应变极限、非常低的能量耗散和艾林瓦(Elinvar)效应，这是迄今报道的传统合金所无法比拟的。这种弹性特性的独特组合可能会在需要恒定弹性刚度才能发挥作用的高精度设备中得到应用，例如在太空任务中使用的在宽温度范围内运行的机械计时器。

10.10 高熵合金纳米粒子增强带间跃迁用于有效光热转换

据悉，光热转换材料因其优异的太阳能转换应用效率而成为应对水污染问题及实现海水淡化的重要材料。传统光热转换材料基于局域等离子激元特性进行设计，实现了较为高效的光热转换，但是由于等离子激元振动频率有限，难以赋予材料宽波段吸收性能，影响吸收效率。因此，宽频、高效的光热转换材料亟待开发。太阳能作为电磁波的一种，其波长较短，易与过渡族金属 d 带的带间吸收产生相互作用。但是不同 d 带元素具有的能带结构存在差异，仅凭单一元素的带间吸收难以实现有效的光热转换性能。因此，为了获得宽频吸收的新型光热转换材料，需要对费米能级周围 4eV 的能带进行填充，实现全太阳光波段的宽频吸收特性。高熵合金因其所具有的多元素均一混溶的特点成为匹配上述需求的完美材料。其中，块体与微米尺度的高熵合金材料的制备已经得到了广泛深入的研究。但在纳米尺度上，尤其在多于五种组元的高熵合金中，由于扩散长度变短，材料内部的相分离趋势加剧，阻碍了材料的成功合成。

东北大学张雪峰等利用直流电弧等离子体放电方法制备一系列过渡族金属元素高度混溶的合金纳米颗粒，通过水蒸发速率测定结合密度泛函理论计算验证，证实上述纳米颗粒具有优异的光热转换效率和应用前景。

研究人员借助球磨辅助制备的微米级高熵合金作为前驱体，使用直流电弧等离子体放电方法成功获得了具有 FCC 单相结构的高熵合金纳米颗粒，其元素最大混合数量达到了七种且元素分布均匀（图 10.42）。对上述材料进行光热转换性能的测试表明，材料在 250～2500nm 的光谱上表现出了 96%的吸收特性，同时在 1 个模拟太阳光能量下，材料的水蒸发速率随元素的增加同步提高，在七元纳米颗粒中，材料的蒸发速率为 2.26kg/(m^2 · h)，转化效率为 98.4%，展现出了优异的光热转换特性。

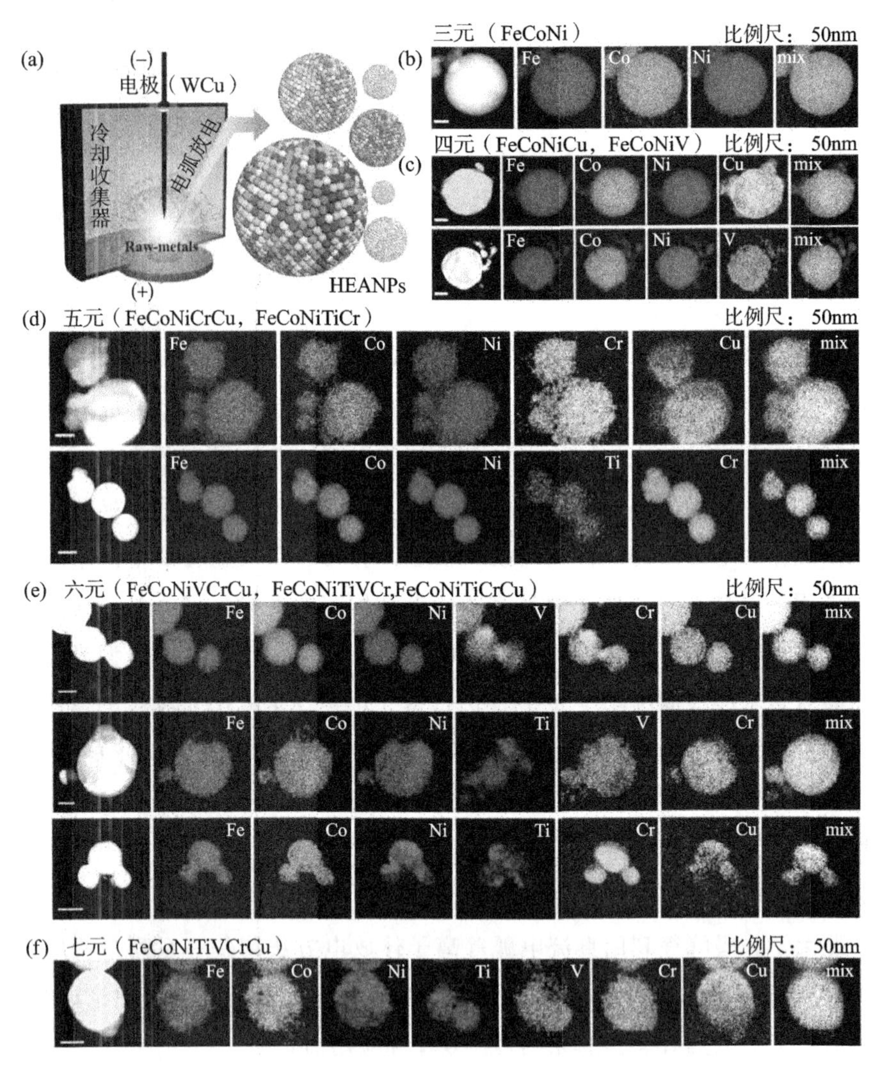

图 10.42 高熵合金纳米颗粒 TEM-EDS 图像；

（a）制备方法示意图；（b）～（f）高熵合金纳米颗粒 TEM-EDS 图像：

参考文献

[1] Greer W, Chen S K, Lin S J, et al. Nanostructured High-Entropy Alloys with Multiple Principal Elements[J]. Novel Alloy Design Concepts and Outcomes. Adv. Eng. Mater. ,2004,(6),299-303.

[2] Cantor F G, Kaufman M, Clarke A J. Solid-solution strengthening in refractory high entropy alloys[J]. Acta Mater. ,2019(175): 66-81.

[3] 邱星武. 激光熔覆 $Fe_{0.5}NiCoCrCuTi$ 高熵合金涂层的微观结构及性能[J]. 红外与激光工程,2019,48(7): 149-156.

[4] Zhang S, Miao N, Zhou J, et al. Strengthening mechanism of aluminum on elastic properties of NbVTiZr highentropy alloys[J]. Intermetallics,2018(92):7-14.

[5] MA S, Zhou C, Liu Y, et al. Microstructure and mechanical properties of $Ti_{15}Mo_x$ TiC composites fabricated by insitu reactive sintering and hot swaging[J]. J. Alloys Compd. ,2018(738): 188-196.

[6] Gao Y, Li R. Editorial for special issue on nanostructured high-entropy materials[J]. Int. J. Miner. Metall. Mater. ,2020(27): 1309.

[7] Guo J P, Shen J, Zeng Z, et al. Dissimilar laser welding of a CoCrFeMnNi high entropy alloy to 316 stainless steel[J]. Scr. Mater. ,2021(206): 114-219.

[8] Zhang S, Liaw P K, Xue Y, et al. Temperature-dependent mechanical behavior of an $Al_{0.5}Cr_{0.9}FeNi_{2.5}V_{0.2}$ high-entropy alloy[J]. Appl. Phys. Lett. ,2021(119):121902.

[9] 王艳苹. AlCrFeCoNiCu 系多主元合金及其复合材料的组织与性能[D]. 哈尔滨:哈尔滨工业大学,2011.

[10] Dong A C, Oliveira J P, Fink C. Elemental Effects on Weld Cracking Susceptibility in $Al_xCoCrCu_yFeNi$ High-Entropy Alloy[J]. Metall. Mater. Trans. A, 2019, (35): 301-308.

[11] Li J P, Curado T M, Zeng Z, et al. Gas tungsten arc welding of as-rolled CrMnFeCo-Ni high entropy alloy[J]. Mater. Des. ,2020(189):108505.

[12] 洪丽华,张华,唐群华,等. $Al_{0.5}CrCoFeNi$ 高熵合金高温氧化的研究[J]. 稀有金属

材料与工程,2015,44(2):424-428.

[13] 张华,刘德博,张健,等.铝合金激光-MIG复合焊工艺组织及性能研究[J].应用激光,2022,42(2):1-7.

[14] Wei L Y,Wei L D,Xiao B H,et al. Research on preparation methods of high-entropy alloy[J]. Hot Work. Technol. ,2014(43):30-33.

[15] Hong L H,Zhang Y,Guo S,et al. A Promising New Class of HighTemperature Alloys[J]. Eutectic High-Entropy Alloys. Sci. Rep. ,2014(4):6200.

[16] 刘亮.激光沉积NiCrBSi合金工艺优化及性能调控研究[D].长春:吉林大学,2022.

[17] Liu W,Liaw P K,Zhang Y. A Novel Low-Activation $VCrFeTa_xW_x$ ($x=0.1,0.2,0.3,0.4$,and 1) High-Entropy Alloys with Excellent Heat-Softening Resistance[J]. Entropy,2018(20):951.

[18] Otto N A,Akhavan B,Zhou H,et al. High entropy alloy thin films of AlCoCrCu0.5FeNi with controlled microstructure[J]. Appl. Surf. Sci. ,2019,495,143560.

[19] Dolique Y,Yan X,Ma J,et al. Compositional gradient films constructed by sputtering in a multicomponent TiAl(Cr,Fe,Ni) system[J]. J. Mater. Res. ,2018.(33):1-9.

[20] Ma Q,Ma J,Zhang Y. Phase thermal stability and mechanical properties analyses of (Cr,Fe,V)(Ta,W) multiple-based elemental system using a compositional gradient film[J]. Int. J. Miner. Metall. Mater. ,2020(27):1379-1387.

[21] Bai S A,Gorban V F,Danilenko N I,et al. Thermal stability of superhard nitride coatings from high entropy multicomponent TiVZrNbHf alloy[J]. Powder Metall. Met. Ceram. ,2014(52): 560-566.

[22] Takeuchi C,Cheng K,Lin S,et al. Mechanical and tribological properties of multi-element (AlCrTaTiZr)N coatings. Surf[J]. Coat. Technol. ,2008(202):3732-3738.

[23] Yao L E,Martinez E,Amato K N,et al. Fabrication of metal and alloy components by additive manufacturing[J]. Examples of 3D materials science. J. Mater. Res. Technol. ,2012(1):42-54.

[24] Chang R,Niu P,Yuan T,et al. Selective laser melting of an equiatomic CoCrFeMnNi high-entropy alloy[J]. Processability,non-equilibrium microstructure and mechanical property. J. Alloys Compd. ,2018(746):125-134.

[25] Zhang Y,Thomas M,Todd I. The use of high-entropy alloys in additive manufacturing[J]. Scr. Mater. ,2015(99):93-96.

[26] Johnson D,Li C,Feng T,et al. High-entropy $Al_{0.3}CoCrFeNi$ alloy fibers with high

tensile strength and ductility at ambient and cryogenic temperatures[J]. Acta Mater., 2017(123):285-294.

[27] 刘源,陈敏,李言祥,等. Al_xCoCrCuFeNi 多主元高熵合金的微观结构和力学性能[J]. 稀有金属材料与工程,2009,38(9):1602-1607.

[28] Zhang Y,Dudr M,Musalek R,et al. Spark plasma sintering of gas atomized high-entropy alloy HfNbTaTiZr[J]. J. Mater. Res.,2018(33):1-11.

[29] Zhang H,Liu Y,Liu B,et al. Precipitation behavior during hot deformation of powder metallurgy Ti-Nb-Ta-Zr-Al high entropy alloys[J]. Intermetallics,2018(100):95-103.

[30] Kottada R,Cao Y K,Wu W Q,et al. Progress of powder metallurgical high entropy alloys[J]. Chin. J. Nonferrous Met.,2019(9):2155-2184.

[31] Subramaniam Anandh,Wang J,Liu Y,et al. Microstructure and mechanical properties of equimolar FeCoCrNi high entropy alloy prepared via powder extrusion[J]. Intermetallics,2016(25):1748.

[32] Yeh J W,Zhang Y,Li D,et al. Metals Compositional Design of Soft Magnetic High Entropy Alloys by Minimizing Magnetostriction Coefficient in $(Fe_{0.3}Co_{0.5}Ni_{0.2})_{100-x}(Al_{1/3}Si_{2/3})_x$ System[J]. Metals,2019(9):382.

[33] Cantor L,Zhang Y. Tensile Properties and Impact Toughness of $AlCo_xCrFeNi_{3.1-x}$ (x=0.4,1) High-Entropy Alloys Front[J]. Mater.,2020(7):92.

[34] Yan X,Zhang Y. Utrastrong and ductile BCC high-entropy alloys with low-density via dislocation regulation and nanoprecipitates[J]. JMST.,2020(3):337.

[35] Chen S Y,Yang X,Dahmen K A,et al. Microstructures and Crackling Noise of Al_x-NbTiMoV High Entropy Alloys[J]. Entropy,2014(16): 870-884.

[36] Zhang Y,Yang X,Liaw P K. Alloy Design and Properties Optimization of High-Entropy Alloys[J]. JOM,2012(64):830-838.

[37] Zhang X,Zhang Y. A body-centered cubic $Zr_{50}Ti_{35}Nb_{15}$ medium-entropy alloy with unique properties[J]. Scr. Mater.,2020(178): 329-333.

[38] Zhang Y. Porous Materials for Powder Metallurgy, Baoji Nonferrous Metal Research Institute[M]. Beijing: Metallurgical Industry Press,1979.

[39] Yeh J W,Chen S K,Lin S J,et al. Adv. Eng[J]. Mater.,2004(6):299-303.

[40] Cho Jien-Wei,Ann. Chim[J]. Sci. Mat.,2006(31):633-648.

[41] Kwon Y J,Zhou J P,Lin G L,et al. Liaw[J]. Adv Eng. Mater.,2008(10):534-538.

[42] C Li,J Li,M Zhao,et al. Grain boundary effect on the microstructure of solution-treated Fe-rich Sn-Co-Fe-Cu-Zr alloys[J]. J. Alloys Compd. ,2009(475):752-757.

[43] Senkov O N,Wilks G,Scott J. Microstructure and room temperature properties of a high-entropy TaNbHfZrTi alloy[J]. Intermetallics,2011(19):698-706.

[44] C. M. Lin,H. L. Tsai[J]. Intermetallics,2011(19):288-294.

[45] Yang X,Zhang Y. Prediction of high-entropy stabilized solid-solution in multi-component alloys [J]. Mater. Chem. Phys. ,2012,13 (2):233-238.

[46] Miracle D B,Miller J D,Senkov O N,et al. A critical review of high entropy alloys and related concepts [J]. J. Tiley Entropy,2014(16):494-525.

[47] Gao X,Yeh J W,Liaw P K,et al. High-Entropy Alloys[M]. Switzerland:Springer International Publishing,2016.

[48] Braeckman Depla,Lin S J,Chin T S,et al. Nanostructured high-entropy alloys with multiple principal elements: novel alloy design concepts and outcomes [J]. Metall. Mater. Trans. A,2004(35):2533-2536.

[49] 闫薛卉,张勇,郭景杰,等. 原位 TiB/Ti 复合材料的熔铸制备及其显微组织[J]. 材料研究学报,2005(4): 375-381.

[50] Cai J D,McCormack A. Navrotsky[J]. Acta Mater. ,2021(202):1-21.

[51] Fang W,Liaw P K,Zhang Y. High-throughput screening for biomedical applications in a Ti-Zr-Nb alloy system through masking co-sputtering [J]. China Mater. ,2018(61): 2-22.

[52] Yeh J C. Strength through high slip-plane density[J]. Science,2021(374):940-941.

[53] Ye J W,Chen S K,Lin S J,et al. Nanostructuredhigh-entropy alloys with multiple-principal elements:Novel alloy design concepts and outcomes[J]. Advanced Engineering Materials. 2004(6):299.

[54] Qiu Y,Zuo T T,Tang Z,et al. Microstructures and properties of highentropy alloys[J]. Progress in Materials Science,2010,18(9):1758-1765.

[55] Chen Y,Zuo T T,Tang Z,et al. Microstructures and properties of highentropy alloys[J]. Intermetallics,2015(66): 67-76.

[56] Feng Y,Zuo T T,Tang Z,et al. Microstructures and properties of highentropy alloys[J]. Progress in Materials Science,2014(61): 1-93.

[57] Pu R,Luo A A. Applications of Calphad modeling and databases in advanced lightweight metallic materials[J]. Calphad,2018(62):1.

[58] Atwani E I. Four outstanding researches in metallurgical history[J]. American Society for Testing and Materials,2018(7):38.

[59] 付志强,陈维平,方思聪. Cr 对 $CoFeNiAl_{0.6}Ti_{0.4}$ 的合金化行为与组织的影响[J]. 稀有金属材料与工程,2014,43(10): 2411-2414.

[60] 黄祖凤,张冲,唐群华,等. WC 颗粒对激光熔覆 FeCoCrNiCu 高熵合金涂层组织与硬度的影响[J]. 中国表面工程,2013,26(1):13-19.

[61] Cantor B,Chang I TH,Knight P,et al. Microstructural development in equiatomic multicomponent alloys Materials Science and Engineering A,2004(6): 213,375-377.

[62] Chen S Y,Cotton J D,Zhang Y. Phase stability of low-density,multiprincipal component alloys containing aluminum,magnesium,and lithium[J]. JOM-US,2014(66):2009.

[63] Huang D B,Senkov O N. A critical review of high entropy alloys and related concepts[J]. Acta Materialia,2017(122):448.

[64] Tsai,Kumar D,Kumar S,Dewangan S K,et al. Structure and properties of lightweight high entropy alloys: A brief review[J]. Materials Research Express,2018(5):52001.

[65] Li R,Wang Z,Guo Z,et al. Graded microstructures of Al-Li-Mg-Zn-Cu entropic alloys under supergravity[J]. Science China Materials,2019(62):736.

[66] 吕春飞. 多主元(AlCrWTaTiNb)CxNy 复合薄膜的制备及性能[D]. 大连:大连理工大学,2017.

[67] Cai L,Zhang T,Li L,et al. A low-cost lightweight entropic alloy with high strength[J]. Journal of Materials Engineering and Performance,2018(27):6648.

[68] 张冲,吴炳乾,王乾廷,等. 激光熔覆 $FeCrNiCoMnB_x$ 高熵合金涂层的组织结构与性能[J]. 稀有金属材料与工程,2017,46(9): 2639-2644.

[69] Ren E,Ahn T,Jung J,et al. Effects of ultrasonic melt treatment and solution treatment on the microstructure and mechanical properties of low-density multicomponent $Al_{70}Mg_{10}Si_{10}Cu_5Zn_5$ alloy[J]. Journal of Alloys and Compounds,2017(696):450.

[70] Ahn T,Jung J,Baek E,et al. Temporal evolution of precipitates in multicomponent $Al_6Mg_9Si_{10}Cu_{10}Zn_3Ni$ alloy studied by complementaryexperimental methods[J]. Journal of Alloys and Compounds,2017(701):660.

[71] Ahn T,Jung J,Baek E,et al. Temperature dependence of precipitation behavior of $Al_6Mg_9Si_{10}Cu_{10}Zn_3Ni$ natural composite and its impact on mechanical properties[J]. Materials Science and Engineering A,2017(695):45.

[72] Shen J M, Vicario I, Albizuri J, et al. Microstructure and mechanical properties of cast medium entropy aluminium alloys[J]. Scientific Reports-UK, 2019(9): 6792.

[73] Huang K, Yang Y, Juan C, et al. A light-weight high-entropy alloy $Al_{20}Be_{20}Fe_{10}Si_{15}Ti_{35}$[J]. Science China Technological Sciences, 2018(61): 184.

[74] Ren X, Zhang Y, Liaw P K. Microstructure and compressive properties of $NbTiVTaAl_x$ high entropy alloys[J]. Procedia Engineering, 2012(36): 292.

[75] Senkov O N, Senkov S V, Woodward C, et al. Lowdensity, refractory multi-principal element alloys of the Cr-Nb-Ti-V-Zr system: microstructure and phase analysis[J]. Acta Materialia, 2013(61): 1545.

[76] Stepanov N D, Shaysultanov D G, Salishchev G A, et al. Structure and mechanical properties of a light-weight AlNbTiV high entropy alloy[J]. Materials Letters, 2015(142): 53.

[77] Cheng R, Gao M C, Zhang C, et al. Phase stability and transformation in a light-weight high-entropy alloy[J]. Acta Materialia, 2018(146): 280.

[78] Ye R, Gao M, Lee C, et al. Design of lightweight high-entropy alloys[J]. Entropy-Switzerland, 2016(18): 333.

[79] Ren Y, Hu Y J, Taylor A, et al. A lightweight single-phase AlTiVCr compositionally complex alloy[J]. Acta Materialia, 2017(123): 115.

[80] 石海,郑必举. 铝材表面激光熔覆 $Ni_{1.5}Co_{1.5}FeCrTi_x$ 高熵合金层的组织与性能[J]. 材料保护, 2017, 50(8): 5-8.

[81] Qiua Y, GMA S T, Fraser H L, et al. Microstructure and corrosion properties of the lowdensity single-phase compositionally complex alloy AlTiVCr[J]. Corrosion Science, 2018(133): 386.

[82] Youssef K M, Zaddach A J, Niu C I, et al. A Novel lowdensity, high-hardness, high-entropy alloy with close-packed single-phase nanocrystalline structures[J]. Materials Research Letters, 2015(3): 95.

[83] Li R, Gao J C, Fan K. Study to microstructure and mechanical properties of Mg containing high entropy alloys[J]. Materials Science Forum, 2010(650): 265.

[84] Li R, Gao J C, Fan K. Microstructure and mechanical properties of MgMnAlZnCu high entropy alloy cooling in three conditions[J]. Materials Science Forum, 2011(686): 235.

[85] Du X H, Wang R, Chen C, et al. Preparation of a light-weight MgCaAlLiCu high-entropy alloy[J]. Key Engineering Materials, 2017(727): 132.

[86] Xian Y,Jia Y,Wu S,et al. Novel ultralight-weight complex concentrated alloys with high strength[J]. Materials,2019(12):1136.

[87] Jung J,Vicario I,Albizuri J,Guraya T,Koval N,Garcia J. Compound formation and microstructure of As-cast high entropy aluminums[J]. Metals-Basel,2018(8):167.

[88] Sanchez J M,Vicario I,Albizuri J,et al. Phase prediction,microstructure and high hardness of novel light-weight high entropy alloys[J]. Journal of Materials Research and Technology,2018(8):795.

[89] Li M F. Materials Selection in Mechanical Design[M]. 4th ed. Burlington: Butterworth-Heinemann/Elsevier,2011.

[90] Lin Y,Chen T,Chen S,Yeh J. Microstructure and mechanical property of as-cast,-hJomogenized,and -deformed $Al_xCoCrFeNi$ ($0 \leqslant x \leqslant 2$) high-entropy alloys[J]. Journal of Alloys and Compounds,2009(488):57.

[91] Lee M,Karati A,Marshal A,et al. Phase evolution and stability of nanocrystalline CoCrFeNi and CoCrFeMnNi high entropy alloys[J]. Journal of Alloys and Compounds,2019(770):1004.

[92] Qin S G,Zhang S F,Qiao J W,et al. Superior high tensile elongation of a single-crystal $CoCrFeNiAl_{0.3}$ high-entropy alloy by bridgeman solidification[J]. Intermetallics,2014(54):104.

[93] Panagiotopoulos. The ultrahigh charpy impact toughness of forged $Al_xCoCrFeNi$ high entropy alloys at room and cryogenic temperatures[J]. Intermetallics,2016(70):24.

[94] Xian D,Li C,Feng T,Z,et al. High-entropy $Al_{0.3}CoCrFeNi$ alloy fibers with high tensile strength and ductility at ambient and cryogenic temperatures[J]. Act. Mater.,2017(123):285.

[95] 李邦盛,任明星,王振龙,等. 微尺度铸件室温蠕变性能的微尺度效应[J]. 机械工程学报,2009,45(2):178-183.

[96] 付志强,陈维平,方思聪. Cr 对 $CoFeNiAl_{0.6}Ti_{0.4}$ 的合金化行为与组织的影响[J]. 稀有金属材料与工程,2014,43(10): 2411-2414.

[97] 张琪,饶湖常,沈志博,等. WC 颗粒对激光熔覆 FeCoCrNiB 高熵合金涂层组织结构与耐磨性的影响[J]. 热加工工艺,2014,43(18): 147-150,155.

[98] 安旭龙,刘其斌. WC 颗粒对激光熔覆高熵合金 SiFeCoCrTi 涂层的组织及性能的影响[J]. 稀有金属材料与工程,2016,45(9): 2424-2428.

[99] 王智慧,王兴阳,贺定勇,等. 等离子熔覆 $AlCoCrCuFeNiMnV_{0.2}C_x$ 高熵合金的组织结构[J]. 材料热处理学报,2015,36(11):233-237.

[100] Ting ZH, Wang J G, Chen H A, Ding Z Y, et al. A ighly distorted ultraelaelastic chemically complex Elinvar alloy[J]. Nature, 2022(602):251-257.

[101] Robert R, Chen S K, Lin S, et al. Nanostructured high entropy alloys with multiple component elements: novel alloy design concepts and outcomes[J]. Advanced Engineering Materials, 2004(6):299-303.

[102] YeH J W et al. Microstructures and properties of high-entropy alloys[J]. Progress in Materials Science, 2014(61):1-93.

[103] Tsai M H, Yeh J W. High-entropy alloys: A critical review[J]. Materials Research Letters, 2014, 2(3):107-123.

[104] Miracle D B, Miller J D, Senkov O N, et al. Exploration and development of high entropy alloys for structural applications[J]. Entropy, 2014(16):494-525.

[105] Tang Z, Huang L, He W, et al. Alloying and processing effects on the aqueous corrosion behavior of highentropy alloys[J]. Entropy, 2014(16): 895-911.

[106] Zhang L, Voiculescu I, Miloşan I, Istrate B, MateşIM. Chemical composition influence on microhardness, microstructure and phase morphology of Al_xCrFeCoNi high entropy alloys[J]. Revista de Chimie, 2018, 69(4):798-801.

[107] Wang C W, Voiculescu I, Stefănoiu R, et al. Dynamic impact behaviour of high entropy alloys used in the military domain Euroinvent[J]. Materials Science and Engineering, 2018(374):012041.

[108] Hong L H, Voiculescu I, Istrate B, Vrânceanu D, et al. The influence of chromium content on the structural and mechanical properties of $AlCr_x$FeCoNi high entropy alloys[J]. International Journal of Engineering Research in Africa, 2018(37): 23-28.

[109] Voiculescu I, Geanta V, Vasile IM, Ştefănoiu R, Tonoiu M. Characterisation of weld deposits using as filler metal a high entropy alloy[J]. Journal of Optoelectronics and Advanced Materials, 2013, 15(4):650-654.

[110] Voiculescu I, Geantă V, Ştefănoiu R, Patroi D, Binchiciu H. Influence of the chemical composition on the microstructure and microhardness of AlCrFeCoNi high entropy alloy[J]. Revista de Chimie, 2013, 64(12):1441-1444.

[111] Geantă V et al. Virtual testing of composite structures made of high entropy alloys and

steel[J]. Metals,2017(7):496.

[112] 邱星武,张云鹏.粉末冶金法制备 CrFeNiCuMoCo 高熵合金的组织与性能[J].粉末冶金材料科学与工程,2012,17(3):377-382.

[113] 范玉虎,张云鹏,关红艳,等.粉末冶金制备 $AlNiCrFe_xMo_{0.2}CoCu$ 高熵合金[J].稀有金属材料与工程,2013,42(6):1127-1129.

[114] Csaki I et al. Researches regarding the processing technique impact on the chemical composition,microstructure and hardness of AlCrFeCoNi high entropy alloy[J]. Revista de Chimie,2016,67(7):1373-1377.

[115] Svaralakshmi et al. Microstructure,thermal,and corrosion behavior of the AlAgCuNiSnTi Equiatomic multicomponent alloy[J]. Materials,2007,12(6):926.

[116] Popescu G,et al. New TiZrNbTaFe high entropy alloy used for medical[J]. Materials Science and Engineering,2007 (400):022049.

[117] Chen M,Nagase T,Hori T,et al. Novel TiNbTaZrMo high-entropy alloys for metallic biomaterials[J]. Scripta Materialia,2017(129):65-68.

[118] Saini M,Singh Y,Arora P,et al. Implant biomaterials: A comprehensive review[J]. World Journal of Clinical Cases,2015,3(1):52-57.

[119] Ma X M,Chang I TH,Knight P,et al. Microstructural development in equiatomic multicomponent alloys[J]. Materials Science and Engineering A,2004(375):213-218.

[120] Zang H,Xu J. TiZrNbTaMo highentropy alloy designed for orthopedic implants: As-cast microstructure and mechanical properties[J]. Materials Science and Engineering,2017(73):80-89.

[121] Minciună M G,Vizureanu P,Geantă V,Voiculescu I,Sandu A V,Achiţei D C,et al. Effect of Si on the mechanical properties of biomedical CoCrMo alloy[J]. Revista de Chimie,2015,66(6):891-894.

[122] Voiculescu I,Geanta V,Ionescu M. Effects of heat treatments on the microstructure and microhardness of $Al_xCrFeNiMn$ alloys[C]. Annals of "Dunarea de Jos" University of Galati,Fascicle XII,Welding Equipment and Technology ,2015(26):5-11.

[123] Munitz A,Kaufman M J,Nahmany M,et al. Microstructure and mechanical properties of heat treated $Al_{1.25}CoCrCuFeNi$ high entropy alloys[J]. Materials Science and Engineering A,2018(714):146-159.

[124] Yao C Z. Changing strategies for biomaterials and biotechnology[C]. Biomaterials Mechanical Properties,ASTM STP 173. Philadelphia: American Society for Tes-

ting and Materials,1994: 293-301.

[125] Hildenbrand H. Biomaterials-A history of 7000 years[J]. BioNanoMaterials,2013, 14(2):119-133.

[126] Lu S H. Biomaterials[M]. Constanta: Ovidius University Press,2005.

[127] Liu W L. Definition in biomaterials[J]. Progress in Biomedical Engineering,1987 (67):167.

[128] Rogal et al. On the nature of biomaterials[J]. Biomaterials,2009(30):5897-5909.

[129] LV C F,Badea M,ţamotă I. Biomaterials with applications in medicine[J]. Asian Textile Journal,2015(6).

[130] Chen W,Voiculescu I,et al. Obtaining and expertise of new biocompatible materials for medical applications[J]. Medical Met. Mat. ,2017(239):60.

[131] Kim L W,Zhang H,Utama Surjadi J,et al. Microstructure,mechanical and corrosion behaviors of $CoCrFeNiAl_{0.3}$ high entropy alloy (HEA) films[J]. Coatings, 2017(7):156.

[132] Zhang A,Salhov S,Guttmann G,et al. Heat treatment influence on the microstructure and mechanical properties of $AlCrFeNiTi_{0.5}$ high entropy alloys[J]. Materials Science and Engineering A,2019(742):1-14.

[133] Li S Y,et al. Phase transformations of HfNbTaTiZr highentropy alloy at intermediate Temperatures[J]. Scripta Materialia,2019(158):50-56.

[134] Li L,Fahrenholtz W G,Hilmas G E,et al. Synthesis of single-phase high-entropy carbide powders[J]. Scripta Materialia,2019(162):90-93.

[135] Cheng B,Ning S,Liu D,et al. One-step synthesis of coral-like highentropy metal carbide powders[J]. Journal of the American Ceramic Society, 2019 (102): 6372-6378.

[136] Ge D,Wen T,Ye B,et al. Synthesis of superfine high-entropy metal diboride powders[J]. Scripta Materialia,2019(167):110-114.

[137] Niu A Y,Jiang Z,Sun S,et al. Microstructure and mechanical properties of high-entropy borides derived from boro/carbothermal reduction[J]. Journal of the European Ceramic Society,2019,39(13):3920-3924.

[138] Ye X F,Liu J X,Li F,et al. High entropy carbide ceramics from different starting materials[J]. Journal of the European Ceramic Society,2019,39(10):2989-2994.

[139] Niu C M,Sachet E,Borman T,et al. Entropy-stabilized oxides[J]. Nature Commu-

nications,2015(6):84-85.

[140] Qiu C M,Rak Z,Brenner D W,et al. Local structure of the $Mg_xNi_xCo_xCu_xZn_xO(x=0.2)$ entropystabilized oxide: An EXAFS study[J]. Journal of the American Ceramic Society,2017,100(6):2732-2738.

[141] Shi H,Wynn A P,Handley C M,et al. Phase stability and distortion in high-entropy oxides[J]. Acta Materialia,2018(146):119-125.

[142] Qiu F,Franger S,Dragoe D,et al. Colossal dielectric constant in highentropy oxides[J]. Physica Status Solidi Rapid Research Letters,2016,10(4):328-333.

[143] Wu D,Franger S,Meena A K,et al. Room temperature lithium superionic conductivity in high entropy oxides[J]. Journal of Materials Chemistry A,2016,4(24):9536-9541.

[144] Li D L,Velasco L,Wang D,et al. High entropy oxides for reversible energy storage[J]. Nature Communications,2018,9(1):3400.

[145] Cai S,Hu T,Gild J,et al. A new class of highentropy perovskite oxides[J]. Scripta Materialia,2018(142):116-120.

[146] Cheng R,Sarkar A,Clemens O,et al. Multicomponent equiatomic rare earth oxides[J]. Materials Research Letters,2017,5(2):102-109.

[147] Qiu J,Samiee M,Braun J L,et al. High-entropy fluorite oxides[J]. Journal of the European Ceramic Society,2018,38(10):3578-3584.

[148] Zhang J,Zhang Y,Harrington T,et al. Highentropy metal diborides: A new class of high-entropy materials and a new type of ultrahigh temperature ceramics[J]. Scientific Reports,2016(6):2-11.

[149] Qiu A,Velasco L,Wang D,et al. Ab initio prediction of mechanical and electronic properties of ultrahigh temperature high-entropy ceramics $(Hf_{0.2}Zr_{0.2}Ta_{0.2}M_{0.2}Ti_{0.2})B_2$ (M=Nb,Mo,Cr) [J]. Scripta Materialia,2018,9(8):328-333.

[150] Shon G,Licheri R,Garroni S,et al. Novel processing route for the fabrication of bulk high-entropy metal diborides[J]. Scripta Materialia,2019(158):100-104.

[151] Hsueh Y,Guo W M,Bin J Z,et al. Dense high-entropy boride ceramics with ultrahigh hardness[J]. Scripta Materialia,2019(164):135-139.

[152] Shi Y Y,Csanádi T,Grasso S,et al. Processing and properties of high-entropy ultra-high temperature carbides[J]. Scientific Reports,2018,8(1):1-12.

[153] Dusza J,Švec P,Girman V,Sedlák R,Castle EG,Csanádi T,et al. Microstructure of

(Hf-Ta-Zr-Nb)C high-entropy carbide at micro and nano/atomic level[J]. Journal of the European Ceramic Society,2018,38(12):4303-4307.

[154] Yan X, Constantin L, Lu Y S, et al. ($Hf_{0.2}Zr_{0.2}Ta_{0.2}Nb_{0.2}Ti_{0.2}$)C high-entropy ceramicswith low thermal conductivity[J]. Journal of the American Ceramic Society, 2018,101(10):4486-4491.

[155] Zhou J,Zhang J,Zhang F,et al. High-entropy carbide:A novel class of multicomponent ceramics[J]. Ceramics International,2018,44(17):22014-22018.

[156] Sarker P,Harrington T,Toher C,et al. High-entropy high-hardness metal carbides discovered by entropy descriptors[J]. Nature Communications,2018,9(1):4980.

[157] Yang K, Oses C, Curtarolo S. Modeling off-stoichiometry materials with a high-throughput ab-initio approach [J]. Chemistry of Materials, 2016, 28 (18): 6484-6492.

[158] Harrington T J,Gild J,Sarker P,et al. Phase stability and mechanical properties of novel high entropy transition metal carbides[J]. Acta Materialia, 2019 (166): 271-280.

[159] Gild J,Braun J,Kaufmann K,et al. A high-entropy silicide: ($Mo_{0.2}Nb_{0.2}Ta_{0.2}Ti_{0.2}W_{0.2}$)$Si_2$[J]. Journal of Materiomics,2019,5(3):337-343.

[160] Qin Y,Liu J X,Li F,et al. A high entropy silicide by reactive spark plasma sintering[J]. Journal of Advanced Ceramics,2019,8(1):148-152.

[161] Zhang R,Gucci F,Zhu H,et al. Data-driven design of ecofriendly thermoelectric high-entropy sulfides[J]. Nature Materials,2018,57(20):13027-13033.

[162] Zhang H, Akhtar F. Processing and characterization of refractory quaternary and quinary highentropy carbide composite[J]. Entropy,2019,21(5):474.

[163] Li H,Hedman D,Feng P,et al. A highentropy B4(HfMo2TaTi)C and SiC ceramic composite[J]. Dalton Transactions,2019(48):5161-5167.

[164] Huang K. Fundamentals and applications for functional thin films. In: handbook of sputter deposition technology[J]. Elsevier,2012(660):25-30.

[165] He C H,Lin S J,Yeh J W,et al. Preparation and characterization of AlCrTaTiZr multi-element nitride coatings[J]. Surface and Coatings Technology,2006,201(6): 3275-3280.

[166] Lin M I,Tsai M H,Shen W J,et al. Evolution of structure and properties of multicomponent ($AlCrTaTiZr)O_x$ films[J]. Thin Solid Films,2010,518(10):2732-2737.

[167] Braic M,Balaceanu M,Vladescu A,et al. Deposition and characterization of multi-principal-element (CuSiTiYZr)C coatings[J]. Applied Surface Science,2013(284):671-678.

[168] Lv C F,Zhang G F,Cao B S,et al. Structure and mechanical properties of a-C/(Al-CrWTaTiNb) C_xN_y composite films[J]. Surface Engineering,2016,32(7):541-546.

[169] Yu R,Huang R,Lee C,et al. Synthesis and characterization of multielement oxynitride semiconductor film prepared by reactive sputtering deposition[J]. Applied Surface Science,2012(263):58-61.

[170] Li W,Liu P,Liaw P K. Microstructures and properties of high-entropy alloy films and coatings:A review[J]. Materials Research Letters,2018,6(4):199-229..

[171] Yeh J W,Chen Y L,Lin S J,et al. High-entropy alloys-A new era of exploitation [J]. Materials Science Forum,2007(560):1-9.

[172] Chen T K,Wong M S,Shun T T,Yeh J W. Nanostructured nitride films of multi-element high-entropy alloys by reactive DC sputtering[J]. Surface and Coatings Technology,2005,200(5-6):1361-1365.

[173] Senkov M H,Lai C H,Yeh J W,et al. Effects of nitrogen flow ratio on the structure and properties of reactively sputtered (AlMoNbSiTaTiVZr) N_x coatings[J]. Journal of Physics D: Applied Physics,2008,41(23):112-114.

[174] Toda-Caraballo ,Wang H,Chen M,et al. Mechanical properties and corrosion resistance of $NbTiAlSiZrN_x$ high-entropy films prepared by RF magnetron sputtering[J]. Entropy,2019(21):396.

[175] Chang Z. Structure and properties of duodenary (TiVCrZrNbMoHfTaWAlSi)N coatings by reactive magnetron sputtering[J]. Materials Chemistry and Physics, 2018(100):98-110.

[176] Chang H W,Huang P K,Yeh J W,et al. Influence of substrate bias,deposition temperature and post-deposition annealing on the structure and properties of multi-principalcomponent (AlCrMoSiTi)N coatings[J]. Surface and Coatings Technology,2008,202(14):3360-3366.

[177] Zhang P K,Yeh J W. Effects of substrate bias on structure and mechanical properties of (AlCrNbSiTiV)N coatings[J]. Journal of Physics D: Applied Physics, 2009,42(11):115401.

[178] Santodonato D C,Liang S C,Chang Z C,et al. Effects of substrate bias on structure

and mechanical properties of (TiVCrZrHf)N coatings[J]. Surface and Coatings Technology,2012(207):293-299.

[179] Singh C H,Cheng K H,Lin S J,Yeh J W. Mechanical and tribological properties of multi-element(AlCrTaTiZr) N coatings[J]. Surface and Coatings Technology, 2008,202(15):3732-3738.

[180] Beresnev V M,Sobol' O V,Andreev A A,et al. Formation ofsuperhard state of the (TiZrHfNbTaY)N vacuum-arc high-entropy coating[J]. Journal of Superhard Materials,2018,40(2):102-109.

[181] Liang S C,Chang ZC,Tsai D C,et al. Effects of substrate temperature on the structure and mechanical properties of (TiVCrZrHf)N coatings[J]. Applied Surface Science,2011,257(17):7709-7713.

[182] Huang P K,Yeh J W. Effects of substrate temperature and postannealing on microstructure and properties of (AlCrNbSiTiV)N coatings[J]. Thin Solid Films,2009, 518(1):180-184.

[183] Chang K S,Chen K T,Hsu C Y,et al. Growth (AlCrNbSiTiV)N thin films on the interrupted turning and properties using DCMS and HIPIMS system[J]. Applied Surface Science,2018(404):1-7.

[184] Tong C H,Li P W,Wu Q Q ,et al. Nanostructured and mechanical properties of high-entropy alloy nitride films prepared by magnetron sputtering at different substrate temperatures[J]. Materials and Technologies,2019,34(6):343-349.

[185] Song Z C,Liang S C,Han S. Effect of microstructure on the nanomechanical properties of TiVCrZrAl nitride films deposited by magnetron sputtering[J]. Nuclear Instruments and Methods in Physics Research B,2011,269(18):1973-1976.

[186] Pogrebnjak A D,Yakushchenko I V,Bagdasaryan A A,et al. Microstructure,physical and chemical properties of nanostructured (Ti-Hf-Zr-V-Nb)N coatings under different deposition conditions[J]. Materials Chemistry and Physics,2014,147(3): 1079-1091.

[187] Braic M,Braic V,Balaceanu M,et al. Characteristics of (TiAlCrNbY)C films deposited by reactive magnetron sputtering[J]. Surface and Coatings Technology, 2010,204(6):2010-2014.

[188] Braic V,Balaceanu M,Braic M,et al. Characterization of multi-principalelement (TiZrNbHfTa)N and (TiZrNbHfTa)C coatings for biomedical applications[J].

Journal of the Mechanical Behavior of Biomedical Materials,2012(30):197-205.

[189] Zhang B Y,Zhou Y J,Lin J P,et al. Solid-solution phase formation rules for multi-component alloys[J]. Advanced Engineering Materials,2008,20(6):534-538.

[190] Guo S,Ng C,Lu J,Liu CT. Effect of valence electron concentration on stability of fcc or bcc phase in high entropy alloys[J]. Journal of Applied Physics,2011,109(10):112-114.

[191] Jhong Y S,Huang C W,Lin S J. Effects of CH4 flow ratio on the structure and properties of reactively sputtered (CrNbSiTiZr)C_x coatings[J]. Materials Chemistry and Physics,2018(210):348-352.

[192] He T K,Wong M S. Structure and properties of reactively-sputtered Al_xCoCrCuFeNi oxide films[J]. Thin Solid Films,2007,516(3):141-146.

[193] Edlmayr V,Moser M,Walter C,Mitterer C. Thermal stability of sputtered Al_2O_3 coatings[J]. Surface and Coatings Technology,2010,204(9):1576-1581.

[194] Senkov A,Martin P J,JamtingÅ,Takikawa H. Structural and optical properties of titanium oxide thin films deposited by filtered arc deposition[J]. Thin Solid Films,1999(355-356):6-11.

[195] Fateh N,Fontalvo G A,Mitterer C. Structural and mechanical properties of dc and pulsed dc reactive magnetron sputtered V_2O_5 films[J]. Journal of Physics D: Applied Physics,2007,10(24):7716-7719.

[196] Bernard O,Huntz A M,Andrieux M,et al. Synthesis,structure,microstructure and mechanical characteristics of MOCVD deposited zirconia films[J]. Applied Surface Science,2007,253(10):4626-4640.

[197] Pogrebnjak A D,Beresnev V M,Smyrnova K V,et al. The influence of nitrogen pressure on the fabrication of the two-phase superhard nanocomposite (TiZrNbAlYCr)N coatings[J]. Materials Letters,2018(211):316-318.

[198] Tsai M H,Yeh J W,Gan J Y. Diffusion barrier properties of AlMoNbSiTaTiVZr high-entropy alloy layer between copper and silicon[J]. Thin Solid Films,2008,516(16):5527-5530.

[199] Huang P K,Yeh J W. Effects of nitrogen content on structure and mechanical properties of multielement (AlCrNbSiTiV)N coating[J]. Surface and Coatings Technology,2009,203(13):1891-1896.

[200] Liang S C,Tsai D C,Chang Z C,et al. Structural and mechanical properties of mul-

tielement (TiVCrZrHf)N coatings by reactive magnetron sputtering[J]. Applied Surface Science,2011,258(1):399-403.

[201] Soler V, Vladescu A, Balaceanu M, et al. Nanostructuredmulti-element (TiZrNbHfTa)N and (TiZrNbHfTa)C hard coatings[J]. Surface and Coatings Technology. 2012(211):117-121.

[202] Rogal M H, Tsai M H, Shen W J, Yeh J W. Structure and properties of two Al-Cr-Nb-Si-Ti high-entropy nitride coatings[J]. Surface and Coatings Technology, 2013 (12):118-123.

[203] Tsai D C, Chang Z C, Kuo B H, et al. Structural morphology and characterization of (AlCrMoTaTi)N coating deposited via magnetron sputtering[J]. Applied Surface Science, 2013(282):789-797.

[204] Tsai D C, Chang Z C, Kuo B H, et al. Effects of silicon content on the structure and properties of (AlCrMoTaTi)N coatings by reactive magnetron sputtering[J]. Journal of Alloys and Compounds, 2014(616):646-651.

[205] Cheng K H, Lai C H, Lin S J, Yeh J W. Structural and mechanical properties of multi-element $(AlCrMoTaTiZr)N_x$ coatings by reactive magnetron sputtering[J]. Thin Solid Films, 2011, 519(10):3185-3190.

[206] Braic V, Parau A C, Pana I, et al. Effects of substrate temperature and carbon content on the structure and properties of (CrCuNbTiY)C multicomponent coatings[J]. Surface and Coatings Technology, 2014(258):996-1005.

[207] Shen W J, Tsai M H, Yeh J W. Machining performance of sputter-deposited $(Al_{0.34}Cr_{0.22}Nb_{0.11}Si_{0.11}Ti_{0.22})50N_{50}$ high-entropy nitride coatings[J]. Coatings, 2015, 5(3):312-325.

[208] He W, Johansson D, Lenrick F, Ståhl J, Schultheiss F. Wear mechanisms of uncoated and coated cemented carbide tools in machining lead-free silicon brass[J]. Wear, 2017 (376-377):143-151.

[209] Zhang W, Tang R, Yang Z B, et al. Preparation, structure, and properties of highentropy alloy multilayer coatings for nuclear fuel cladding: A case study of AlCrMoNbZr/(AlCrMoNbZr)N[J]. Journal of Nuclear Materials, 2018 (23):15-24.

[210] Wang H T, Shen W J, Tsai M H, Yeh J W. Effect of nitrogen content and substrate bias on mechanical and corrosion properties of high-entropy films $(AlCrSiTiZr)_{100-x}N_x$ [J]. Surface and Coatings Technology, 2012, 40 (19-20):

4106-4112.

[211] Lu W, Wang M, Wang L, et al. Interface stability, mechanical and corrosion properties of AlCrMoNbZr/(AlCrMoNbZr)N high-entropy alloy multilayer coatings under helium ion irradiation[J]. Applied Surface Science, 2019 (485):108-118.

[212] Chang S, Chen M, Chen D. Multiprincipal-element AlCrTaTiZr nitride nanocomposite film of extremely high thermal stability as diffusion barrier for Cu metallization[J]. Journal of the Electrochemical Society, 2009, 156 (5): 37-42.

[213] Huang J W, Chen S K, Lin S J, et al. Nanostructured high-entropy alloys with multiple principal elements: novel alloy design concepts and outcomes[J]. Adv. Eng. Mater., 2004(6):299-303.

[214] Liu J W. Physical Metallurgy of High-Entropy Alloys[J]. J. Mater., 2015(67): 2254-2261.

[215] Wu M H, Yeh J W. High-entropy alloys: a critical review[J]. Mater. Res. Lett., 2014, 2(3):107-123.

[216] Otto F, Miller J D, Senkov O N, et al. Exploration and development of high entropy alloys for structural applications[J]. Entropy, 2014(16):494-525.

[217] Sun Y, Zuo T T, Tang Z, et al. Microstructures and properties of high-entropy alloys[J]. Prog. Mater. Sci., 2014(61):1-93.

[218] Juan Y, Yang H, Bei E P. Relative effects of enthalpy and entropy on the phase stability of equiatomic highentropy alloys[J]. Acta. Mater., 2013(61): 2628-2638.

[219] Seol M C, Morris J R, Kent P R C, et al. Criteria for predicting the formation of single-phase highentropy alloys[J]. Phys. Rev., 2015(X5): 011041-011241.

[220] Kao Y F, Chen T J, Chen S K, Yeh J W. Microstructure and mechanical property of as-cast, -homogenized, and deformed Al_xCoCrFeNi($B_x B_2$) high-entropy alloys[J]. J. Alloys Compd., 2009(488):57-64.

[221] He W R, Wang W L Yeh J W. Phases, microstructure and mechanical properties of Al_xCoCrFeNi high-entropy alloys at elevated temperatures[J]. J. Alloys Compd., 2014(589):143-152.

[222] Stepanov A, Daoud H, Volkl R, et al. Phase separation in equiatomic AlCoCrFeNi high-entropy alloy[J]. Ultramicroscopy, 2013(132): 212-215.

[223] Liu Y, Ma S G, Qiao J W. Morphology transition from dendrites to equiaxed grains for AlCoCrFeNi high-entropy alloys by copper mold casting and Bridgman solidification[J]. Metall. Mater. Trans. A, 2012(43): 2625-2630.

[224] Voiculescu I, Geanta V, R S, tefaˇnoiu, D Paˇtroi, Binchiciu H. Influence of the chemical composition on the microstructure and microhardness of AlCrFeCoNi high entropy alloy[J]. Rev Chim (Chem Rev), 2013, 64(12): 1441-1444.

[225] Wang R S, Voiculescu I, Csaki I, Ghiban N. Researches regarding the influence of chemical composition on the properties of Al_xCrFeCoNi alloys[J]. Rev. Chim., 2014, 65(7): 819-821.

[226] Stepanov V, Voiculescu I S, Tefaˇnoiu R, et al. Processing and characterization of advanced multi-element high entropy materials from AlCrFeCoNi system[J]. Optoelectron. Adv. Mater., 2013, 7(6): 874-880.

[227] Xie G, Xu F, Fan G, et al. Mechanisms of microstructure formations in M50 steel melted layer by high current pulsed electron beam[J]. Nucl. Instrum. Methods Phys. Res. Sect. B, 2012(288): 1-5.

[228] Chen Y, Gao B, Tu G F, et al. Surface modification of Al20Si alloy by high current pulsed electron beam[J]. Appl. Surf. Sci., 2011(257): 3913-3919.

[229] Su Y, Li G, Niu L, et al. Microstructure modifications and associated corrosion improvements in GH4169 superalloy treated by high current pulsed electron beam[J]. J. Nanomater., 2015(5).

[230] Voiculescu I, Geanta V, Vasile I M, et al. Characterisation of weld deposits using as filler metal a highentropy alloy[J]. J. Optoelectron. Adv. Mater., 2013, 15(4): 650-654.

[231] Lu Q H, Yue T M, Guo Z N, Lin X. Microstructure and corrosion properties of AlCoCrFeNi high entropy alloy coatings deposited on aisi 1045 steel by the electrospark process[J]. Metall. Mater. Trans. A, 2013(44): 1767-1778.

[232] Lu H, Pan Y, He Y Z, et al. Application prospects and microstructural features in laser-induced rapidly solidified high-entropy alloys[J]. J. Mater., 2014(65): 2057-2066.

[233] Gao T M, Xie H, Lin X, et al. Microstructure of laser re-melted AlCoCrCuFeNi high entropy alloy coatings produced by plasma spraying[J]. Entropy, 2013(15): 2833-2845.

[234] Jiang J L, Huber R A, Lever W E. Joint preparation for electron beam welding thin aluminum alloy 5083[J]. Weld. J., 1990(69): 125-132.

[235] He R. Weld cracking in ferrous alloys[M]. Cambridge: Woodhead Publishing Limited, 2009.

[236] Cheng X, Fisher J W, Prask H J, et al. Residual stress modification by post-weld treatment and its beneficial effect on fatigue strength of welded structures[J]. Int. J. Fatigue, 2003(25): 1259-1269.

[237] Huang S. Welding Metallurgy[M]. 2nd ed. Hoboken: Wiley, 2003.

[238] Deng V Y, Yazovskikh V M. Control of electron beam welding using plasma phenomena in the molten pool region[J]. Weld. Int., 1997, 11(7): 554-556.

[239] Gludovatz D N, Belenki'y V Y, Mladenov G M, Portnov N S. Secondary-emission signal for weld formation monitoring[J]. Mater. Wiss. Werkst., 2012, 43(10): 892-897.

[240] Laplanche I, Polanski M, Karczewski K, et al. Microstructural characterization of high-entropy alloy AlCoCrFeNi fabricated by laser engineered net shaping[J]. J. Alloys Compd., 2015(648): 751-758.

[241] Joseph J, Jarvis T, Wu X, et al. Comparative study of the microstructures and mechanical properties of direct laser fabricated and arc-melted Al_xCoCrFeNi high entropy alloys[J]. Mater. Sci. Eng. A, 2015(633): 184-193.

[242] Wang W R, Wang W L, Wang S C, et al. Effects of Al addition on the microstructure and mechanical property of Al_xCoCrFeNi high-entropy alloys[J]. Intermetallics, 2012 (26): 44-51.

[243] Wu J W, Chen S K, Lin S U J, et al. Nanostructured high-entropy alloys with multiple principal elements: novel alloy design concepts and outcomes[J]. Adv. Eng. Mater., 2004(6): 299-303.

[244] Cantor B, Chang I T H, Knight P, et al. Microstructural development in equiatomic multicomponent alloys[J]. Mater. Sci. Eng. A, 2004(375-377): 213-218.

[245] Li D B, Senkov O N. A critical review of high entropy alloys and related con-

cepts[J]. Acta Mater. ,2017(122): 448-511.

[246] Li Y,Yang B,Liaw P. Corrosion-resistant high-entropy alloys: a review[J]. Metals,2017(7):43.

[247] Huang Y,Yang B,Xie X,et al. Corrosion of Al_xCoCrFeNi high-entropy alloys: Al-content and potential scan-rate dependent pitting behavior[J]. Corrosion Sci. ,2017(119).

[248] Nene S,Frank M,Liu K,et al. Corrosion-resistant high entropy alloy with high strength and ductility[J]. Scripta Mater. ,2019(166).

[249] Sathiyamoorthi P, Basu J, Kashyap S, et al. Thermal stability and grain boundary strengthening in ultrafine-grained CoCrFeNi high entropy alloy composite[J]. Mater. Des. ,2017(134) :426-433.

[250] Zou Y,Ma H,Spolenak R. Ultrastrong ductile and stable high-entropy alloys at small scales[J]. Nat. Commun. ,2015(6):7748.

[251] Wright N A P K,Li C,Leonard K J,et al. Microstructural stability and mechanical behavior of FeNiMnCr high entropy alloy under ion irradiation[J]. Acta Mater. ,2016(113):230-244.

[252] Rost M R,Wang S,Shi S,et al. Mechanisms of radiation-induced segregation in CrFeCoNi-based single-phase concentrated solid solution alloys[J]. Acta Mater. ,2017(126):182-193.

[253] Sakar M W,Aidhy D S,Zhang Y,et al. Damage accumulation in ionirradiated Ni-based concentrated solid-solution alloys[J]. Acta Mater. ,2016(109): 17-22.

[254] Bradan B,Hohenwarter A,Catoor D,et al. A fracture-resistant high-entropy alloy for cryogenic applications[J]. Science,2014(345):1153-1158.

[255] Dupuy Z H,Ren W N,Yang J,et al. The deformation behavior and strain rate sensitivity of ultra-fine grained CoNiFeCrMn high-entropy alloys at temperatures ranging from 77K to 573K[J]. J. Alloys Compd. ,2019(791): 962-970.

[256] Chen Y,Gao X,Jiang L,et al. Directly cast bulk eutectic and near-eutectic high entropy alloys with balanced strength and ductility in a wide temperature range[J]. Acta Mater. ,2017(124):143-150.

[257] Cardoso Z R,Zhang H,Tang Y,et al. Microstructure,mechanical properties

and energetic characteristics of a novel high-entropy alloy $HfZrTiTa_{0.53}$[J]. Mater. Des. ,2017(133).

[258] Sakar W,Liaw P K,Zhang Y. Science and technology in high-entropy alloys[J]. Sci. China Mater. ,2018,61(1):2-22.

[259] Wright O,Miracle D B,Chaput K J,et al. Development and exploration of refractory high entropy alloys-A review[J]. J. Mater. Res. ,2018(81):1-37.

[260] Cellari L R,Pickering E J,Playford H Y,et al. An assessment of the lattice strain in the CrMnFeCoNi high-entropy alloy[J]. Acta Mater. ,2017(122): 11-18.

[261] Vinnick Y T,Zhao S J,Bei H B,et al. Severe local lattice distortion in Zr/Hf-containing refractory multi-principal element alloys[J]. Acta Mater. ,2020 (183):172-181.

[262] Dąbrowa M,Ma Z L,Xu Z Q,et al. Microstructures and mechanical properties of HfNbTaTiZrW and HfNbTaTiZrMoW refractory high-entropy alloys[J]. J. Alloys Compd. ,2019(803):778-785.

[263] Stygar Y,Liang X B,Su K,et al. A fine-grained NbMoTaWVCr refractory high-entropy alloy with ultra-high strength: microstructural evolution and mechanical properties[J]. J. Alloys Compd. ,2019(780): 607-617.

[264] Flacchia B R,Li Y H,Cong Z H,et al. Effects of deposition temperature on the nanomechanical properties of refractory high entropy TaNbHfZr films[J]. J. Alloys Compd. ,2019(797):1025-1030.

[265] Tseng T M,Chaput K J,Dietrich J R,et al. High temperature oxidation behaviors of equimolar NbTiZrV and NbTiZrCr refractory complex concentrated alloys (RCCAs) [J]. J. Alloys Compd. ,2017(729).

[266] Lack S,Bijaksana M K,Motallebzadeh A,et al. Accelerated oxidation in ductile refractory high-entropy alloys[J]. Intermetallics,2018(97): 58-66.

[267] Rak B,Mueller F,Christ H J,et al. High temperature oxidation behavior of an equimolar refractory metal-based alloy Nb20Mo20Cr20Ti20Al20 with and without Si addition [J]. J. Alloys Compd. ,2016(688):468-477.

[268] Zheng R X,Tang Y,Li S,et al. Novel metastable engineering in single-phase high-entropy alloy[J]. Mater. Des. ,2019(162):256-262.

[269] Baska Z M, Pradeep K G, Deng Y, et al. Metastable high-entropy dual-phase alloys overcome the strength-ductility trade-off [J]. Nature, 2016(534): 227-230.

[270] Wu Y, He J, Wang H, et al. Phase-transformation ductilization of brittle high-entropy alloys via metastability engineering, Adv. Mater., 2017, 29 (30): 1701678.

[271] Anand Y, Wang R X, Li S, et al. Effect of metastability on non-phase-transformation high-entropy alloys[J]. Mater. Des., 2019(181): 107928.

[272] Casal A, Inoue A. Classification of bulk metallic glasses by atomic size difference, heat of mixing and period of constituent elements and its application to characterization of the main alloying element[J]. Mater. Trans., 2005, 46 (12): 2817-2829.

[273] Ye J, Garces J, Versaci R. Alloy phase diagrams[J]. Bull. Alloy Phase Diagrams, 1986, 7(2): 116-124.

[274] Zhang K, Grabke H J. Mechanism of the intergranular disintegration (pest) of the intermetallic compound $NbAl_3$ [J]. Scripta Metal. Mater., 1993, 28 (6): 747-752.

[275] Zhang L, Wriedt H A. Alloy phase diagrams [J]. Bull. Alloy Phase Diagrams, 1987, 8(2): 148-164.

[276] Jiang T C, Nieh T G. Kinetics of MoSi2 pest during low-temperature oxidation [J]. J. Mater. Res., 1993, 8(7): 1605-1610.

[277] Yang N, Meier G H, Pettit F S. High-Temperature Oxidation of Metals[M]. 2nd ed. Cambridge: Cambridge University Press, 2006.

[278] Yang N, Kim J, Hyun Y. High-temperature oxidation behaviour of lowentropy alloy to medium- and high-entropy alloys[J]. J. Therm. Anal. Calorim., 2018(133): 109.

[279] Zhao W, Jang W L, Huang R T, et al. Air oxidation of FeCoNi-base equi-molar alloys at 800-1000℃[J]. Oxid. Metals, 2005, 63(3): 169-192.

[280] Buckman N, Meier G H, Pettit F. Introduction to the High Temperature Oxidation of Metals[M]. 2nd ed. New York: Cambrige University Press, 2006.

[281] Wei K, Chen S J, Lin J Y, et al. Nanostructured high-entropy alloys with

multiple principal elements: novel alloy design concepts and outcomes[J]. Adv. Eng. Mater. ,2004,6(5):299-303.

[282] Kaufman B, Chang I T H, Knight P, et al. Microstructural development in equiatomic multicomponent alloys [J]. Mater. Sci. Eng. , 2004 (375): 213-218.

[283] Dai D, Senkov O. A critical review of high entropy alloys and related concepts[J]. Acta Mater. ,2017(122):448-511.

[284] Kornbauer O N, Wilks G B, Scott J M, et al. Mechanical properties of $Nb_{25}Mo_{25}Ta_{25}W_{25}$ and $V_{20}Nb_{20}Mo_{20}Ta_{20}W_{20}$ refractory high entropy alloys[J]. Intermetallics,2011,19(5):698-706.

[285] Wang N, Wilks G B, Miracle D B, et al. Refractory highentropy alloys[J]. Intermetallics,2010,18(9):1758-1765.

[286] Qin N, Miracle D B, Chaput K J, et al. Development and exploration of refractory high entropy alloys-A review[J]. J. Mater. Res. , 2018, 33 (19): 3092-3128.

[287] Edelati J H. The hotter the engine, the better[J]. Science,2009,326(5956): 1068-1069.

[288] Zhang J A, Ritchie R O. Mo-Si-B alloys for ultrahigh-temperature structural applications[J]. Adv. Mater. ,2012,24(26):3445-3480.

[289] Jiang B P, Jackson M R, Zhao J C, et al. Ultrahigh-temperature Nb-silicide-based composites[J]. MRS Bull. ,2003,28(9):646-653.

[290] Patel R A, Meier G H. The oxidation behavior and protection of nibium[J]. JOM,1990,42(8):17-21.

[291] Spiridigliozzi F, Curtin W A. Mechanistic origin of high strength in refractory BCC high entropy alloys up to 1900K[J]. Acta Mater. , 2020 (182): 235-249.

[292] Wright J R, Hendricks J W. Oxidation rates of niobium and tantalum alloys at low pressures[J]. Oxid. Metals,1994,41(5):365-376.

[293] Sark M P, Varma S K. High temperature oxidation characteristics of Nb10W-XCr alloys[J]. J. Alloys Compd. ,2010,489(1):195-201.

[294] Harrington S, Shafeie S, Hu Q, et al. Alloy design for intrinsically ductile re-

fractory high-entropy alloys[J]. J. Appl. Phys. ,2016,120(16):164902.

[295] Wen L,Chrzan D C. Tuning ideal tensile strengths and intrinsic ductility of bcc refractory alloys[J]. Phys. Rev. Lett. ,2014,112(11):115503.

[296] Liu W,Senkov O N,Gwalani B,et al. Microstructural design for improving ductility of an initially brittle refractory high entropy alloy[J]. Sci. Rep. , 2018,8(1):8816.

[297] Nygard H,Wu Y,He J,et al. Phase-transformation ductilization of brittle high-entropy alloys via metastability engineering[J]. Adv. Mater. ,2017,29 (30):1701678.

[298] Floriana S,Gan L,Tsao T K,et al. Aluminizing for enhanced oxidation resistance of ductile refractory high-entropy alloys[J]. Intermetallics, 2018 (103): 40-51.

[299] Feng S,Bijaksana M K,Motallebzadeh A,et al. Accelerated oxidation in ductile refractory high-entropy alloys[J]. Intermetallics,2018(97):58-66.

[300] Gild C H,Titus M S,Yeh J W. Oxidation behavior between 700K and 1300K of refractory TiZrNbHfTa high-entropy alloys containing aluminum[J]. Adv. Eng. Mater. ,2018,30(32):1700948.

[301] Sarkar C,Peters M. Titanium and Titanium Alloys: Fundamentals and Applications[M]. Weinheim:John Wiley & Sons,2003.

[302] Tallarita Y,Brady M P,Lu Z P,et al. Creep-resistant,Al2O3-forming austenitic stainless steels[J]. Science,2007,316 (5823):433-436.

[303] Zhang B,Azim M,Christ H J,et al. Phase equilibria,microstructure,and high temperature oxidation resistance of novel refractory high-entropy alloys[J]. J. Alloys Compd. ,2015(624):270-278.

[304] Castle O N,Woodward C F. Microstructure and properties of a refractory NbCrMo$_{0.5}$Ta$_{0.5}$TiZr alloy[J]. Mater. Sci. Eng. ,2011(529):311-320.

[305] Duszak O N,Senkova S V,Dimiduk D M,et al. Oxidation behavior of a refractory NbCrMo0. 5Ta0. 5TiZr alloy[J]. J. Mater. Sci. , 2012, 47(18): 6522-6534.

[306] Yan C,Chang Y J,Murakami H,et al. An oxidation resistant refractory high entropy alloy protected by CrTaO4-based oxide[J]. Sci. Rep. , 2019

(9):7266.

[307] Zhou B, Müller F, Schellert S, et al. A new strategy to intrinsically protect refractory metal based alloys at ultra high temperatures[J]. Corrosion Science, 2020, 518(10):108475.

[308] Sarker L, Olson D. ASM Handbook: Corrosion[J]. ASM International Metals Park, 1992, 13(10):1079-1095.

[309] Sarker O N, Woodward C, Miracle D B. Microstructure and properties of aluminum-containing refractory high-entropy alloys[J]. JOM, 2014, 66(10): 2030-2042.

[310] Braic K H. Metallurgical and Ceramic Protective Coatings[M]. Glasgow: Chapman & Hall, 1996.

[311] Sanchez S, Zaefferer M, Goken T, et al. Characterization of phases of aluminized nickel base superalloys[J]. Surf. Coating. Technol., 2003, 167(1): 83-96.

[312] Tseng Y, Soboyejo W, Rapp R A. Oxidation behavior of niobium aluminide intermetallics protected by aluminide and silicide diffusion coatings[J]. Metall. Mater. Trans. B, 1999, 30(3):495-504.

[313] Youssef C H, Yu T H. Pack cementation coatings on Ti3Al-Nb alloys to modify the high-temperature oxidation properties[J]. Surf. Coating. Tech., 2000, 126(2):171-180.

[314] Li G W, Boone D H. Mechanisms of formation of diffusion aluminide coatings on nickel-base superalloys[J]. Oxid. Metals, 1971, 3(5): 475.

[315] Du V V, Sidky P S. Metallic and Ceramic Coatings: Production, High Temperature Properties and Applications[M]. London: Pergamon, 1990.

[316] Jia R, N'Gandu Muamba J M, Boone D H. Surface morphology of diffusion aluminide coatings[J]. Thin Solid Films, 1984, 119(3):291-300.

[317] Sanchez D K, Singh V, Joshi S V. Evolution of aluminide coating microstructure on nickel-base cast superalloy CM-247 in a single-step high-activity aluminizing process[J]. Metals. Mater. Trans., 1998, 29(8):2173-2188.

[318] Ma T, Yagi T. Two-step diffusion treatment of aluminium-coated TiAl-based alloy[J]. Surf. Eng., 2016, 32(11):809-815.

[319] Li R G, Wen X, Divakar M. Isothermal oxidation of TiAl alloy[J]. Metall. Mater. Trans. ,2001,32(9):2357-2361.

[320] Xing Z D, Rose S, Datta P K. Pack deposition of coherent aluminide coatings on γ-TiAl for enhancing its high temperature oxidation resistance[J]. Surf. Coating. Technol. ,2002,161(2):286-292.